现代农业产业技术体系

现代农业产业技术体系建设理论与实践

麻类
体系分册

MALEI TIXI FENCE

熊和平　主编

中国农业出版社
北　京

现代农业产业技术体系建设理论与实践
编委会名单

麻类体系分册
编委会名单

体系建设

TIXI JIANSHE

▲ 2009年2月5日，国家麻类产业技术体系建设启动大会在北京召开

▲ 国家麻类产业技术体系2010年度工作总结与经验交流会召开，会上确定了体系以多用途研发为重点的麻类产业科技发展路径（右一为首席科学家熊和平）

▲ 纤维性能改良岗位科学家郁崇文（后排右一）组织举办体系内麻类纤维性能测试与评价培训班

▲ 国家麻类产业技术体系2015年度工作总结暨经验交流会在湖南省长沙市圆满召开

▲ 国家麻类产业技术体系在"十三五"启动会上提出"地膜用麻与成膜技术研究"等重点任务

▲ 2017年10月，国家麻类产业技术体系组建"膜用苎麻协同创新与示范工作组"，创新重点任务，推进工作机制

▲ 农业部科技教育司巡视员刘艳（右二）考察麻类体系"十二五"任务落实情况（左一为宜春苎麻试验站站长高海军，右一为原站长潘其辉）

▲ 首席科学家熊和平（左二）考察山西省工业大麻新品种推广情况（左三为汾阳工业大麻试验站站长康红梅）

亚麻品种改良岗位科学家康庆华（右二）调研大兴安岭南麓特困连片山区农业科技需求 ▶

◀ 剑麻品种改良岗位科学家周文钊（左一）讲解剑麻种子资源保存与利用情况

首席科学家熊和平（右二）、土壤与生态管理岗位科学家黄道友（左二）、达州麻类综合试验站站长魏刚（左一）一行调研地震灾区山体坡面种植苎麻恢复生态的可行性 ▶

▲ 首席科学家熊和平（左四）考察新源县亚麻产业发展情况（左一为伊犁亚麻试验站站长张正，右二为原站长黄建平）

▲ 首席科学家熊和平考察广西平果县剑麻产业扶贫工作进展

▲ 中国工程院院士刘旭（左二）、杂草防控岗位科学家柏连阳（左三）一行研讨
苎麻工厂化育苗技术

▲ 首席科学家熊和平向中国科学院院士李家洋（右前）汇报苎麻饲料化技术研
发进展

▶ 副产物综合利用岗位科学家彭源德（左一）与湖南省农业厅兰定国副厅长交流推进麻类副产物栽培食用菌技术应用路径

剑麻生理与栽培岗位科学家易克贤（左二）和湛江剑麻试验站站长黄标（左三）分析剑麻新菠萝粉蚧防控措施 ◀

麻园种养结合新模式

▶ 首席科学家熊和平（左三）考察咸宁苎麻试验站麻园种养结合技术示范情况

脱胶技术与工艺岗位科学家段盛文（左二）和萧山麻类综合试验站站长金关荣（右三）开展生物脱胶技术培训 ▶

◀ 工业大麻品种改良团队育成全球首个低纬度全雌工业大麻品种

亚麻品种改良岗位科学家康庆华开展田间试验 ▶

▲ 红麻品种改良岗位科学家李德芳（右五）展示红麻新品种应用情况

▲ 病虫害防控岗位科学家陈绵才采集新疆亚麻病害样本

▲ 首席科学家熊和平（右四）率队指导四川、重庆两省市苎麻产业发展（右一为纤维性能改良岗位科学家郁崇文，左二为产业经济岗位科学家杨宏林，左五为种植与收获机械化岗位科学家李显旺）

▲ 首席科学家熊和平讲解苎麻冬培技术要点

▲首席科学家熊和平示范苎麻剥制机实用技巧

咸宁苎麻试验站站长汪红武（左一）▶
指导湖北阳新县苎麻生产

▲大理工业大麻亚麻试验站站长朱炫（前排左一）讲解冬闲地亚麻高产高效种植技术

沅江麻类综合试验站站长朱爱▶
国（报告人）讲授纤饲两用苎麻机械化种收技术

▲ 机械化研究室研讨麻类生产机械化方案（报告人为机械化研究室主任李显旺）

▲ 工业大麻品种改良岗位科学家杨明（右一）传授工业大麻品种选育技术

◀产业经济岗位科学家陈收在中欧麻类作物可持续发展论坛上交流麻类产业经济研究进展

苎麻品种改良岗位科学▶
家喻春明在中欧FIBRA
第三期培训班上讲授苎
麻育种技术

◀首席科学家熊和平与肉牛牦牛体
系首席科学家曹兵海（右一）交
流苎麻饲料化技术路径

前　言

　　特色农作物是农业的重要组成，在当前全面推进农业供给侧结构性改革和乡村振兴的实践中显得尤为重要。麻类作物是我国传统特色作物，党和国家历来非常重视麻类产业的发展，麻类科研和生产取得了辉煌的成就。我国麻类产业及相关科技水平在全世界范围内处于领先甚至是特出的地位，对国计民生起到了重要支撑作用。然而新形势下，生产依赖资源消耗、初加工环境压力大、国内外产品价格倒挂、小生产与大市场的矛盾突出等等一系列新问题严重阻碍麻类产业的发展。面对新形势、结合新要求、拓展新局面是摆在麻类科技工作者面前的重大任务。

　　长期以来，我国农业科技资源分散低效、农业科技领域各自为战等现象较为普遍，跨部门、跨区域、跨学科的资源整合和协同创新力度不够，严重制约着我国农业科技创新的能力和效率。为进一步调整和完善优势农产品区域布局规划，以产业需求为导向开展协同创新，增强我国农业科技自主创新能力，原农业部联合财政部先后启动并建设了包括麻类作物在内50个农产品的现代农业产业技术体系。科研机构协作松散，创新链被按照学科组织科研项目的方式人为割裂，科技研究与产业发展融合不够，区域发展和全国统筹不一致等，正是这个新型科技组织管理模式需要攻克的目标。

　　十年的运行，国家麻类产业技术体系按照这一思路，不断开拓创新，积极变革科研组织模式，在引导科技命题向产业需求转变、打破科研机构之间的隔阂、促进学科和区域之间的联合、创新科研与产业的对接模式、培养麻类科技人才等方面取得了突出的成绩。本书较详细地论述了国家麻类产业技术体系在前述一系列工作中的思考、做法和效果，以期为深入推进科技体制改革和协同创新提供借鉴。

　　时代潮流滚滚向前，只有秉持创新、开放、共享的理念，深入开展体制机制改革，给予科技研究和发展肥沃的组织管理土壤，才能保障科研事业不断取得跨越提升。我们水平有限，本书中难免疏漏谬误，愿有识之士以此为镜，与我们一同思考、实践，为实现中国梦贡献更大的力量！

编　者

目　录

前言

上编　体系创新与科技发展

第七章　产业经济与政策建议

第八章　技术服务平台的搭建

下编 技术推广与技术服务

上编
体系创新与科技发展

第一章 国家麻类产业技术体系概述

2007 年，农业部、财政部印发了《现代农业产业技术体系建设实施方案（试行）》（农科教发〔2007〕12 号），现代农业产业技术体系（以下简称"体系"）建设工作全面启动。体系建设，旨在提升国家、区域创新能力和农业科技自主创新能力，为现代农业和社会主义新农村建设提供强大的科技支撑。其建设思路是按照优势农产品区域全局规划，依托具有创新优势的中央和地方科研机构，以产品为单元，以产业为主线，围绕产业发展需求，解决生产技术难题，建设从产地到餐桌、从生产到消费、从研发到市场，各个环节紧密衔接、环环相扣，服务国家目标的现代农业产业技术体系。

第一节 筹建与启动

一、国家麻类产业技术体系筹建

2007 年 6 月 20 日，农业部科技教育司下发了《关于编制农业公益性行业科研专项经费项目实施方案和预算申报书的通知》[农科（政）函〔2007〕137 号]，要求中国农业科学院麻类研究所牵头组织编制《"麻类现代产业技术体系研究与建立"项目实施方案》。2007 年 6 月 24 日，于长沙召开了"麻类现代产业技术体系研究与建立研讨会"，包括中国农业科学院麻类研究所、中国热带农业科学院南亚热带作物研究所、华中农业大学、福建农林大学、黑龙江省农业科学院经济作物研究所、四川达州市农业科学研究所、湖南华升株洲雪松有限公司等单位的 29 名专家参加了会议。通过集体研究讨论，统一了思想，认清了麻业形势，全面地分析了麻业发展中的关键技术问题，为项目的编制工作打下了良好的基础。

2007 年 6 月 25 日，组织了行业内著名专家 7 人，分别对拟申报的课题与项目进行了充分论证。与会专家认为项目承担单位技术基础扎实、研究力量雄厚、实施方案明确、经费预算合理，对项目的人才队伍和各课题任务的分解给予了高度评价。专家会上还对新入围的纺织团队进行了差额遴选，选出了实力较强的队伍。经过专家组的反复论证和项目编制人员的多次修改，在农业部科技教育司体系处的指导下，完成了《"麻类现代产业技术体系研究与建立"项目实施方案》。

该项目共涵盖苎麻、亚麻、黄麻、红麻、工业大麻和剑麻六大麻类作物，麻类行业领域产、学、研的权威专家共同参与到项目研究行列。该项目旨在促进麻类各领域专家联合攻关，统一行动，群策群力解决麻纺织原料短缺、产量低、品质差、纤维质能源利用转化率低、成本高、生物材料和饲料加工技术落后等问题，提高麻纤维可纺性能、麻纤维细度、麻纺织行业工艺水平、出口创汇能力，充分挖掘各种麻的特性，形成麻制品各自的风格，满足市场多样化的需求，为我国 21 世纪麻类科研、生产发展注入强大活力。根据项目论证结果，共遴选出"十一五"期间的四大重点任务和十二项攻关课题（表 1-1）。

表 1-1　麻类产业技术体系筹建期遴选的重点科技任务与课题

任　务	课　题
一、苎麻亚麻与黄/红麻高效生产及收获技术研究	1. 苎麻创汇工程高效种植技术研究与示范 2. 亚麻优质工程生产技术研究与示范 3. 黄麻/红麻丰产工程技术研究与示范 4. 麻类收获机械工艺技术研究
二、大麻剑麻与竹类等野生纤维植物高效利用技术研究	1. 纤维大麻、剑麻高效利用技术研究 2. 竹纤维与野生植物纤维利用技术研究
三、麻类生物脱胶与纤维乙醇技术研究	1. 麻类清洁型初加工生物工程技术研究与示范 2. 麻类纤维乙醇酶工程技术研究
四、麻类新产品与检测技术研究	1. 新型麻质面料工艺技术研究 2. 环保型麻质材料工艺技术研究 3. 麻类植物蛋白饲料生产技术研究 4. 麻类检测技术与质量标准的研究

二、国家麻类产业技术体系启动

2008 年 12 月 20 日，《农业部关于印发现代农业产业技术体系第二批建设依托单位和岗位聘用人员名单的通知》（农科教发〔2008〕10 号）发布，麻类体系正式成为现代农业产业技术体系的一员。2009 年 2 月 5 日，国家麻类产业技术体系建设启动大会在北京召开，标志着麻类体系正式启动。农业部相关部门的领导，全国麻类产业科研机构、高等院校的专家和麻类主产区的代表共100 多人出席了大会。

此次会议明确了麻类科研与产业处于"跨越期"，提出了实现麻类传统常规育种向分子育种跨越、由农业微生物加工向酶加工跨越、由传统纺织原料向生物质能源和生物材料跨越并向多行业和交叉学科不断拓展的战略。会议要求，中国农业科学院麻类研究所作为国家麻类产业技术体系首席科学家单位，一定要认真按照农业部和财政部的统一部署，集成我国麻类产业关键实用技术并在产区推广，切实为"三农"服务，为提升我国麻类产业自主创新能力和国际市场竞争力做出新的更大贡献。

第二节　组织架构与任务沿革

一、组织架构

1. 2008—2010 年

2008 年建立之初至 2010 年"十一五"工作结束，国家麻类产业技术体系共建有 1 个研发中心、6 个功能研究室和 19 个综合试验站。

国家麻类产业技术研发中心由 6 个功能研究室组成：育种功能研究室，建设依托单位为中国农业科学院麻类研究所，包括苎麻育种、亚麻育种、黄麻育种、红麻育种、剑麻育种、大麻育种以及生物技术育种岗位科学家 7 名；病虫害防控功能研究室，建设依托单位为湖南省农业科学院植物保护研究所，包括病害防控、虫害防控和综合防治等岗位科学家 4 名；栽培与土壤营养功能研究室建设依托单位为华中农业大学，包括土壤营养、苎麻栽培、亚麻栽培、红麻栽培等岗位科学家 6 名；产后处理与加工功能研究室建设依托单位为中国农业科学院麻类研究所，包括脱胶、纤维处理和生物能源岗位科学家 3 名；设施设备功能研究室，建设依托单位为中国农业科学院麻类研究所，包括麻地膜、收获机械和种植机械等岗位科学家 3 名；产业经济研究室，建设依托单位为湖南大学，主要为产业经济岗位科学家团队。

19 个综合试验站主要依托省级、地（市）级农业科研机构组建而成。

整个体系共有 31 个单位，包括中国农业科学院、中国科学院、教育部直属大学、省属大学及省、地（市）级农业科研单位，覆盖 16 个省（市）麻类产区（表 1-2）。

表 1-2 2008—2010 年国家麻类产业技术体系组织机构与聘用人员组成

组织机构	编号	岗位名称	专家	所在单位
研发中心	CARS-19	首席科学家	熊和平[*†]	中国农业科学院麻类研究所
育种研究室	E01	苎麻育种	熊和平[*†]	中国农业科学院麻类研究所
	E02	剑麻育种	周文钊[†]	中国热带农业科学院南亚热带作物研究所
	E03	生物技术育种	臧巩固	中国农业科学院麻类研究所
	E04	大麻育种	杨 明[†]	云南省农业科学院
	E05	黄麻育种	祁建民	福建农林大学
	E06	红麻育种	李德芳[†]	中国农业科学院麻类研究所
	E07	亚麻育种	关凤芝	黑龙江省农业科学院
病虫害防控研究室	E08	线虫与病毒病害防控	张德咏[*†]	湖南省农业科学院
	E09	农药与杂草防控	柏连阳	湖南农业大学
	E10	病害防控	陈绵才	海南省农业科学院
	E11	虫害防控	薛召东	中国农业科学院麻类研究所
栽培与土壤营养研究室	E12	栽培生理	彭定祥[*†]	华中农业大学
	E13	土壤与水土保持	黄道友	中国科学院亚热带农业生态研究所
	E14	亚麻大麻栽培	王玉富	中国农业科学院麻类研究所
	E15	黄麻红麻栽培	周瑞阳	广西大学
	E16	苎麻栽培	唐守伟	中国农业科学院麻类研究所
	E17	营养与肥料	崔国贤	湖南农业大学
设施设备研究室	E18	麻地膜	王朝云[*†]	中国农业科学院麻类研究所
	E19	收获机械	李显旺	农业部南京农业机械化研究所
	E20	剥制机械	龙超海	中国农业科学院麻类研究所
产后处理与加工研究室	E21	纤维生物提取	刘正初[*†]	中国农业科学院麻类研究所
	E22	酶制剂和生物质能源	彭源德	中国农业科学院麻类研究所
	E23	纤维性能改良	郁崇文	东华大学

（续）

组织机构	编号	岗位名称	专家	所在单位
产业经济研究室	E24	产业经济	陈　收*†	湖南大学
综合试验站	S01	咸宁苎麻试验站	熊常财	湖北咸宁市农业科学研究所
	S02	张家界苎麻试验站	熊玉双	湖南省张家界市农业科学研究所
	S03	达州苎麻试验站	魏　刚†	四川省达州市农业科学研究所
	S04	涪陵苎麻试验站	周光凡	重庆市涪陵区农业科学研究所
	S05	宜春苎麻试验站	潘其辉	江西省麻类科学研究所
	S06	伊犁亚麻试验站	黄建平†	新疆维吾尔自治区伊犁哈萨克族自治州农业科学研究所
	S07	长春亚麻试验站	凤　桐	吉林省农业科学院
	S08	大理亚麻试验站	朱　炫	云南省大理白族自治州经济作物科学研究所
	S09	信阳红麻试验站	潘兹亮†	河南省信阳市农业科学研究所
	S10	萧山黄/红麻试验站	金关荣	浙江省萧山棉麻研究所
	S11	漳州黄/红麻试验站	洪建基	福建省农业科学院
	S12	南宁黄/红麻试验站	李初英	广西壮族自治区农业科学院
	S13	大庆大麻试验站	李泽宇	黑龙江省农业科学院
	S14	汾阳大麻试验站	康红梅	山西省农业科学院
	S15	六安大麻红麻试验站	杨　龙	安徽省六安市农业科学研究所
	S16	西双版纳大麻试验站	孙　涛	云南西双版纳州农业科学研究所
	S17	南宁剑麻试验站	陶玉兰	广西壮族自治区亚热带作物研究所
	S18	沅江苎麻试验站	朱爱国	中国农业科学院麻类研究所
	S19	哈尔滨亚麻试验站	吴广文	黑龙江省农业科学院

注：表格中带*者为研究室主任；带†者为执行专家组成员。

2．2011—2015 年

2009 年 9 月 29 日，农业部科技教育司产业技术处发出《关于上报体系岗位设置和综合试验站布局的通知》，开始部署"十二五"期间现代农业产业技术体系框架优化与人员聘任工作。按照农业部统一部署，国家麻类产业技术体系由功能研究室主任负责研究室岗位的设置以及设置理由和职责的描述，由知名麻类岗位科学家负责试验站布局说明，并于 2009 年 11 月 14—15 日召开了 2009 年第三次执行专家组会议，就"十二五"期间体系岗位设置和综合试验站布局有关事项进行了专题讨论，同年 11 月 17 日向农业部上报了《关于国家麻类产业技术体系岗位设置和综合试验站布局建议的报告》。农业部向全体系人员征求意见并对文件进行了修订，于 2010 年 6 月 18 日发布《关于开展"十二五"体系聘任人员推荐工作的有关说明》，批复了体系《"十二五"岗位设置和综合试验站布局》；随后出台了《"十二五"体系建设工作方案》《人员遴选条件》《人员遴选程序》《所在单位承诺书》，规定了"十二五"期间体系人员推荐与聘任的方式、人员条件和委托单位义务等内容。

根据农业部要求，麻类体系按照直接推荐专家或岗位名称变动专家进入相应岗位、推荐竞聘答辩岗位专家与试验站站长人选三类进行推荐，其中竞聘岗位共 9 个，征集到竞聘人员 22 人。2010 年 6 月 30 日，麻类体系协同中国作物学会第四届麻类专业委员会常务委员会对有竞聘岗位科学家意向的人员进行了评议和投票，此次麻类专业委员会常务委员会有主任委员孙庆祥；副主任委员孙家曾、熊和平、雷炳乾、赖占钧；副秘书长唐守伟；常务委员尹继中、关凤芝、祁建民、胡资生、彭定祥；共 11 人参加并投票。麻类体系执行专家组根据相关规定，向河南省农业厅、云南省农业厅、广东省农垦局和广东省农业厅发函，由这些单位向体系推荐"十二五"期间试验站站长竞聘人选。通过学会和地方农业主管部门的推荐，最后每个岗位确定 2 位竞聘专家并上报农业部。2010 年 9 月 9 日农业部相关部门发布《关于开展"十二五"产业技术体系聘任人员遴选工作的通知》，批复了《参与国家麻类产业技术体系"十二五"岗位专家和试验站站长竞岗答辩人员名单》，并对遴选条件和程序进行了调整。按照新要求，国家麻类产业技术体系于 2010 年 9 月 18—20 日召开"'十二五'聘任人员遴选工作会议"并向农业部报告了会议情况。

2011 年国家麻类产业技术体系启动"十二五"工作。2011 年 3 月 8 日《农业部关于印发现代农业产业技术体系建设依托单位和岗位聘用人员名单（2011—2015）的通知》[农科教发〔2011〕3 号] 发布，确定国家麻类产业技术体系整体框架稳定、局部需要进行优化调整，共设立 27 个科学家岗位和 20 个综合试验站。与"十一五"期间框架相比，变化如下：

①功能研究室名称变更。病虫害防控研究室、栽培与土壤营养研究室和产后处理与加工研究室名称分别变更为病虫草害防控研究室、栽培与耕作研究室和加工研究室。

②功能研究室主任变更。育种研究室主任变更为中国农业科学院麻类研究

所李德芳，熊和平不再兼任育种研究室主任。

③聘用人员接替。2011年，福建农林大学方平平副教授接替祁建民教授担任黄麻育种岗位科学家，湖南省张家界市农业科学研究所庹年初接替熊玉双担任张家界苎麻试验站站长，广西壮族自治区亚热带作物研究所王春田接替陶玉兰担任南宁剑麻试验站站长；2013年，新疆维吾尔自治区伊犁哈萨克族自治州张正接替黄建平担任伊犁亚麻试验站站长。

④新增岗位。新增种质资源评价岗位科学家、剑麻栽培岗位科学家、工业大麻栽培岗位科学家、湛江剑麻试验站站长4个岗位，并分别由中国农业科学院麻类研究所粟建光、中国热带农业科学院环境与植物保护研究所易克贤、云南大学刘飞虎和广东省湛江农垦科学研究所黄标担任。

⑤岗位名称变更。原生物技术育种、农药与杂草防控、栽培生理、土壤与水土保持、亚麻大麻栽培、营养与肥料、麻地膜、收获机械、剥制机械、纤维生物提取、酶制剂和生物质能源等岗位名称分别变更为分子育种、杂草防控、栽培与耕作、山坡地栽培与水土保持、亚麻栽培、土壤肥料、可降解麻地膜生产、种植机械与设备、初加工机械与设备、脱胶技术与工艺、酶处理与副产品综合利用。

3. 2016—2020年

2014年9月30日，农业部科技教育司发布《关于开展现代农业产业技术体系建设"十三五"优化调整方案研究编制工作的通知》[农科（产业）函〔2014〕第299号]。文件指出，体系"十三五"优化调整方案的研究编制是关系到体系建设科学完善和长远发展的一项重要工作，各体系要在实事求是、认真总结本体系"十一五""十二五"期间建设运行的成绩与存在的问题，在全面研究分析本产业未来发展面临的重大问题的基础上，依据十八届三中全会以来党中央和国务院关于"创新驱动战略"、农业农村经济发展等一系列文件和讲话精神、《国务院关于改进加强中央财政科研项目和资金管理的若干意见》（国发〔2014〕11号）及体系相关管理办法和考评结果等开展研究编制工作。经过近三年的不断讨论和调整，于2017年6月13日发布《农业部关于印发现代农业产业技术体系聘用人员名单（2017—2020）的通知》（农科教发〔2017〕10号），正式启动"十三五"体系建设工作，并于2017年8月31日发布《农业部关于印发现代农业产业技术体系产业技术研发中心依托单位、功能研究室主任和执行专家组名单（2017—2020）的通知》（农办科〔2017〕38号），批复了执行专家组名单。调整后的麻类体系组织架构主要变动如下：

①功能研究室名称变更。原育种研究室、栽培与耕作研究室、设施设备研究室分别更名为遗传改良研究室、栽培与土肥研究室、机械化研究室，主要依据是响应 2017 年 1 月 1 日新《中华人民共和国种子法》对科研事业单位的新定位、突出机械化研究等。

②病虫草害防控研究室岗位职能合并。将病害防控和虫害防控两个岗位职能合并，仅设立病虫害防控一个岗位。

③人员接替。依据"十三五"人员聘任条件，麻类体系共有"七岗四站"，因年龄限制的人员不再续聘。经执行专家组协商依托单位报农业部审批，均以团队成员接替形式完成过渡。

④科学家岗位名称、综合试验站名称变更及执行专家组组成见表 1-3。

表 1-3 2017—2020 年国家麻类产业技术体系组织机构与聘用人员组成

组织机构	编号	岗位名称	专家	所在单位
研发中心	CARS-16	首席科学家	熊和平[†]	中国农业科学院麻类研究所
遗传改良研究室	E01	种植资源收集与评价	粟建光	中国农业科学院麻类研究所
	E02	育种技术与方法	赵立宁	中国农业科学院麻类研究所
	E03	苎麻品种改良	喻春明	中国农业科学院麻类研究所
	E04	亚麻品种改良	康庆华	黑龙江省农业科学院
	E05	红麻品种改良	李德芳[†]	中国农业科学院麻类研究所
	E06	黄麻品种改良	方平平	福建农林大学
	E07	工业大麻品种改良	杨 明	云南省农业科学院
	E08	剑麻品种改良	周文钊	中国热带农业科学院南亚热带作物研究所
栽培与土肥研究室	E09	生态与土壤管理	黄道友	中国科学院亚热带农业生态研究所
	E10	水分生理与节水栽培	刘立军[†*]	华中农业大学
	E11	养分管理	崔国贤	湖南农业大学
	E12	苎麻生理与栽培	唐守伟	中国农业科学院麻类研究所
	E13	亚麻生理与栽培	王玉富	中国农业科学院麻类研究所
	E14	黄麻红麻生理与栽培	陈 鹏	广西大学
	E15	工业大麻生理与栽培	刘飞虎	云南大学
	E16	剑麻生理与栽培	易克贤	中国热带农业科学院环境与植物保护研究所

（续）

组织机构	编号	岗位名称	专家	所在单位
病虫草害防控研究室	E17	病毒与线虫防控	张德咏 *†	湖南省农业科学院
	E18	病虫害防控	陈绵才	海南省农业科学院
	E19	杂草与综合防控	柏连阳 †	海南省农业科学院
机械化研究室	E20	种植与收获机械化	李显旺 †	农业农村部南京农业机械化研究所
	E21	初加工机械化	吕江南	中国农业科学院麻类研究所
加工研究室	E22	生物脱胶与初加工	段盛文	中国农业科学院麻类研究所
	E23	纤维性能改良	郁崇文	东华大学
	E24	麻纤维膜生产	王朝云 *†	中国农业科学院麻类研究所
	E25	副产品综合利用	彭源德	中国农业科学院麻类研究所
产业经济研究室	E26	产业经济	杨宏林 *†	湖南大学
综合试验站	S01	汾阳工业大麻试验站	康红梅 †	山西省农业科学院
	S02	长春亚麻试验站	凤桐	吉林省农业科学院
	S03	哈尔滨麻类综合试验站	吴广文	黑龙江省农业科学院
	S04	大庆工业大麻试验站	李泽宇	黑龙江省农业科学院
	S05	萧山麻类综合试验站	金关荣	浙江省萧山棉麻研究所
	S06	六安工业大麻红麻试验站	杨龙	安徽省六安市农业科学研究院
	S07	漳州黄/红麻试验站	洪建基	福建省农业科学院
	S08	宜春苎麻试验站	高海军	江西省麻类科学研究所
	S09	信阳麻类综合试验站	潘兹亮 †	河南省信阳市农业科学院
	S10	咸宁苎麻试验站	汪红武	湖北省咸宁市农业科学院
	S11	张家界苎麻试验站	庹年初	湖南省张家界市农业科学技术研究所
	S12	沅江麻类综合试验站	朱爱国	中国农业科学院麻类研究所
	S13	湛江剑麻试验站	黄标	广东省湛江农垦科学研究所
	S14	南宁剑麻试验站	陈涛	广西壮族自治区亚热带作物研究所
	S15	南宁麻类综合试验站	李初英	广西壮族自治区农业科学院
	S16	涪陵苎麻试验站	吕发生	重庆市渝东南农业科学院
	S17	达州苎麻试验站	魏刚 †	四川省达州市农业科学研究所

（续）

组织机构	编　号	岗位名称	专　家	所在单位
	S18	西双版纳工业大麻试验站	孙　涛	云南西双版纳州农业科学研究所
	S19	大理工业大麻亚麻试验站	朱　炫	云南省大理白族自治州农业科学推广研究院
	S20	伊犁亚麻试验站	张　正	新疆维吾尔自治区伊犁哈萨克族自治州农业科学研究所

注：表格中带＊者为研究室主任；带†者为执行专家组成员。

二、任务沿革

1．任务设置框架

现代农业产业技术体系研发任务按照重点任务、基础性工作、前瞻性研究和应急性工作四类设置，旨在将重点科技攻关、基础数据积累、前瞻性领域探索和应急性产业服务相结合，为产业发展提供坚强、持续的支撑。在此框架下，麻类体系依据本产业的特点及现状，本着"以麻产品为单元，以产业为主线，依托科技资源，建立生产、研发、市场网络，大力发展现代麻产业"的宗旨，国家麻类产业技术体系于 2009 年 2 月组织全国 54 位麻类科研专家，组成 16 个调研组分赴北京、湖南、湖北、四川、重庆、江西、广东、广西、河南、福建、浙江、江苏、黑龙江、吉林、安徽、山西、新疆、甘肃、云南、海南 20 个省（自治区、直辖市）进行考察与调研，通过对麻类作物主产区的农业主管部门、纺织厂、原料加工厂及种麻农户的调研，了解我国麻类产业在品种、种植、收获、加工以及进出口贸易等各个环节的现状、存在的问题，以及种植效益、加工效益和市场经营情况，掌握麻类产业的主要技术需求，为国家制定产业政策及国家麻类产业技术体系确定重点任务、基础性工作以及前瞻性研究提供依据。此次调研是麻类体系任务凝练、提升和落实的基础。

2．组织实施模式

在任务组织实施方面，主要流程包括：①体系向农业部提交任务内容与分解实施方案。②农业部征求行业专家意见并向体系反馈。③体系对任务和方案进行修订并报农业部审批。④首席科学家代表体系与农业部签订《任务书》。⑤首席科学家与各聘任人员签订《委托协议》。⑥执行专家组督促各聘任人员落实。⑦执行专家组组织体系总结任务完成情况并进行自评。⑧农业部组织体系间互查并邀请第三方对体系进行评估。

3．科研工作沿革

在完成"十一五"期间的四大重点任务和十二项攻关课题的基础上，为了适应专家长期以来形成的"做项目"的科研习惯，从"十二五"起，将重点任务的组织模式进行了调整（表1-4）。"十一五"期间主要依据主体任务进行任务分解，强调学科布局和分工，其弊端在于个体的岗位对总体的任务规划和目标把握程度不一，在研发过程中对研究内容和方式的调整方向容易出现偏差而减小合力。通过将重点任务部分凝练为若干个较独立的项目，既可以发挥体系在学科布局、联合协作等方面的优势，又能进一步强化个体团队对总体任务的把握。

"十三五"任务组织在"十二五"的基础上，创新了"工作组"运行模式。其中以麻类研究所牵头实施的"膜用苎麻协同创新与示范工作组"为代表，以科研组织与攻关机制改革为根本途径，落实了高密矮化麻园建设、机械化种收管理、绿色脱胶技术研发和成膜技术创新等任务，初步形成了苎麻全程机械化、清洁化生产方案。膜用苎麻协同创新与示范工作组设有领导小组、创新小组和示范小组。其中创新小组包括高密矮化麻园建设协同创新小组、机械收获

表1-4　国家麻类产业技术体系"十二五"重点任务（2011—2015）

编　号	任　务	牵头人	技术总负责人
CARS-19-01A	麻类作物高产高效种植与多用途关键技术研究	熊和平	熊和平
CARS-19-02A	非耕地麻类作物种植关键技术研究与示范	熊和平	李德芳
CARS-19-03A	苎麻剑麻固土保水关键技术研究与示范	熊和平	彭定祥
CARS-19-04B	麻类作物育种与制种技术研究	李德芳	关凤芝
CARS-19-05B	麻类作物重大有害生物预警及综合防控技术研究与示范	张德咏	张德咏
CARS-19-06B	麻类作物抗逆机理与土壤修复技术研究	彭定祥	彭定祥
CARS-19-07B	麻类作物轻简化栽培技术研究与示范	彭定祥	唐守伟
CARS-19-08B	可降解麻地膜生产与应用技术研究与示范	王朝云	王朝云
CARS-19-09B	麻类作物收获与剥制机械的研究和集成	王朝云	李显旺
CARS-19-10B	麻类生物脱胶与新产品加工技术研发	刘正初	刘正初
CARS-19-11B	基于多用途的麻类产业持续发展研究	陈　收	陈　收

与初加工协同创新小组、绿色脱胶与纤维提取协同创新小组；协同示范小组设于三个不同生态区，分别为华东区协同示范工作小组、中南区协同示范工作小组、西南区协同示范工作小组。这种运行模式在体系内进一步加强了核心任务的组织力度，明确了各项重点任务的主从关系（表1-5）。

表1-5 国家麻类产业技术体系"十三五"重点任务（2016—2020）

编号	任务	牵头人/技术总负责人
CARS-16-01A	地膜用麻高效生产及成膜技术研究与示范	熊和平；王朝云
CARS-16-02A	纤饲两用麻类作物绿色生产技术研究与应用	熊和平；李德芳
CARS-16-03A	苎麻机械化收获及绿色脱胶技术研究与示范	熊和平；李显旺；彭源德；刘立军
CARS-16-04B	功能型麻类作物品种选育	李德芳
CARS-16-05B	麻类作物固土保水及逆境种植技术研究与示范	刘立军
CARS-16-06B	麻类作物轻简可持续种植技术研究与示范	刘立军
CARS-16-07B	麻类作物病虫草害绿色高效防控技术研究	张德咏
CARS-16-08B	大麻机械化收获仿形切割与智能捆压技术研究	李显旺
CARS-16-09B	麻类生物质高效利用关键加工技术研究与示范	彭源德
CARS-16-10B	麻地膜与纤饲两用麻类作物产业经济分析	杨宏林

第二章　麻类作物遗传改良

第一节　种质资源收集与评价

农作物种质资源被誉为农业科技原始创新和现代种业发展的"芯片"，是保障粮食安全、建设生态文明、支撑乡村振兴、满足国民营养健康需求的战略性资源。为了保护和利用好麻类科技创新和产业发展的"芯片"，2011年国家麻类产业技术体系设立种质资源评价岗位，遴选我国麻类种质资源学科带头人粟建光研究员为岗位专家，依托国家麻类种质资源中期库的技术骨干组建而成，戴志刚副研究员、杨泽茂副研究员、许英副研究员、陈基权副研究员、龚友才研究员、邓灿辉助理研究员为团队骨干，2016年更名为种质资源收集与评价岗位。八年来，在农业部领导下，在科技创新平台建设、种质资源基础性工作、黄麻高产优质专用品种选育和示范、优异种质重要性状功能基因的定位与机理解析、特色资源挖掘创制与产业化应用等方面取得了重要进展，实现了阶段性目标，为我国麻类作物育种、科学研究和产业发展提供了良好的基础支撑。

一、科技创新平台建设不断完善

种质资源团队依托的科研平台国家麻类种质资源中期库于2012年11月建成投入使用，总建筑面积1 300 m²，由种子贮藏中期库、办公室、数据信息室、可控温温室、植物组织培养室、种子清选室、种子烘干室、活力检测室、种子接纳室和种子晒场等组成。其中，低温库房150 m²，控制库温-5～0℃，相对湿度45%±5%，设计保存容量5万份，贮藏寿命15年以上。

2018年7月，在多部门努力和协作下，农业农村部正式批复中期库升级建设项目，计划投资1 055万元，拟建成承担我国麻类等南方特色经济作物种质资源考察收集、国外引种、整理保存、繁殖更新、编目入库、鉴定评价、创新利用、监测管理、信息数据共享，达到国际一流的种质资源创新服务平台标准，满足未来 20 年麻类资源安全保存、服务育种、基础研究、产业发展和国际竞争的需求。

二、夯实麻类"芯片"，共享服务水平不断提升

为了进一步拓展麻类种质资源的遗传多样性和丰富度，加强了国内考察收集和国外引种工作。八年来，新增麻类种质资源 15 个物种 2 151 份。其中国内收集 1 789 份、国外引进 362 份。新增了一批功能型多用途特色资源，如菜用黄麻福农 5 号、鄱阳秋葵，保健用的巴马火麻，药用兼观赏用的黄蜀葵，观赏用的红花亚麻、箭叶秋葵等。新增 3 个物种或变种，即野生大麻变种（*Cannabis Sativa* ssp. *Sativa* var. *spontanea*）、箭叶秋葵 [*Abelmoschuss agittifolius* (Kurz) Merr.] 和黄蜀葵 [*Abelmoschusr anihot* (L.) Medicus]。截至 2018 年 12 月，国家麻类中期库收集保存麻类资源 13 050 份，来源于 67 个国家或地区，分属 4 科 6 属 43 种（含亚种或变种），成为全球资源数量最多、遗传多样性最丰富和系统研究最强的麻类资源研究中心。

为了进一步提高资源利用效益，发掘高产优质、耐盐碱、抗病虫、功能型新用途的优异或特色资源，以满足新时期麻类作物育种和生产需求。通过资源农艺性状和特性鉴定，挖掘和创制优异或特色种质资源 47 份。红麻纤维产量 270 kg/亩[①]以上的抗倒伏种质 3 份（如 d057、d13-196），全生育期 210 d 以上的抗倒伏种质 2 份（d13-203、d13-200），红麻根结线虫免疫或高抗种质 9 份（如 H006、H017、H220 等）；黄麻盐害指数≤33.2% 的耐盐种质 8 份（如 O-3、BL/042C、YA/046CO 等），重金属离子去除率≥96% 的环保专用种质 5 份（如帝王菜 1 号、中黄麻 3 号、中黄麻 4 号等）；苎麻纤维细度大于 2 920 m/g 的高细度种质 4 份（如 31-2、38-3 等），粗蛋白含量大于 18.0% 的饲用种质 6 份（如中饲苎 1 号等）；亚麻高木酚素种质 5 份（如 y0314-2-4、双亚 4 等）；大麻 THC 低于 0.3%、CBD 高于 4.0% 的药用种质 5 份（如 DMG231、DMG240、DMG227 等）。

安全保存和优异特色资源的发掘，为资源的有效利用奠定了良好的基础。

---

① 亩为非法定计量单位，1 亩=1/15 公顷。——编者注

同时，采取网上发布优异特色资源目录、田间展示等多种措施，加大麻类资源宣传力度，资源有效利用数量和质量均大幅度提高，年供种能力以20%的增长率逐年提升。八年来，向全国218家科研、教学和生产单位分发种质6 000多份次，支撑了各类科技项目100个、育成品种41个、科技成果奖励5项。

三、黄麻专用品种选育奠定了产业发展基石

黄麻为一年生草本植物，是重要的韧皮纤维作物，在全球天然纤维类植物的生产和消费总量中仅次于棉花，排名第二。黄麻具有植株高大、生长速度快、生物产量高、耐盐碱、耐旱涝、耐贫瘠等特性，可利用沿海滩涂盐碱地、南方山坡贫瘠地种植，不与粮争地，在农业供给侧结构性改革中扮演着重要的角色。尤其是近年来，随着黄麻在环境保护、美容保健等领域新用途的开发，为黄麻的应用提供了广阔的天地。团队围绕体系重点工作，开展了高产优质专用黄麻品种选育和示范推广研究，为黄麻种植面积的恢复和新产品的研发储备了新的品种和技术。

1. 长果黄麻良种实现"526"和"425"高产目标

以高生物产量、叶茎比大、抗倒伏和晚熟为育种目标，通过杂交、回交和Co60γ射线诱变等手段，育成中黄麻4号、中黄麻6号、中黄麻7号和中黄麻9号4个极晚熟、高生物产量、广适的优良长果黄麻品种。并以中黄麻4号为测试品种，分别在河南信阳和江苏大丰实现了长果黄麻"526"和"425"高产目标，形成了配套高效栽培技术。2014年10月12日，通过了国家麻类产业技术体系组织的专家组的现场测产评议，其高产种植模式可在同类地区推广应用。

2. 耐盐品种高效栽培技术为盐碱地黄麻种植打好基础

为了筛选适宜沿海滩涂种植的黄麻优异种质或品种，2011—2015年，在江苏大丰沿海滩涂盐碱地开展了耐盐碱黄麻品种主要经济性状和产量性状的综合鉴定与评价，结合盐碱地土壤盐分含量分析。筛选出土壤盐浓度为0.3%～0.5%的耐盐碱品种6个（摩维1号、Y05-02、O-1、C2005-43、C-1和中黄麻1号）。其中摩维1号生长快、分枝少、不早衰、植株高大（高于平均值20%～25%），已作为主栽品种在盐碱地示范种植推广。研制出盐碱地黄麻种植关键技术：①选择适宜盐碱地（盐碱含量0.4%以下、不积水），播前10 d施草甘灵一次性清除各类杂草；②适度提高播种量（750 g/亩），雨后播种，用地膜或草覆盖提温；③苗高10 cm时用盖草灵等除草剂清除杂草；④重

施基肥（偏酸性复合肥），适量补充氮肥，后期加强水肥管理，防止早衰；⑤适时收获，叶片等残留物还田以增加土壤肥力。

四、优异种质重要性状功能基因定位与分子机理解析取得突破

针对麻类作物种植区域正逐步向盐碱地、山坡旱地、贫瘠地等非耕地转移，麻类多功能、多用途专用品种培育和产业化创新应用也方兴未艾，对种质资源研究提出了许多新要求，如何精准鉴定和深度挖掘优异基因和特色资源，并解析其分子机理，对新时期麻类产业又好又快发展意义重大。

1. 黄麻抗逆基因挖掘及分子机理解析

利用 250 mM 的氯化钠溶液对 300 份黄麻种质苗期的耐盐性进行评估，发现不同种质耐盐性具有显著差异。筛选出 2 个耐盐极端类型种质，即极端耐盐种质 TC008-41 和极端盐敏感种质 NY252C。利用转录组测序技术，对这两个耐盐极端种质进行了盐胁迫下转录组测序，筛选出 45 个耐盐候选基因，这些基因主要参与了胱氨酸代谢通路和 ABA 代谢通路。用 10% 浓度 PEG 模拟干旱环境，处理 2 个广泛栽培的黄麻品种：长果黄麻品种广丰长果和圆果黄麻品种粤圆 5 号，12 h 后取长果黄麻和圆果黄麻处理组和对照组根组织进行转录组测序，发现了 15 个耐旱基因，这些基因主要参与了 ROS 和 SOD 代谢通路。该成果对黄麻耐盐和耐旱机制解析和抗逆分子育种具有重要意义。

2. 挖掘出亚麻木酚素合成候选基因 *Lusudp*

利用简化基因组测序技术（SLAF-seq）对 300 份亚麻核心种质木酚素含量性状进行全基因组关联分析（GWAS），鉴定出 7 个与木酚素合成显著关联的 SNPs 位点。在每个显著关联的 SNPs 位点周围 10kb 的区域内筛选确定出了 32 个候选基因。为了验证 GWAS 分析可能产生的假阳性，以木酚素含量极高的品种双亚 4 和含量极低的品种 NEW1 为亲本构建了 F2：3 群体，对双亲和混池进行基于重测序的 BSA 分析。在 *scaffold422* 的 125 001 ～ 163 058 bp 处发现 1 个候选区，将候选基因定位在 380.6 kb（1 kb = 10^3 bp）的范围内。随后采用 RNA-seq 技术对高、低木酚素含量亚麻品种双亚 4 和 NEW1 种子的 3 个不同发育时期的转录组进行分析，获得了大量差异表达的 Unigene。通过 GO 分类和 Pathway 富集性分析将这些差异表达 Unigene 归类于 128 个代谢途径，其中包含与木酚素合成相关的苯丙氨酸生物合成代谢途径。进一步验证了 GWAS 和 BSA 分析结果的准确性。

通过GWAS、BSA和RNA-seq三种方法联合分析，挖掘出亚麻木酚素合成候选基因 *Lusudp*（暂命名）。*Lusudp* 是一个新基因，下一步将对其功能进行深入研究，旨在解析亚麻木酚素合成过程中该基因的功能，为培育高木酚素亚麻新品种奠定重要基础。

五、特色资源挖掘创制与应用，服务产业振兴和科技扶贫

麻是传统的纤维原料，从响应国家战略需求、服务产业和区域经济发展要求出发，以麻改饲、环境污染治理、种养结合以及绿色发展等为重点方向，深入拓展麻类作物的多功能和多用途研究，引领和催生麻类战略性新兴产业。近年来，在叶用黄麻、环保专用黄麻，高CBD药用大麻等特色资源的挖掘创制与产业化应用方面成效显著，为新时期麻类新兴产业创新，服务精准扶贫和乡村振兴提供材料和技术支撑。

1. 功能型叶用黄麻创制与多用途利用

黄麻的鲜嫩茎叶富含钙、硒、膳食纤维、氨基酸和果胶类多糖等，是一种绿色保健型蔬菜，具有补钙、减肥、防癌及降血脂、降血糖等效果。团队利用优异菜用种质甜黄麻与马里野生、厚叶绿等地方品种杂交，经过多年回交与定向选择，培育了具有自主知识产权的叶用型功能黄麻品种帝王菜1号、帝王菜2号和帝王菜3号等系列品种，该品种营养丰富均衡，以采收鲜嫩茎叶为主，有茎叶清脆润滑、口感佳、色泽好、高钙（5～7 g/kg）、富硒（约1 mg/kg）、高膳食纤维（80～100 g/kg）、高氨基酸（60～70 g/kg）等特点，钙和硒含量分别是其他大宗叶菜的10倍和100倍，且整个生长期基本不施农药，容易管理，一季可多次采收，每年供应时间达3～5个月，全国各地均可种植，产量可达2 000～3 000 kg/亩。

2014—2018年，麻类产业体系与长沙锦农生物科技有限公司、福建省农业科学院亚热带农业研究所和重庆市渝东南农业科学院合作，在湖南长沙、福建漳州和重庆涪陵等地建立种植基地1 000亩，示范推广帝王菜，开发出适宜清炒、凉拌、煲汤、火锅，但价格高出普通叶菜1～2倍的各种菜品，以及添加帝王菜粉制作的糕点、面食等，深受消费者喜爱。菜农实现每亩纯收入超过1万元的经济效益，帝王菜深受菜农欢迎。

叶用黄麻在美容保健新产品研发方面，与长沙锦农生物科技有限公司、河南莫洛海芽农业科技有限公司和北京暄和健康管理有限公司合作，开发出以帝

王菜嫩茎叶为主要原料的莫洛海芽原生态美颜面膜、清肠康和帝王菜压片糖果等保健新产品。2017—2018 年，公司在湖南省沅江市新湾镇和贵州省晴隆县长流乡分别建立了 200 亩和 300 亩帝三菜优质原料生产示范基地，采用公司+农户的模式，助力精准扶贫和乡村振兴，农民实现每亩纯收入 2 500 ～ 5 000 元，企业也得到优质稳定的原料保障。

2．环保专用黄麻种质的创制与应用

废水治理是当前环境保护与治理所面临的热点难点，开展重金属污水植物性吸附剂专用黄麻种质的创制、产品开发与应用研究，符合国家环保重大需求。黄麻作为一种潜在的新型废水处理生物材料具有生物产量大、可生物降解、无二次污染、制备工艺简单、规模生产成本低等优点，而且种植管理简单，适应性强，滩涂、旱地均可种植。

近年来，我们通过农艺性状鉴定和重金属吸附性能测试，创制出适宜重金属吸附剂生产、干物质产量 12 ～ 18 t/hm^2、纤维品质优异的专用特色黄麻种质（品种）2 ～ 3 个（摩维 1 号、甜黄麻等），其对铜、铬、铅等重金属离子的去除率可达 98% 以上，对镍的去除率也达到 80% 以上，且沉降速度快、淤泥量少，符合工业生产的需求。2011—2017 年，麻类产业体系与长沙锦农生物科技有限公司和迪睿合电子材料（苏州）有限公司合作，开展了高效特色专用资源的评价鉴定、原料标准化种植和初加工技术规范研制及应用、吸附机理研究、黄麻重金属广谱吸附剂和专用离子吸附剂等新产品开发等。在湖南省沅江市和河南省信阳市建立了黄麻吸附剂优质原料生产示范基地，种植环保用黄麻品种 100 hm^2，生产吸附剂原料近 1 500 t，麻农亩收入 3 000 ～ 6 000 元，为企业增效 1 500 万元。形成了环保用黄麻绿色高效精简化种植及初加工技术。

3．高大麻二酚（CBD）工业大麻挖掘创制与产业应用

CBD 是大麻中主要的药基酚类成分，具有抗惊厥、抗呕吐、抗痉挛、抗焦虑、镇静、抗失眠、消炎、抗氧化等特殊药用功能，是生产癫痫病、帕金森病、精神障碍、慢性疼痛、癌症等特效药物的重要原料。CBD 药品开发利用是全球热点，产业潜力巨大，美国大观研究公司（Grand View Research）预测 2025 年 CBD 全球市场可达 1 464 亿美元的产值。

近年来，基于国家麻类中期库与大麻种质资源研究的优势，麻类产业体系与北京汉麻投资集团合作，开展高 CBD 特色资源的挖掘和创新研究。利用国内优良地方品种与引进野生资源杂交，后代经多年鉴定筛选，创制出一些四氢大麻酚（THC）含量低于0.3%、CBD含量达4%以上、极具产业开发价值的优异种质，是目前国内主要CBD原料用品种（0.8%）含量的6倍以上。高CBD工业大麻的创制和产业应用，支撑了医药大麻新兴产业的国家重大需求，也为新时期麻类产业在精准扶贫、乡村振兴等方面提供了材料和技术支撑。

4．特色资源服务精准扶贫和乡村振兴

"十二五"以来，麻类资源团队在武陵山片区、秦巴山片区等国家扶贫攻坚主战场，通过高产值的帝王菜、重金属吸附专用黄麻、黄秋葵等特色优良资源的示范和推广，开展科技和产业扶贫，促进麻类资源研究成果向贫困地区转移转化，初显成效。

通过合作社（企业）+农户的推广种植模式，在湖南娄底娄星、益阳沅江、邵阳城步、湖北丹江口和贵州晴隆等县（市、区）建立麻类特色资源示范展示试验基地，覆盖贫困地区农户60多户，帝王菜、保健型黄秋葵、环保专用黄麻和高营养叶用黄麻等特色资源推广种植2 000亩，专家下乡指导100多人次，高效精简栽培、初加工等技术培训1 500人次，农民每亩增收达1 000元，为贫困地区农民累计增收近200万元，为下一步科技扶贫工作奠定了基础。

第二节　育种技术与方法

工业大麻是指四氢大麻酚（THC）含量低于0.3%（干物质重量百分比），并获准合法种植的大麻品种。我国将工业大麻称为汉麻，是大麻科大麻属一年生草本植物，按用途可分为工业大麻和"娱乐"大麻。其中工业大麻生长周期为108～120 d，植株高大纤细，叶片细窄；而"娱乐"大麻的生长周期为60～90 d，其含致幻性成分四氢大麻酚较多，含量通常在5%～20%，曾被联合国公约列为毒品，实施严格监管，其植株矮小茂密，叶片宽大。现在国内外广泛应用的大麻为工业大麻，这些工业大麻被认为不具备毒品利用价值，其主要应用于医药、食品、保健品、农业种植等方面。

工业大麻的花、叶、种子、茎秆等均具有较高的经济利用价值，经过批准可以合法种植和产业化开发利用，在造纸、纺织、建材、工业用油、功能保健食品、化妆品、医药等行业用途广泛。例如，工业大麻种子的油富含蛋白质和不饱和脂肪酸，能在食用油、啤酒、面粉、零食、宠物食品等食物里面添加；花、叶、茎秆的油含有大麻素CBD，产品类型包括保健品、化妆品、燃料、洗涤剂等；工业大麻的茎秆能产纤维，能够制成布料、纸张等。目前，在工业大麻的用途中，医疗用途越来越得到行业认可。

大麻二酚（CBD）是大麻素族中最重要的提取物之一，非毒成分，能阻碍THC对人体神经系统影响，并具有治疗癫痫、焦虑综合征、精神分裂症、运动障碍、镇痛、抗炎、杀菌、抗癌、抗氧化等药理活性。因其重要及稀缺，国际市场上，价格比黄金还贵。因此，CBD成为大麻研究新的热点。

现代农业产业技术体系围绕农业各领域产业需求而建立，十年来，在产业技术体系的支持下，工业大麻的研究走过了发展的瓶颈期，开辟了新的研究方向，拓展了研究领域，取得了一系列的科研和产业转化成果。

一、扎实抓好常规育种，选育出一批优良品种

工业大麻的育种技术与方法以杂交、辐射、化学诱变为主，近年选育的大麻品种主要由杂交选育而成。大麻品种间杂种优势明显，增产效果显著。通过杂交育种，近十年认定登记的工业大麻品种共8个：中大麻1号、中大麻2号、中大麻3号、中大麻4号、中大麻5号、中皖杂麻1号、中皖杂麻2号、中杂麻3号。针对近年市场对CBD的火热需求，我们也进行了大麻高CBD品种选育研究，利用引进的高CBD种质，开展高CBD大麻品种选育。

目前已选育出高CBD药用品系的工业大麻C4和C8。C4由YNS2016-3与OZ4品种经杂交、自交加代和多代选择，从中选出8个株系进行株系比较，并从中选出4个株系进行加代和品系比较试验，最后决选出。C4雌雄异株，稀植条件下分枝多，河南播种至花叶收获天数为88～110 d，全生育期110～120 d，具有较强的抗病性、抗旱性和抗倒伏性，花叶产量在合适栽培条件下比当地农家品种增产10%左右，花叶CBD含量为2.01%左右，THC含量为0.21%左右。C8利用选育的YNS2015-2做母本与OZ8杂交，杂交后代经自交加代和多代选择，从中选出11个株系进行株系比较，然后通过"优中选优"从中选出4个株系进行加代和品系比较试验，最后决选出。C8雌雄异株，稀植条件下分枝多，河北播种至花叶收获天数为90～110 d，全生育期110～128 d，具有较强的抗病性、抗旱性和抗倒伏性，花叶产量在适宜栽培

的条件下比当地农家品种增产 9.8% 左右，花叶 CBD 含量为 2.78% ～ 4.13%，THC 含量为 0.17% 左右。两个品系兼具低 THC 高 CBD 的特性，在药物利用方面具有很高的价值。此外，我们还探索利用钴作为诱变源，通过辐射育种先后选用了 6 个不同的大麻品种。进行了三批次的辐射处理，摸索它们的半致死剂量，初步建立了 3 个大麻品种相对发芽率（相对发芽率=处理发芽率/对照发芽率×100%）与剂量回归方程。明确了它们的干种子辐射半致死、致死剂量。

二、工业大麻分子标记方兴未艾，为工业化披上新衣裳

我们对 115 份大麻材料（15 份欧洲材料）在 1% 盐浓度的培养皿内进行耐盐性筛选，共筛选出耐盐碱较强的大麻种子 3 份，它们是 C76 和 R12、R412，其中耐盐性最高的是从俄罗斯引进的种质材料，这些耐盐种质资源的筛选为大麻耐盐育种提供了重要的基因资源。

工业大麻分子标记研究近十年主要围绕 THC 含量的分子标记和鉴定性别相关的分子标记。基于大麻转录组序列，利用 MISA 软件共搜索到 4 596 个 SSR 位点，基于此 SSR 位点共开发了 3 461 对 SSR 引物，并筛选出 40 对多态性高的 SSR 引物，利用这 40 对多态性高的 SSR 引物对 24 个 THC 含量不同的大麻品种进行了分析（7 个国内品种、9 个 THC 含量低的品种和 8 个 THC 含量高的品种），共检测到 105 个多态性位点，与 THC 含量相关性在 95% 以上的 SSR 位点有 8 个。基于上述结果选择出 THC 含量高于 1% 的大麻品种 10 个，包括 Liberty Haze、Sin Tra-Bajo、O.G Kush、Skunk#1、YM512、YM535 等；THC 含量低于 0.03% 的大麻品种 18 个，包括 Codimono、Giganthea、Jermakowska、Bialobrzeskie、Beniko Tygra、Dolnoslaskie、Dziki Polski、K-176、K-542、Juso 14、Juso 31、Santhica 27、Finola、Novosadska 等。同时合成了 890 对 SSR 引物，对上述品种进行 PCR 扩增，其中 719 对引物有扩增产物，占所合成引物总数的 80.8%。进一步用这些引物对 14 个大麻品种进行多态性检测，有 488 对引物显示多态性，占可扩增引物的 67.9%。筛选到在高 THC 含量品种中表达的特异标记 3 对，分别是 CAN0435、CAN0698 、CAN0123。这些筛选到的与 THC 含量密切相关的分子标记将为大麻分子选择育种提供技术支持。同时，我们利用扩增片段长度多态性分子标记对大麻的 10 个品种混合组成的雌性、雄性植株基因池进行筛选，并将筛选到的引物在这 10 个品种中

进行验证，引物E-ACT/M-CTA在10个品种的雄株中均扩增出1条特异条带，而雌株中均没有此条带。对此特异性条带进行回收、克隆、测序，获得1条大小为348 bp的雄性特异性条带，该条特异性条带可作为分子遗传标记用于大麻早期性别鉴定的参考。近期，我们正致力于发掘工业大麻CBD含量初步候选基因，并通过QRT-PCR技术进行验证，最终获得CBD含量候选基因。这将有助于选育出更高CBD含量的工业大麻，推动其用于临床治疗。

我们进行大麻遗传多态性研究，主要为了对大麻进行分类，并对工业大麻的亲缘关系进行分析。挑选45对引物对115份大麻材料（15份欧洲材料）进行了多态性分析，结果表明，115份材料的来源可以分为4个区，分别为中国北方、中国中部、中国南方及欧洲，而中国北方材料与欧洲材料具有更近的亲缘关系。EST-SSRs的频率为11.21%，此频率高于已知的韧皮纤维作物亚麻（3.50%）和苎麻（3.83%），但是低于咖啡（18.50%）和油菜（15.58%）等作物。

三、工业大麻转基因体系的建立，为转基因辅助育种保驾护航

1. 根癌农杆菌介导的大麻遗传转化体系

选取籽粒饱满、均匀的大麻种子，用98%工业硫酸浸泡2 min后，于自来水下冲洗30 min；3%次氯酸钠浸泡20 min后，用无菌水冲洗数次，于干净滤纸上吸干水分，用手术刀和镊子剥去种皮，接种于MS培养基上，置于室温22℃、光照时间为16 h/d、光照强度为2 000 lux条件下培养，获得无菌苗。

在子叶长出3 d后将其切割成小块，MS培养基中培养4 d后进行农杆菌侵染（农杆菌复活至OD0.8左右，8 000 r/min离心10 min，用液体MS培养基将沉淀悬浮至OD1.0～1.2，加入AS至100 mm/L，侵染20 min后于洁净滤纸上吸干菌液）；用含有500 mg/L头孢和羧苄的无菌水冲洗数遍，用滤纸吸干，转入含有35 mg/L潮霉素的筛选培养基 [MS + 0.4 mg/L噻苯隆（TDZ）+ 0.2 mg/L NAA]；抗性筛选培养25 d，将再生小苗转入含有30 mg/L潮霉素的生根培养基 [1/2 MS + （0.5～2.0 mg/L吲哚丁酸IBA)]，待长出白色的毛状根后，进行转基因苗的驯化、移栽和检测，得到通过GUS瞬时检测后阳性率达到50%以上、经聚合酶链式反应（PCR）检测为阳性的植株。大麻转基因体系的建立为大麻转基因育种奠定了坚实的基础。

2．发根农杆菌（含 Ri 质粒）介导的遗传转化体系初探

用四种发根农杆菌（ATCC15834、R1601、LBA9402、A4）对 3 种大麻外植体（子叶、下胚轴、去根无菌苗）进行了侵染研究，发现子叶外植体均不能产生发状根，下胚轴外植体发状根诱导频率也非常低。去根无菌苗则诱导频率较高。四种农杆菌中，诱导频率最高的是 R1601，其余依次为 LBA9402、A4 和 ATCC15834。目前，已将含有 CBDA 全长基因的载体，经热激转化法转入 R1601 农杆菌，对大麻去根无菌苗进行遗传转化研究，希望能得到 CBDA 基因整合并表达的发状根系。

四、工业大麻 CBD 的提取与纯化

建立了一套利于 CBD 工业化生产的提取纯化方法，保证了 CBD 的提取效率和纯化程度。该方法主要是利用甲醇为工业大麻花叶粉的提取溶剂，在室温 15 ～ 30℃，利用超声辅助提取 CBD，进一步将大麻提取液旋转蒸发成膏状，用正己烷：乙酸乙酯混合溶剂重新溶解，再用 KOH 水溶液进行重复萃取。将合并的水相溶液进行旋转蒸干，并水洗烘干，最终得到 CBD 的纯度在 90% 以上。

工业大麻这种神奇的作物正席卷着全球：它是农民最好的伙伴，工业大麻不仅能在各种气候和土壤中密植、生长速度快，而且能改善土壤品质，农民可在休耕期的情况下种植工业大麻；它是环境保护的最佳利器，生长无须太多的农药（它对大多数的天然害虫具有抗性，除草剂和杀菌剂需要少），并能从土壤和地下水中无害地提取毒素和污染物，对土壤污染进行修复，在吸收二氧化碳的同时也能通过自然光合作用生长，降低空气中的碳含量；它能与棉花匹敌，因其耐用度高，自古以来就被用作为织物，且基于从植物中加工出来的各种自然色彩，也具有与亚麻布相媲美的美妙质感；它是超级食物，适用于各种健康食品，包括大麻籽油、大麻籽能量棒、大麻素精油甚至是大麻籽乳制品；它是树木的救星，工业大麻已被用来造纸至少 2 000 年，一般树木做的纸顶多能留存 70 年，但由工业大麻做的纸则可留存长达 1 500 年，工业大麻纸浆可以取代木浆，加工成本下降，且能创造出更耐用、更多可持续回收的纸张，且工业大麻的木质素含量低，颜色自然浅，意味着用来制浆和染色麻纸的化学品和漂白剂也相对较少；它可被制成生物燃料，大麻生物柴油被证明是高效率的生产物（97% 的大麻油能被转化为生物柴油），甚至可

以在比其他生物柴油低的温度下便用。它可用来制作碳中和的建筑物，可以与石灰混合，形成碳中性的建筑用品。其功能包括保温、压制板、地板和墙体，同时也节能、无毒、耐霉菌、耐震甚至有防火的功能；它能够代替塑胶，汽车制造商用工业大麻制作门板、立柱、座椅靠背、地板控制台和仪表板等汽车零件，工业大麻的复合材料也比玻璃纤维和碳纤维更坚固、更轻便、更便宜，重点是可回收。

中国是全球主要的大麻种植区域，种植面积占全世界的一半左右，2018年产量达到7.5万t，预计2024年产量达到10.5万吨，复合年均增长率为5.77%。截至2017年底，我国大麻二酚行业的市场规模已经达到4.48亿元，预期2024年我国大麻二酚的市场规模将提升至18亿元，复合增长率达到21.96%。目前，CBD化妆品在美妆市场和医药领域中的潜力有待挖掘。近年来，中日韩美妆市场消费需求显著提高，考虑到美妆市场对添加自然精华类的美妆产品具有较高的偏好，CBD化妆品厂商有机会切入该市场进行扩张。与此同时，CBD在医药领域常常被用作治疗和缓解神经性疾病、心血管疾病、炎症、神经性疼痛等高发于老年人群体的疾病。据估计，十年内中、日、韩地区老年群体将达到2.75亿人，可以预计，CBD在医药领域具有可观的发展空间。

因此，我们应在现代农业产业技术体系的支持下，加强体系间的合作，围绕同一目标开展分工协作，消除技术支撑方面的"空白"和"短板"，确保体系工业大麻的成果能够快速、大面积地"落地生根"。

第三节　苎　　麻

苎麻是我国的特产，被誉为中匡草（China grass）。我国苎麻种植面积和加工量占据全球首位，拥有最雄厚的产业基础和最丰富的种质资源。我国苎麻品种改良对世界苎麻原料的供给起到了举足轻重的作用。近年来，随着现代农业、现代生物技术、现代纺织业和产业融合等的深化，对苎麻品种选育的目标和方式提出了新的要求。作为全国麻类科技研发的排头兵，国家麻类产业技术体系苎麻遗传改良相关团队积极响应新形势的号召，在苎麻品种改良方面开展了卓有成效的工作。

一、新需求、新目标、新作为，不断提升苎麻育种繁种水平

纤维用历来是苎麻产业化利用的唯一途径，苎麻遗传改良也一直是以提高纤维产量和品质为目标的。我国栽培、利用苎麻的历史非常悠久，但苎麻遗传育种等方面的研究工作，直到新中国成立后才真正开始。我国学者将本国苎麻遗传育种研究工作分为四个阶段：20世纪50年代至60年代初期的地方品种鉴定评选阶段、60年代至70年代初期利用常规育种方法改良阶段、80年代开始的高产优质多抗育种阶段和21世纪以来的生物技术辅助育种阶段。这四个阶段重点总结了育种方法的变化，但由于苎麻仍然局限于纤维用，因而所涉及的抗风、抗病等性状的选择，也是为提高纤维产量和品质服务。

经过多年的不懈努力，我国苎麻生产不断迈上新台阶。在地方品种鉴定评选阶段，芦竹青等优良地方品种在生产上的推广，对提高产量起了重要作用，使产量由 900 ～ 1 200 kg/hm² 提高到目前的 1 350 ～ 1 800 kg/hm²。之后，随着育种工作的系统推进，育成了一批优异品种，圆叶青（湘苎2号）、中苎1号、赣苎3号、华苎4号、川苎6号等品种大面积推广，使得我国苎麻单产水平不断提高。21世纪后最初10年，高产苎麻单产由 2 250 kg/hm² 提升到 4 000 kg/hm²，平均纤维细度由 1 600 支提升到目前的 1 900 支，优异品种达 2 500 支。新品种中苎1号在洞庭湖区的沅江和南县的一些生产点，年产量甚至超过 4 500 kg/hm²，头麻纤维细度达到 2 500 支。这些发展不仅对提高同时期苎麻生产水平发挥了关键作用，也为进一步加强育种工作奠定了基础。

近年来，随着对苎麻生物特性、物质组成的重新认识以及学科之间的交融，苎麻用作饲料、食用菌培养基质、麻纤维膜、复合材料、水土保持、重金属吸附等方面的科研逐步进入了产业化阶段。市场需求已呈多元化：纺织需要更高的纤维细度、更低的含胶量；饲料需要苎麻有更多的叶片、较低的株高、更高的蛋白质和氨基酸含量；重金属吸附需要更高的重金属吸收转运能力；机械化管收需要更均匀一致的株高、茎粗等等。长期以来，针对苎麻纤维产量和品质的改良所选育的品种，已经无法适应多元化的需求。

国家麻类产业技术体系成立之际，正是生产亟须多元化的专用苎麻品种之时。麻类体系做的第一件事情却并非立即针对特定的行业着手选育专用的品种。资金有限、人力有限，一个好的顶层设计，一个有效的统筹方案，可

以达到事半功倍的效果。有人曾分析过我国农业科技投入表现不佳的两个根源是"项目散"和"目标偏"。从中央到地方，各级科技管理部门层层抓课题、管项目。科研不是以推动产业发展为目的，科研活动功利化、短期化，又缺乏监督问责机制，科研经费最后换来的就是一份漂亮的"PPT"。管理部门多、项目数量大，却缺乏科学、高效的顶层设计和管理，科研经费形不成合力。

国家麻类产业技术体系成立以后，首先针对产业需求开展了深度调研和任务凝练工作。在以往多年的研究基础上，麻类体系提出了苎麻育种的中长期趋势：育种目标向多元需求定位，品种特性突出加工品质，品种应用由追求产量向追求效益转变，育种方法由传统手段向现代生物技术发展。在这个框架下，麻类体系提出了以"多用途"为核心的苎麻育种策略。以苎麻产业化利用为导向，重点开展了纤饲两用苎麻品种选育、纤维麻骨麻叶麻蔸梯次化利用、生命活性物质提取与功能性苎麻品种选育、高密矮化型地膜用苎麻品种选育、紧凑抗倒型适于机械化收获苎麻品种选育、高纤低胶型纤维专用苎麻品种选育等工作。培育出中苎 2 号、中苎 3 号、湘苎 6 号、川苎 12、华苎 5 号等新品种，并且创制了大量优异种质，奠定了品种更新换代的基础。

这些品种在满足不同种植区域生产需求上发挥了重要的作用。中苎 2 号是纤维、饲料兼用型品种。其纤维工艺成熟时，麻株上仍保留有较多的叶片，机械收麻的副产物（麻骨、麻叶）经青贮发酵是很好的牛饲料。该品种每亩年产原麻 250 kg 左右，副产物（麻骨、麻叶）约 1 200 kg。中苎 3 号是优质高产苎麻新品种。一般亩产 220～240 kg，与对照圆叶青相当；年平均单纤维细度 2 067 支，比对照圆叶青高 25.65%，纤维细度提升极显著；头麻单纤维细度一般在 2 400 支以上，品质优良。川苎 12 对山坡地有很好的适应性。

苎麻作为特色优势农产品，在区域经济建设中发挥着越来越重要的作用。然而作为苎麻生产的首要环节，苎麻育苗效率低、成本高、人工耗费严重等问题非常突出。麻类体系经过近十年的系统研究，揭示了苎麻主动适应水生环境的生理机制，并利用这一特性，将苎麻育苗由传统的土壤扦插变革为水培。通过研发专用营养液配方、深液流浮板栽培技术，达到了阻断土传病害传播、提高种苗素质的目的，稳定提高育苗成活率和移栽成活率达到 90% 以上。采用以高密度栽培的水培苎麻种苗作为扦插材料，并进行迭代采种和育苗的方法，实现了加快育苗进程每批次 8～10 d、全年繁殖系数提高 5 倍以上的突破。集成了现代化设施栽培与管理技术，将苎麻育苗由原来的季节性生产转变为周年连续生产，延长供种时间达到每年 180 d，降低整体育苗成本 30% 以上，奠定了工厂化生产的基础，并为苎麻移栽实现机械化提供了有效途径。

二、给资金、稳人才、改体制，持续加强苎麻育种学科建设

然而对于加快苎麻育种进程，还有一系列特殊的问题需要解决。苎麻是特色作物，产业规模较小，产业内部能够给科技研发提供的资金极其有限，研发资金在哪里？苎麻是多年生作物，育种周期长，要使苎麻品种获得多年持续高产必然需要多年大量的基础观测研究，稳定的科研队伍在哪里？资金和人才是稀缺资源，面对科技创新的巨大需求，配置好资金和人才的体制机制在哪里？只有解决好人、财、物本身的问题以及它们之间的关系问题，才能确保有限资金的高效使用。

国家麻类产业技术体系在启动之前，有过一次"摸底调查"。在这次调查中，我们发现有很多以往把苎麻研究作为优势学科的研究机构，都在不断弱化相关研究。由于长期得不到稳定经费支持，难以吸引青年人才加入，甚至连"老麻蔸"（行业内对长期从事苎麻研究的老专家的昵称）也不得不"转行"。中国农业科学院麻类研究所是从事苎麻研究的唯一国家级事业单位，仍然难以克服长期缺乏科研经费投入的巨大压力，出现了近十年的人才引进断档期。老专家们回忆起那段几家兄弟单位靠着几万块钱艰难维持学科生存的岁月，对学科发展的困惑、对资源闲置的焦虑、对产业进步的担忧……错综复杂的情感饱含着对国计民生的奉献的执着和热情，却也反映出缺乏长期稳定资助对特色作物、特色学科的巨大影响。

现代农业产业技术体系的启动，对苎麻这一"小作物"来说，真可谓是注入了一针"强心剂"。围绕国家战略目标，以产业需求为导向，以农产品为单元、产业链为主线，设置从资源、品种、栽培、病虫草害防控、机械化、加工到产业经济各学科的岗位和开展技术集成与示范等工作的试验站，每年稳定给予资金用于开展科技研发工作，这对苎麻来说，是史无前例的。

以前，没有稳定经费的支持，兄弟单位之间的合作是"有保留"的合作，同时也存在所谓的"门户"之别。一方面需要合作来推动事业发展，一方面又要守好自己的资源以期在"新一轮"经费竞争中"获胜"。这种有保留的合作

和激烈的竞争，严重限制了科研项目的高效运行，这种弊端在苎麻上显得尤为突出。麻类体系启动以后，按产业链设岗，重在学科深度融合；研究任务按照学科分工、按照需求协作，工作内容交叉而不重叠；科学家不再彼此设防，而是想尽一切办法共享资源和信息。

按照体系管理的要求，实行定量与定性相结合的人员考评方法，综合考虑了重点任务完成情况和过程管理的关键点。民主考核中，重点评判工作与产业的关联度、体系对产业的贡献度、体系成果的创新度。直白来说，就是拿了这份钱有没有做这份事儿？做了这份事儿起到多大作用？做出成绩了水平高不高？这里面核心问题就是对产业的支撑力度有多大。几年下来，很少有人再说发表了多少论文、布置了多少试验，而企业、扶贫、联合等字眼却多了起来，研究体系沿着管理体系向更加高效转变。

三、保资源、创种质、跨区域，着力推进苎麻育种成果落地

苎麻原产于中国，具有几千年的种植历史。苎麻适应性广，我国苎麻种植主要分布在北纬 19° ～ 35° 气候温和、雨量充沛、土壤肥沃的长江流域丘陵地带和冲积平原上。四川、湖北、湖南、江西、重庆等地的种植面积较大，安徽、贵州、广西、云南、河南、浙江等地也有分布。

种质资源丰富为我国苎麻遗传改良的发展奠定了材料基础。"七五"期间，建成了国家麻类作物种质资源中期库和占地 2.02 hm² 的"国家种质沅江苎麻圃"，"十五"期间实现了"国家种质沅江苎麻圃"的成功转移。在长沙建立了"国家种质长沙苎麻圃"，成为全世界保存麻类作物种质资源种类最齐全、数量最大、类型最多、遗传多样生最丰富的麻类作物种质资源保存中心，受到世界各国的高度关注。编辑出版了《中国苎麻品种资源目录》《中国苎麻品种志》《国家种质苎麻资源名录》及《种质资源描述规范和数据标准 苎麻》等。国家麻类产业技术体系启动以来，继续加强种质资源的收集与评价工作，现共保存种质资源 2 047 份，其中野生资源 408 份。

20 世纪 80 年代至 90 年代初，湖南、贵州、湖北、江西、四川、广西等省（区）的科研单位对保存的遗传资源进行了系统的主要性状鉴定、研究与利用，评选出一批优良种质资源供育种利用，如黄壳早、白里子青、武岗厚皮种、芦竹青、城步青麻、长顺构皮麻、桐梓空秆麻、平塘园麻、雅麻、资溪麻、铜树白、新余麻、修水麻、红支小麻、薄皮麻、黑皮蔸、红皮苎等。并

于 1992 年出版了《中国苎麻品种志》，从遗传资源的角度为我国苎麻育种奠定了良好的基础。我国麻类作物育种工作者充分利用麻类作物种质资源丰富的优势，针对麻类作物生产出现的关键问题，展开麻类作物新品种选育及其配套技术的联合攻关研究，相继推出圆叶青、7469、中苎 1 号以及"湘苎系列""川苎系列""华苎系列""赣苎系列"等系列品种和组合与产业配套技术，极大地推动了我国麻类产业的发展。

基础研究是创新的根本。由于以前长期缺乏国际先进研究的借鉴和国内苎麻科研整体投入过少，严重阻碍了苎麻遗传改良基础研究工作。在育种技术方面，常规育种在进一步提高产量、品质和抗性等方面的局限性已逐步显现。我国苎麻育种目标由 20 世纪 60 年代期间的重高产逐渐转向优质品种的选配和利用，品质育种已成为育种的核心。但品种优质基因源的遗传传递力相对较弱，由其匹配之后代超亲优质变异出现概率较低，加大了品质育种难度。随着现代生物技术的快速发展，苎麻领域也相应开展了大量基础性工作。麻类体系建立以后，开展了苎麻核心种质构建、主要农艺性状 QTL 定位、苎麻纤维发育、氮代谢等一系列与重要农艺性状相关的基因克隆及功能分析的工作，挖掘优异材料中的优良基因，开发出一批重要农艺性状的分子标记，并率先完成了苎麻全基因组测序，为苎麻的定向改良提供了重要的数据支撑。结合基因组研究，目前正在进行苎麻育种理论和技术创新。

我国学者依据地形地貌将苎麻栽培品种的类型分为山区生态型、丘陵生态型和平原生态型，依据苎麻生态适应性与各地自然条件，将我国苎麻种植区域划分为秦淮麻区、江北麻区、江南麻区、华南麻区和云贵高原麻区。这标示着苎麻生产中对区域的重视，也对苎麻区域品种选育提出了要求。麻类体系成立以前，相关农业院所都以本区域苎麻品种选育为重，筛选、培育出了一大批品种，这些品种对支撑区域苎麻生产发展发挥了重大作用。麻类体系建立以后，提出了"苎麻走向山坡地、黄/红麻走向滩涂地、亚麻走向冬闲地"的产业布局战略。不仅从更宏观的角度，规划了苎麻的发展方向，而且通过"非耕地苎麻高产高效种植关键技术研究"等重点任务的实施，逐步完成了主产区苎麻品种的更新换代。国家统计数据表明，与 2001 年相比，2016年四川、重庆苎麻种植面积占比分别增加 152.8% 和 48.6%，而湖北、湖南、江西分别降低 20.1%、72.9% 和 19.5%，我国苎麻主产省（区）由长江中游流域向长江上游流域转移。同时在各省份内，均有从平原湖区向丘陵山地转移的明显趋势，"三地"战略初步完成，品种的更新是这一战略完成的重要保障。

四、瞄准国家重大需求，为产业发展提供技术支撑

苎麻对重金属具有强耐受性和高吸附能力，苎麻以收获纤维为主要目的，其产品不进入食物链，而且苎麻年生物产量大，是治理重金属污染耕地和种植业结构调整的首选作物。2016 年以来，麻类体系响应湖南省政府的号召，积极参加长株潭地区污染耕地种植结构调整任务，开展耐受重金属和盐碱胁迫能力强的品种筛选及其高产栽培技术研发与示范，在确保苎麻稳产增产的前提下，研究化学肥料高效利用机制、化肥减量施用控制基准，构建重金属污染地区发展苎麻的高效清洁生产综合技术体系，并结合土壤重金属修复增效产品的研制与应用，创建重度污染耕地苎代种植和增效修复的综合技术模式。

2017 年以来，随着苎麻原麻去库存的完成，苎麻价格从 8 000 元/t 一路上涨到 18 000 ～ 20 000 元/t，苎麻原料供不应求。出现这种局面的主要原因有以下几方面：

一是前几年苎麻生产下降的幅度太大。据统计，与 1995 年相比，目前苎麻生产面积已减少了 2/3，加上疏于管理，单产降低，原麻年总产量下降至 20 万 t 左右。

二是市场需求稳中有增。国际广场需求量没有减少，95% 的货源由我国供给；国内市场方面，苎麻纤维纺织的布料和苎麻服装很受国内消费者欢迎；加上新工艺的运用和新产品的开发，苎麻纤维得到广泛应用。

三是随着市场需求的扩大，我国苎麻纺织工业正在迅速发展，市场对苎麻原料需求量仍在增大。

随着我国经济的快速增长，农村劳动力结构也发生了重大变化。苎麻生产主体也由过去的一家一户变成了企业或者专业合作社。为了加快苎麻生产发展和科技成果转化，中国农业科学院麻类研究所与汉寿振发苎麻专业合作社，建设了 70 亩（其中新栽麻 10 亩）苎麻品种示范种植基地，种植品种为中苎 1 号、中苎 2 号和中苎 3 号。通过技术服务和指导，支撑汉寿振发苎麻专业合作社在汉寿和常德澧县大面积推广苎麻新品种，2017 年推广面积 4 000 多亩，2018 年已经大面积获得丰产。

为了配合长株潭地区污染耕地种植结构调整任务的实施，2018 年中国农业科学院麻类研究所通过提供种源和技术指导，协助湖南蓝天种业有限责任公司在茶陵县虎踞镇建立 30 多亩苎麻中苎系列品种原种基地，每年繁殖种苗能力超过 300 多万株。

第四节　亚　麻

亚麻素有"纤维皇后"之美誉。亚麻纤维柔软、拉力强、细度好、导电弱、吸水散水快、质地平滑亲肤；亚麻布不带静电、不吸灰尘、抑菌、简单朴素、天然，独立成风格；亚麻服饰、亚麻家居，复古、自然、质朴、透气保湿、舒适、柔美、耐用、低调高贵，因此，世人仰赖。亚麻品种改良团队十年来育成亚麻品种 10 个，后备品系百余个，创制出一大批多胚、不育、抗病、耐盐碱、抗倒伏亚麻新种质，极大地满足了市场、企业对不同类型品种的需求。在种质创新技术与方法研究方面，开展了亚麻转基因技术、外源DNA 导入、利用多胚性种子进行单倍体育种、分子辅助育种聚合改良育种法、杂交与诱变育种相结合、辐射育种与生物技术相结合、离体培养与单细胞筛选相结合等技术研究工作，并育成一批新品种和优良后备品系。团队创建的种质创新技术与方法填补了国内亚麻研究领域的多项空白，所育成品种先后成为国内市场的主栽品种，在生产中大面积推广应用，覆盖率超过 70%。十年来在黑龙江的兰西、青冈、延寿、孙吴等县开展扶贫工作，举办培训班近 200 余次，培训农民和农技人员 6 000 余人次，为当地麻类产业发展做出重要贡献。

一、瞄准国际前瞻、励志拼搏研发新技术

1．亚麻远缘杂交胚挽救技术获得突破，为野生亚麻利用开辟了途径

利用红花亚麻与栽培亚麻进行远缘杂交技术研究，通过花粉活力观察确定了最佳授粉时间为红花亚麻开花第 1 d。栽培亚麻不同材料与红花亚麻花粉授粉亲和力存在差异，杂交蒴果膨大率均在 69.35% 以上，最高达到 87.06%，最低为 20%。幼胚最佳剥离时间授粉 10 ~ 14 d，种子幼小时可先在培养基培养，诱导出愈伤组织后，再进行剥离处理。培养 1 个月后，将肉眼可观察到的

愈伤组织取出，放入愈伤组织诱导培养基中继续培养，筛选到适合亚麻远缘杂交胚挽救培养基，并获得再生植株，从而建立了亚麻远缘杂交胚挽救技术体系。

2．建立了单倍体育种体系，加速了育种进程

以亚麻杂交后代为试验材料，将花粉粒处于单核靠边期的花蕾进行消毒处理，取出花药进行培养，筛选出最适愈伤组织诱导培养基和分化培养基，将再生苗进行生根培养和炼苗移栽，再进行倍性检测。单倍体植株采用秋水仙碱进行加倍，获得双单倍体亚麻种子。建立起一套亚麻花药培养单倍体育种体系。

亚麻多胚种质为稀缺资源，亚麻品种改良团队首先对 1993 年从俄罗斯引进的 3 份多胚亚麻种质资源进行了细胞学、胚胎学等方面的研究，确定多胚苗大多为双胚苗；双胚苗一般为双倍体 - 单倍体、二倍体 - 二倍体、单倍体 - 单倍体组合，以双倍体 - 单倍体居多，这就为单倍体育种提供了基础材料。通过生长调节剂滴注子房处理以及野生亚麻花粉诱导无融合生殖发生，研究表明，亚麻自然无融合生殖与受精作用相伴随，与单独采用失活授粉刺激无关。该研究为后续选育能稳定遗传的无融合生殖亚麻育种材料及品种奠定基础。从而建立了多胚亚麻单倍体育种技术。

3．完善亚麻外源 DNA 导入技术，在不利用传统转基因技术的前提下，使亚麻育种利用非亚麻基因组的外源基因成为可能

体系成立初期，在已开展近十余年的亚麻外源总 DNA 导入研究基础上，进一步对该方法进行了验证和利用。选取受体材料（黑亚 11、97175-75-9、95023-1、97175-58、97175-2-15 等 22 份材料）和供体材料（Agatha、Ariane 等），采用柱头基部切割滴注法进行总 DNA 导入，通过对成果率及其后代分离变异情况的统计分析，确定了最佳导入时间和方法。利用该方法育成了亚麻新品种黑亚 15、黑亚 20 和黑亚 25。

4．分子生物技术的研究为亚麻育种插上了翅膀

通过亚麻抗白粉病及耐盐碱的分子标记研究工作，获得抗白粉病基因标记，使抗病育种以及耐盐碱育种更精准高效。通过高通量测序技术，获得亚麻盐碱胁迫下转录组数据。分析发现 7 个基因的表达在盐碱胁迫下发生明显变化，进一步研究表明这些基因分别参与胡萝卜素生物合成途径、胰岛素信号途径、次生代谢生物合成途径及代谢途径。

以高纤、低油的典型纤用亚麻栽培种 DIANE 作为母本，低纤、高油的典型油用亚麻栽培种宁亚 17 作为父本杂交得到的 F2 群体为作图群体，利用 SSR 及 SRAP 引物进行连锁遗传分析，得到一张包含 12 个连锁群（LGs）的亚麻全基因组遗传连锁图谱。该图谱总长 546.5 cM，标记间平均图距为 5.75 cM。为亚麻的经济性状的遗传分析以及基因定位提供了基础。

以亚麻为材料，采用同源重组反应制备 cDNA 初级文库，再通过同源重组将入门文库转移到 pGADT7-DEST 载体上，构建获得酵母 cDNA 文库。亚麻酵母 cDNA 文库可用于酵母单杂交筛选和鉴定亚麻纤维发育关键基因上游的转录调控因子，为全面解析亚麻纤维发育的分子机理及调控网络奠定基础。

5. 开展了高木酚素亚麻种质资源筛选及木酚素合成相关基因的挖掘

从 3 000 份亚麻种质资源中根据表型、地理来源和遗传多样性分析筛选构建了含 300 份核心种质的亚麻自然群体，完成了 300 份材料的木酚素含量和农艺性状的检测，筛选出极高、极低木酚素材料各 20 份用于木酚素合成功能性分子标记开发和验证研究；检测到木酚素含量在所建群体不同材料间差异较大，变异系数高达 54.31。木酚素含量极高品种和酚素含量极低品种的木酚素含量分别为 6 646 mg/kg、1 247 mg/kg，确定该群体是进行关联分析的理想群体。利用 SLAF-seq（简化基因组测序技术）对木酚素含量性状进行 GWAS（全基因组关联分析），筛选出 7 个与木酚素合成显著关联的 SNPs 位点，在其周围预测了 32 个与木酚素合成相关的候选基因。对这些候选基因进行 GO annotation 分析，32 个基因在亚麻基因组中均找到至少一项注释，细胞组分分析表明，其中有 17 个基因被注释到位于细胞的重要组成部分。分子功能分析显示，其中有 11 个基因具有酶活性；生物学进程分析显示，其中有 10 个基因参与细胞代谢、信号转导及防御等重要的生物学进程。

6. 开展了亚麻养分高效利用育种研究，为绿色发展添砖加瓦

以不施肥（N0、P0、K0）和大田施肥水平（N18、P46、K25）对不同养分吸收利用效率的 50 份亚麻品种（系）进行划分、筛选。结果显示每个处理高效品种（系）和低效品种（系）的养分利用效率差异明显，前者是后者的 2~4 倍。以每个处理筛选出的 5 份养分高效利用资源试验材料筛选不同生育时期亚麻养分高效利用鉴定指标，相关分析结果表明：N0 条件下，株高、鲜重和干重可作为快速生长期氮高效利用的鉴定指标；株高和鲜重也是开花期氮高效利用的鉴定指标；工艺成熟期株高、氮含量和工艺长度可以作为氮高效利用的鉴定指标。N18 条件下，开花期株高和干重可作为氮高效利用的鉴定指标；工艺成熟期株高、工艺长度和纤维产量可以作为氮高效利用的鉴定指标。P0 条件下，开花期干重可以作为磷高效利用的鉴定指标；工艺成熟期株高和全麻率可以作为工艺成熟期磷高效利用的鉴定指标。P46 条件下，苗期株高、鲜重、干重和磷积累量可以作为苗期磷高效利用的鉴定指标；快速生长期株高、干重和 P 含量可以作为磷高效利用的鉴定指标；开花期株高、鲜重和干重可以作为开花期磷高效利用的鉴定指标；工艺成熟期株高、磷含量、磷积累量、工艺长度和纤维产量可以作为磷高效利用的鉴定指标。K0 条件下，苗期干重、K 含量和 K 积累量可以作为钾高效利用的鉴定指标；开花期鲜重、干重、钾含量和钾积累量为钾高效利用的鉴定指标；工艺成熟期鲜重、干重和钾含量为钾高效利用的鉴定指标。K25 条件下，各性状与钾利用效率均未达到显著相关。利用转录组数据 12n-CK VS 12h-KS 找到亚麻钾代谢关键基因 5 个：*Lus10022334*、*Lus10005194*、*Lus10003854*、*Lus10004611*、*Lus10038815*。

二、瞄准市场选育好品种

1. 做好品种储备，提升育种水平，保障市场亚麻品种更新换代

为满足市场对亚麻品种多元化的需求，十年来本团队选育出亚麻品种 10 个：超高纤的华亚 1 号（纤维产量达到 1 649 ～ 2 326 kg/hm²）、种子纤维双高产的华亚 2 号（纤维产量 1 623 kg/hm²）、油纤赏兼用型的华亚 3 号（花大紫红色，种子粗脂肪含量 37.72%，纤维产量 1 000 ～ 1 200 kg/hm²）、耐盐碱品种黑亚 19（纤维产量 1 270 3 kg/hm²）、广适品种黑亚 20（纤维产量 1 278.3 kg/hm²）、高纤耐盐碱品种黑亚 21（纤维产量 1 249.9 kg/hm²）、麻率高原茎高产的黑亚 22（纤维产量 1 278.3 kg/hm²）、纤维优质的黑亚 23（纤维产量 1 408.9 kg/hm²）、高抗立枯和炭疽病的黑亚 24（纤维产量 1 471.8 kg/hm²）、外源 DNA 导入品种黑亚 25（纤维产量 1 408.8 kg/hm²）。通过与亚麻生理与栽培岗位、哈尔滨麻类综合试验站、大理工业大麻亚麻试验站、伊犁亚麻试验站以及安徽六安黄/红麻试验站、长春亚麻试验站、萧山黄/红麻试验站合作，10 个品种在云南、新疆、安徽、浙江获得试种和展示，结合各品种配套高产高效绿色轻简栽培技术在黑龙江、辽宁、吉林、内蒙古、新疆、湖南、云南、浙江、甘肃、贵州等十几个省区各自适应区域进行了推广应用，覆盖全国亚麻种植面积的 70% 以上，使我国亚麻三产良种覆盖率迅速提升。

2．筛选鉴定出一批优异后备品系和种质资源，做好育种储备

经多年品种改良工作开展，目前筛选出综合性状优良后备品系和种质资源 44 份，对这 44 份材料的农艺性状和产量性状进行鉴定，评价出地膜用高纤亚麻品系 3 个：02105-17-2-8、01002-1-3-6 和 97175-50-16，株高在 90.2 ～ 96.1 cm；原茎产量 6 444.4 ～ 7 011.1 kg/hm²，纤维产量 1 593.4 ～ 1 946.2 kg/hm²，3 个品系纤维产量高，综合性状优良；鉴定出种子产量比对照品种黑亚 14 高 10% 以上的种质资源 21 份，且纤维产量不低于或略低于对照；21 份材料中资源 Y9- 法 1 的原茎、纤维、种子产量分别为 5 688.9 kg/hm²、1 595.7 kg/hm²、1 027.8.0 kg/hm²，全麻率为 33.0%，种子和纤维产量分别比对照高 44.2%、4.6%；资源 Y7-drakkar 的原茎、纤维、种子产量分别为 5 633.3 kg/hm²、1 694.7 kg/hm²、1 011.1 kg/hm²，全麻率 36.4%，种子和纤维产量分别比对照高 41.9%、11%，可作为油纤兼用型资源利用。

采用多胚亚麻种子利用和引进资源变异单株系选等方法创制地膜用高纤优质亚麻新种质 3 份：H02150-20（50.6）-1、H02150-7-1（2016KF41）、NEW-3，全麻率分别 39.3%、36.4%、38.2%；纤维产量分别为 1 956.2 kg/hm²、1 733.7 kg/hm²、1 674.6 kg/hm²；对照品种黑亚 14 全麻率 30.9%、纤维产量 1 526.1 kg/hm²。以上种质材料为高纤品种的选育提供了充足的储备，可降低麻地膜生产成本。创制出油纤兼用型 H02150-7-1（2016KF42）和 C2-19（2）-2（创制）。H02150-7-1（2016KF42）的原茎、纤维、种子产量分别为 5 888.9 kg/hm²、1 564.3 kg/hm²、1 144.4 kg/hm²，全麻率 31.7%；种子和纤维产量分别比对照高 60.0%、2.5%。C2-19（2）-2 的原茎、纤维、种子产量分别为 5 511.1 kg/hm²、1 641.4 kg/hm²、1 011.1 kg/hm²，全麻率 35.6%，种子和纤维产量分别比对照高 41.9%、7.6%，为油纤兼用亚麻品种的选育提供了储备。

3．体系十年，亚麻育种为乡村振兴增效益

采用新技术育成的超高纤的华亚 1 号原茎产量 6 760 ～ 8 333 kg/hm²，比对照黑亚 14 增产 10.87%，全麻率 34.9%；纤维产量达到 1 649 ～ 2 326 kg/hm²，增产极显著。华亚 2 号 2013—2014 年在黑龙江种植，原茎产量 7 333 ～ 8 083 kg/hm²，比对照黑亚 14 增产 13.25%，纤维产量达到 1 623 kg/hm² 以上，增产极显著，在黑龙江具有产量优势，2018 年在农业农村部登记；黑亚 15 的原茎、长麻、全麻、种子产量分别达到 5 273.0 kg/hm²、844.8 kg/hm²、1 235.1 kg/hm² 和 485.9 kg/hm²，分别比对照增产 7.7%、18.2%、14.5% 和 8.9%。长麻率 20%，比对照高 3.1 个百分点，属于早熟、优质新品种。在黑龙江南部种植，收获后可以复种秋菜，一年两熟，增加经济效益。新一代育成品种的品质、产量明显提高。

育成的亚麻品种各有特点，产量高、品质好，在云南、新疆、黑龙江、贵州、浙江等地的种植示范推广深受麻农以及亚麻企业的欢迎。累计示范推广面积 49.4 万亩，新增效益 1.92 亿元。育成新品种推广提高了当地就业率，推动了亚麻种植面积的回升，亚麻原料加工业、纺织业的发展推动社会就业，社会效益显著。

第五节　黄　　麻

十年来，在农业部科技教育司和体系首席科学家及体系办公室的领导和支持下，福建农林大学黄麻育种工作紧紧围绕产业需求和国家麻类产业技术体系的四大任务目标，践行体系"事业为麻、体系为家"的理念，精心组织、科学设计、认真实践，取得了较好的工作绩效。

一、面向产业需求，开展卓有成效的技术研发

作为黄麻遗传改良岗位，如何面向产业需求选育优良品种，以及开展相应的基础和应用研究，一直是岗位面临的重要课题。为此，黄麻遗传改良岗位围绕工作重点、产业需求和基础前沿等，开展了一系列卓有成效的技术创新与研发。

1．突出重点，积极开展黄麻新品种选育工作

十年来，紧紧围绕岗位的工作重点和任务目标，黄麻遗传改良团队共育成黄麻新品种 22 个，其中国家级鉴定 3 个，省级鉴定 19 个。育成的圆果种黄麻系列新品种福黄麻 1-11 号和长果种黄麻系列新品种福农 1-11 号均具有高产优质的特性，尤其是育成高钙富硒高营养价值的菜用黄麻新品种福农 1 号，其抗逆性强、生长期长，2010 年通过福建省蔬菜新品种认定，是国内首次育成的优良新型菜用黄麻新型品种，成果经福建省教育厅技术鉴定达到国内领先水平。通过举办黄麻育种成果展示及麻农与技术人员培训会，以及与全国黄/红麻综合试验站密切合作，示范推广育成的黄麻新品种。其中，育

成的长果种菜用黄麻系列新品种在全国多地推广应用，产生了良好的社会经济效益。

2．围绕需求，探索建立黄麻新品种高产工程技术体系

围绕体系确定的黄麻"526"和"425"高产工程目标，分别于 2014 年和 2015 年组织通过现场测产验收。其中圆果种黄麻福黄麻 3 号高产高效种植示范片，平均亩产原麻 611.1 kg，亩产嫩茎叶 241.3 kg 和麻骨 1 056.7 kg，完成黄麻"526"高产工程任务目标。该品种在盐碱地进行高产高效种植示范，亩产原麻 441.97 kg、嫩茎叶 226.40 kg 和麻骨 692.60 kg，达到黄麻"425"高产工程任务目标。

3．综合利用，全面提升黄麻副产品利用率与附加值

十年来，产学研结合，利用黄/红麻生物质材料，从产前、产中、产后和副产品产业链多元化研发，进行了包括造纸、麻碳化固体酒精燃料、麻秆芯麻炭系列吸附材料、麻秆芯缓冲包装材料、麻秆粉栽培食用菌、高钙高硒高营养麻茶、高钙高硒片剂食用保健品、高营养保健功能的菜用黄麻酵素及饮料、黄麻油基质美容产品等的研发，取得多项国家发明专利，并实现了与企业成果转化的产业化开发，在产业化多用途开发上取得重要进展。近年来，以菜用黄麻（莫络海芽）为原料，充分萃取菜用黄麻中丰富的果胶、黄酮、多糖、维生素、氨基酸、皂苷类、多酚以及丰富的硒、钾、钙、锌微量元素营养物质，经低温干燥和萃取，作为化妆品原料，开发出系列美容产品。

4．着眼未来，扎实推进黄麻遗传改良的基础生物学研究

（1）黄麻种质资源研究

①种质资源的遗传多样性研究。完成了近 200 份黄麻种质资源的遗传多样性与亲缘关系的系统研究，并进一步采用 ISSR、SRAP 引物对 173 份黄麻野生种和栽培品种的遗传多样性与亲缘关系进行了分子聚类分析。②开展黄麻抗病性鉴定及耐盐、耐旱种质筛选与利用研究，筛选出若干抗病、耐旱的优异种质。③开展黄麻属起源与演化研究。④黄麻种质资源基因组 DNA 指纹图谱构建。对国内外 231 份黄麻种质资源，分别采用 SRAP、ISSR、SSR 分子标记和编程 DNA 指纹图谱分析软件，绘制成功黄麻遗传资源基因组 DNA 指纹图谱。

上述研究成果为黄麻遗传改良以及品种保护水平的进一步提升奠定了基础。

（2）高密度遗传连锁图谱构建

①圆果种黄麻高密度遗传连锁图谱构建及重要性状基因定位研究。以圆果黄麻"爱店野生种"及栽培种"179"为亲本，创建RILs，采用双端测序开发SLAF标记的方法，进行遗传连锁图谱构建，共得到11个连锁群，上图标记913个，总图距1 621cM，平均图距1.61cM。并对株高、第一分支高、茎粗、皮厚、鲜皮重、鲜茎重、干皮重等7个重要性状进行了基因定位。②长果种黄麻遗传连锁图谱构建。以甜麻（长果野生种）和宽叶长果（长果栽培种）为亲本，产生的F2代187个单株为构图群体，利用SRAP分子标记和3个形态学标记，构建了首张长果种黄麻遗传连锁图谱。该图谱总长为2 522.2cM，包括8个连锁群（LOD≥3 0），128个SRAP标记位点，标记位点间平均图距为19.25cM。

（3）黄麻分子标记开发及相关基因克隆及功能研究

先后进行了黄麻SSR及SNP分子标记的开发、黄麻新型小分子标记InDel的开发、克隆了黄麻纤维素合成酶*CcCesA1*基因、黄麻尿苷二磷酸葡萄糖焦磷酸化酶基因（*UGPase*）、黄麻咖啡酰-辅酶A甲基转移酶基因（*CCoAOMT*）、黄麻抗逆基因*CcSrRK2*等，并对上述基因功能进行了克隆测序等分析研究。

上述基础生物学方面研究成果，为黄麻遗传改良研究的深入开展奠定了坚实的基础。

二、服务国家战略，积极参与国际交流与合作

十年来，黄/红麻育种与多用途开发取得突破性进展，引起联合国南南合作组织、工业发展组织、欧盟的高度好评与重视，已与非洲的马里、贝宁、赞比亚，东南亚的马来西亚、泰国、新加坡及欧盟国家签署了多项国际科技协作备忘录，技术成果示范推广、人才培养等取得丰硕成果。2011年成功承办了国际黄麻研究组织第11次专业咨询委员会会议。2014年，项目组被福建省科技厅遴选为国际科技合作与交流基地，并承担多项援外科技项目。与"一带一路"沿线国家开展了卓有成效的国际协作，服务于我国农业"走出去"战略和"一带一路"建设。

三、注重扩大影响，提升麻类产业技术体系知名度

1．编写和普及技术资料

对黄/红麻超高产育种、高产栽培及配套技术与综合利用的产业动态信息系统进行调研和总结，完成《国家现代麻类产业技术体系黄/红麻百日科技服务行动方案》《关于启动棉麻丝毛新兴资源战略性产业项目黄/红麻背景资料》《黄/红麻"十二五"科技发展规划》以及《中国现代农业产业可持续发展战略研究》丛书中《麻类分册》第七章"黄/红麻产业可持续发展战略研究"等文稿的撰写工作，为麻类产业技术体系的发展献计献策。同时，为响应农业部科教司和"国家麻类产业技术体系宣传月"活动的倡议和要求，印制了《福建农林大学黄/红麻遗传育种研究进展》中英文对照的彩色宣传册 2 500 本，并于第十二届中国国际高新技术成果交易会期间，向国内外同行和福建省领导、相关厅局领导以及参展人员广泛发放和宣传。通过彩色宣传册的印制和宣传，进一步扩大麻类科研在福建的影响力，提升了国家麻类产业技术体系的公众认知度与形象。

2．提供产业政策咨询

先后举办 3 次国际麻类产业研讨会与咨询会，30 多个展板在国际上展示体系黄/红麻科技成果，受到国际黄麻研究组织的高度赞扬。举办了国家麻类产业技术体系黄/红麻育种研究进展成效宣传月报告会，以"事业为麻、体系为家"的主题，引起师生的强烈兴趣和反响，收到良好效果，扩大了麻类产业体系的影响力和社会效应。此外，还积极为企业服务，结成产业联盟，先后为江苏紫荆花纺织科技有限公司、上海生物科技公司等多家企业进行技术产业咨询与产业开发服务。

3．开展技术指导与培训

为农业技术骨干、推广人员以及农户进行技术指导与培训工作。累计举办培训班 10 期，培训相关人员 450 多人。此外，积极参加中欧科技协作框架计划，为欧盟学员进行技术培训。为非洲 9 个法语国家的技术人员在北京两年培训 30 多人，在中国为马来西亚 12 名技术骨干提供 3 年技术培训。

四、依托科研平台，着力提升人才队伍建设

重视科研平台建设与多学科交叉融合，建成麻类基础生物学与生物技术研究平台，同时，促进了基础研究条件和新品种试验示范条件的建设。此外，吸纳和组建了一支由 14 位高级职称专家（包括 7 位教授或研究员、7 名博士）以及涵盖农学、生物学、理学、工学、管理学等学科领域的协作创新团队，参与麻类产业技术体系基础科学研究与综合利用研究，并取得良好的协作研究成果。同时，团队还有一支稳定的硕士、博士研究生科研力量，常年稳定参与黄/红麻遗传育种、种质资源、分子生物学、蛋白质组学、农技推广等方向研究的研究生人员为 20～25 人。

五、注重研发质量，成果广获好评

十年来，在首席科学家的领导和功能研究室的指导下，取得了系列成果，并得到社会各界的认同。目前，黄麻品种改良岗位依托单位作为第一完成单位共获得福建省科技进步奖一等奖 1 项（超高产优质光钝感红麻新品种的选育推广与良种繁育基地建设）、二等奖 1 项（黄/红麻种质创新与光钝感强优势杂交红麻选育及多用途研究和应用），第三完成单位获中华农业科技奖一等奖 1 项（主要麻类作物专用品种选育与推广应用）；授权专利 10 多项，发表论文 80 余篇，为我国黄麻遗传改良科学研究与应用推广做出了应有的贡献。

第六节　红　　麻

红麻作为一种传统性纤维作物，随着化纤的使用，用量日益减少，而现在国内红麻的发展仅为 30 万亩左石。而红麻产品的开发，表现还是比较微弱。由于红麻的耐受力比较强，红麻对重金属的吸附作用提到议程。韩国就曾报道过红麻对铜元素（Cu）的吸附强于其他作物，而我国重金属污染地较多，通过红麻的种植有利于红麻产业的发展。由于桉树对土壤的危害较大，人们对桉树造纸的态度发生转变，急需寻找 1～2 种作物代替桉树，因而红麻成为首选作物。

十年来，在国家农业产业技术体系经费的支持下，红麻品种改良团队从品

种筛选、选育、繁育和品种推广等方面，获得了丰硕的成果；在人才建设方面，团队加强研究生的培养和队伍的人才梯队建设；在基地建设方面，以前仅2～3个基地，现在发展到7～8个基地，主要包括育种、繁育和推广基地；同时加大管理方面的经验积累。

一、加大成果培育力度，积极与市场接轨

在成果方面，我们遵循体系的要求和市场对红麻产业方面的需求，着重在品质、抗逆性和多功能利用方面进行育种研究。坚持"生产一代、开发一代、研制一代、储备一代"的科研方针，坚持"自主创新为主，与生产相结合"的研发模式，保持前沿工作的连续性和前瞻性。根据产业的变化，满足市场日益更新对红麻新品种的需求，为提升红麻传统优势产业和环保型中、高终端产品产业的发展提供技术支撑。我们将种质资源进行筛选分类，分为产量性状（株高、茎粗和皮厚）、品质性状（纤维支数和纤维强度）和抗逆性状（耐涝、耐旱和抗倒伏）。针对种植区域的气候条件和土壤状况，我们选择不同的种质资源创制适合当地的品系，通过多点多地试验，得到优良广谱性品系；另外在全国各红/黄麻试验站对其选育的品系进行示范推广，将其优缺点进行一一登记，然后针对这些优缺点重新调整选育目标，选育出符合推广的品种。针对育成品种的多功能利用特点，我们在推广的过程中积极与企业联系，育成适用产品开发的品种或品系。通过十年的努力，我们共选育了中杂红368、中杂红328和中红麻16，在全国区试中排名前三位，比对照增产10%以上，通过国家农业技术推广中心鉴定；另外LC0301A、YA1A、261N5-18A、261N5-19A等4个不育系通过湖南省品种委员会鉴定登记；H1301、中红麻17和中饲红1号等9个品种通过安徽省非主要农作物品种委员会登记。

二、加强制度优化，谋划基地和人才队伍建设

在建设方面，我们加强了繁育基地的管理和投入。以前品种选育仅在少数地方种植，品种的适应性得不到检验。现在品种选育增加了广西南宁、湖南祁东、广东从化、湖南娄底、广东深圳等地，大大增强了品种的适应性和选择性。原来仅仅只是为了保种和完成科研项目，而现在，品种选育我们采取穿梭育种，对不同生态区域进行品种适应性鉴定，注重了品种的抗逆性（抗倒伏、耐盐碱、抗旱耐涝），着重品种的抗病性和品质筛选，我们的选育

品种不仅从丰产性得到保证，而且在多地大面积推广中都显示出强有力的竞争优势。加大海南三亚的繁育基地，以前由于经费不足，三亚南繁的种植面积不足 10 亩，现在扩大到了每年 20 多亩。例如，光钝感红麻品种的选育主要针对不同地区选择不同类型的品种，2014 年适应河南和安徽种植的选育光钝感中熟品种，我们选育的主要是 12/13 138 系列品系；对于广西合浦和热带（马来西亚）种植，我们选择 251NN18 和 251NN19 品系。在上述地方的红麻种植，表现出生育期长（主要是营养生长），性状稳定，一致性好，达到预期目的。我们也加大在深圳基地对光钝感红麻的选育，并将 100 余份单株在海南三亚南繁。

在人才培养方面，我们新引进博二 2 名，课题中博士学位人数达到 4 名。培养了一批硕士、博士研究生，同时有 2 名博士后进站，1 名已经顺利完成论文，获得中国农业科学院优秀博士后出站。十年磨一剑，年轻的科研工作者迅速成长起来，能够独当一面，他们在红麻雄性不育系的创制和利用、杂种优势利用、光钝感红麻的筛选和创制、红麻简约化高产栽培和多用途利用上狠下功夫，通过基础研究的积累，利用子叶首次建立红麻再生体系，其中两位同志获得国家自然科学基金项目，而团队也获得了科技部新品种推广的农业成果转化项目以及农业国际合作项目（4 项）。

对于劳动密集型的麻类，团队积极联系机械加工岗位，共同探讨存在的问题，让机械走上田间地头，便于机械现代化。在栽培过程中，与病理专家一起商量如何去除杂草，如何减轻病害的危害；对于脱胶和多用途利用，联系生物加工研究室进行指导，在菌种的繁殖和培养上更加得心应手。对选育的品种联系所属的试验站，进行推广示范，使推广更加直接，加快推广进程；委托试验站进行品系的选育，使得育出的品种更加适合当地种植。

加大与企业的联络，我们采取主动出击，通过实地调研，与优秀企业进行交谈，了解企业产能、原料需求和迫切需要解决的问题，梳理了企业与种植户的需求，建立对接点，使种植户的利益得到了保障，企业也少走弯路，减少加工过程中问题，效率得到提高，也提高了企业的利润。十年来共接待企业 20 余家，接受咨询 200 余次，为他们提供优良的红麻品种，在当地种植示范推广，提供高产栽培技术措施，与机械收获、杂草防治和生物加工团队一起为企业出谋划策，搭建公司+农户的模式。有效提高纤维的优质率、农民的满意度和企业产品的良好口碑。

三、不忘初心，牢记管理出效益的基本宗旨

管理方面主要包括经费管理和科研管理。经费管理主要体现在严格按照国家财务制度办事，在列支项目上尽量做到与预算一致。然而，对于品种改良岗位在经费的使用上存在差异，主要体现在材料费、委托试验费、劳务费和差旅费。比如人工劳动力成本提高，导致田间劳动支出费用大大增加；差旅费主要表现在多地穿梭育种，报销费用标准提高，如果按照原来的模式，存在很大缺口，因此在经费使用上根据上年度进行重新调整。在科研管理过程中，通过体系工作的开展，转变了原有的工作作风和工作态度。原来仅注重品种的选育工作，对推广和企业合作涉及甚少。单一的育种目标很难适应市场的需求和发展。因此我们进行多地调研，走访麻农和企业，做到适应市场的发展。红麻产业从过去的纤维发展到碳粉和青贮饲料加工，我们的科研管理工作卓有成效，企业愿意与我们合作，我们更加愿意走出去，积极探索发展红麻的多用途开发，从过去仅依靠纤维发展到秸秆利用、嫩茎叶的饲料化；从过去的地毯和麻袋发展到装修用的高级墙纸，附加值大幅提升。管理彰显了我们在红麻品种改良的道路上越走越宽，红麻产业化前景更加光明。

四、储备技术，推动乡村振兴

1．建立红麻轻简化高效栽培技术，促进红麻多用途产业研发

针对大田种植，我们建立红麻高产高效栽培技术。在安乡基地采用公司加农户的形式，建立红麻体系高产高效工程栽培模式，充分利用红麻副产物，对机械剥制后的叶和碎麻骨的混合物进行分离，用其麻骨烧制碳粉。播种面积为1 200亩，采取简约式高产高效栽培模式，免耕或翻耕1次，确保厢面无积水，每年5月底播种，亩产干茎在1 200～1 500 kg，红麻干茎收购价格在1.4元/kg，每亩纯收入在1 200～1 500元，比种植棉花省工省肥，受到麻农的欢迎。

我们联系河南信阳红麻试验站、安徽六安试验站进行红麻多用途示范，针对两地的地形地貌特征和当地的种植方式进行示范。两地采用合理密植的种植模式，每亩用种量1.5 kg，有效株1.8万～2万，纤维产量250 kg，麻骨产量700 kg，每亩纯收入1 500元。当地的麻骨主要用于烧制碳粉，每吨碳粉价格达到11 000～13 000元，给当地企业带来巨大收益。

2.开展耐盐育种和栽培技术集成，有效利用和改良土地

我国有盐碱化土壤 5.2 亿亩，其中盐碱地 1.5 亿亩。淡水资源与淡水洗盐压碱种植作物有远期矛盾，粮食安全与经济作物发展有争地矛盾，"低碳经济"、石油资源日趋匮乏、食品包装安全意识、人地矛盾加剧、生物纤维产业即将突破大重围，因在山坡地、低洼洼地、盐碱地等种植麻类作物的价值日益突起，选育耐盐麻类作物其前景和意义非常重要。LEA 蛋白可以作为渗透调节蛋白和脱水保护剂，参与细胞渗透压的调节，保护细胞结构的稳定性，避免植物在干旱高盐等胁迫下细胞成分的晶体化，还可以与核酸结合调控相关基因的表达。克隆了一个红麻 LEA 基因，其与棉花的同源性高达 87%。植物水通道蛋白（aquaporins，AQP）在逆境胁迫中通过促进细胞内外的跨膜水分运输、调节细胞内外水分平衡及细胞的胀缩等来维持细胞渗透压，防止渗透伤害。克隆了两个不同的红麻 AQP 基因，其与拟南芥 AQP 基因的同源性达到了 81%。由于红麻耐盐碱、耐旱，从南到北均可种植，在红麻种植从耕地向非耕地转移过程中，对播种前的盐碱地要进行压盐处理，并采用起垄的方法，开沟尽量深，播种后湿润出苗，保证齐苗。播种量为普通播种的 1.6～1.8 倍，可以条播或者撒播，每亩播种 1.6～1.8 kg，前期不间苗，确保有足够的苗数。采用覆膜技术，减少水分蒸发量，降低盐分含量。条件允许的话，灌溉淡水，尽量保持土壤湿润。2012 年我们在新疆阿克苏种植红麻，干重达到 1.5 t/亩。在江苏盐城的耐盐地开展杂交红麻中杂红 368、中杂红 328 的示范，采用行播稀植，行距为 70 cm，株距为 5～10 cm，盐碱地浓度为 0.3%，每年 5 月 8 日播种，到 10 月 18 日株高为 460 cm，平均干皮亩产为 510 kg、干骨重 926 kg。

3.优化红麻制种体系，繁殖优良种子

对于冬繁，我们在三亚采用厢宽 0.8 m、沟宽 0.6 m 条播栽培模式。机械铺黑塑料薄膜保墒、保肥，免除杂草；在膜两侧每隔 15～20 cm 打孔精量播种，每孔播种 1～2 粒，每亩定植 8 000 株；施足基肥，中施 2 次尿素，节水灌溉。中熟不育系播种时间在每年 11 月中旬，为了达到花期相遇，钝感不育系播种时间必须提早至 10 月中下旬，父母本种植比率为 1:6～8，采用不去雄人工授粉，不育系和杂交红麻制种产量达 40 kg/亩。

对于春繁或者夏繁，分别在福建漳州、深圳碧岭农业科技园以及南宁、合浦等地进行红麻良种繁育技术。播种采用春播时间或夏播时间（5—7 月），播种方式采用条播和幼苗移栽及幼苗移栽留种高产栽培技术，不仅可增加土地复种指数，而且可提高种子产量和质量，施肥量分别为氮肥 20 ～ 25 kg/亩、磷肥 10 ～ 15 kg/亩和钾肥 15 ～ 20 kg/亩，采用"前控、中攻和后补"施肥原则，繁种的平均产量达到 75 kg/亩。

4．探索红麻饲料化进程，有望实现草食动物饲料蛋白和抗生素"双替代"

麻类多用途的研发拓展。"麻改饲"可有效解决高蛋白饲料作物的匮缺问题，推动了草食畜牧业发展。麻改饲全产业链生产模式、饲用苎麻/红麻高效利用技术体系，有望实现草食动物饲料蛋白和抗生素"双替代"。饲用红麻的种植存在瓶颈问题：一是适应南方湿润气候作业的收获机械问题突出；二是适应机械化作业且生产效率高的种植模式缺乏，农机与农艺融合度不高，进而影响了饲用麻产业化推进。研制出具有自主知识产权的履带自走式联合收割机，配套动力 65 ～ 100 kW，工作效率达到 0.2 ～ 0.4 hm^2/h；筛选出适合湿润气候种植、生物产量和蛋白含量高且抗机械碾压的饲用麻品种；探索出适应机械化作业的宽窄行种植模式。为评价红麻对抑制动物寄生虫病的效果，对染病山羊进行了短期研究。在 33 d 以上的试验期中，与对照相比，发现红麻可以降低染病山羊 69% 的排泄量。研究表明红麻具有控制动物寄生虫病的潜力，是一种非常具有前景的动物饲料蛋白源，具有商品化生产的潜力。通过对鲜刈红麻直接青贮 5 d 后，青贮料外观呈黄绿色，稍黏，芳香气味，pH 为 4.2 ～ 4.8。用以上青贮料饲喂肉牛，其适口性优于鲜刈红麻，饲喂时加入饲喂总量的 30%，对拉稀肉牛有明显的止泻作用。2018 年在株洲通过规模化种植对机收鲜全株红麻直接粉碎青贮，红麻青贮料具有坛子菜的芳香气味，pH 为 3.7 左右。喂养试验表明猪饲料中红麻的比例为 20% ～ 30% 时，对仔猪和母猪具有良好的适口性和减抗效果。对 7 个红麻品种饲用干物质测产为 16 071.35 ～ 19 528.52 kg/hm^2，粗蛋白含量 10.15% ～ 18.43%，粗纤维含量为 18.42% ～ 42.42%。红麻品种 K68 的干物质产量和粗蛋白产量均最高，分别为 19 528.52 kg/hm^2 和 2 398.30 kg/hm^2；红麻品种 K66 叶干物质产量占比和粗蛋白含量显著高于其他品种（P<0.05）。K66 和 K68 均为潜在的饲用红麻优质高产品种。

第七节　工业大麻

一、建立标准体系，提供工业大麻合法性及安全监管科技支撑

制定了《工业大麻 品种类型》（DB53/ 295.1—2009）、《工业大麻种子质量》（DB53/ 295.2—2009）和《工业大麻种子繁育技术规程》（DB53/T 630—2014）3 个云南省地方标准，为参与起草的《云南省工业大麻种植加工许可规定》（云南省人民政府令第156 号）地方法规提供了标准依据。制定了《植物新品种特异性、一致性和稳定性测试指南 大麻》（NY-T2569—2014）、《工业大麻种子 品种》（NY-T3252.1—2018）、《工业大麻种子 种子质量》（NY-T3252.2—2018）和《工业大麻种子 常规种繁育技术规程》（NY-T3252.3—2018）系列农业行业标准，规定了什么是工业大麻品种，工业大麻种子的质量要求，繁种技术规程以及相应的检测技术规程，为全国工业大麻的品种规范、种植生产和禁毒监管执法提供了标准依据。

二、适应市场发展，多用途工业大麻新品种选育成效显著

选育了云麻 5 号、云麻 6 号、云庥 7 号、云麻 8 号、云麻杂 2 号和云麻杂 3 号共 6 个多用途工业大麻新品种，除传统的纤维用途外，开展了籽纤兼用、籽纤药兼用以及纤饲两用等多用途品种选育，特别是大麻二酚（CBD）含量高的云麻 7 号和云麻 8 号，其花叶CBD含量分别达到 0.9% 和 1.3% 以上，已经成为云南的主栽品种，为工业大麻在生物医药和大健康领域的应用奠定了种源基础，开辟了新的更广阔的路径。云麻杂 2 号和云麻杂 3 号两个杂交品种表现出较高的杂种优势，生物产量高，同时一次性种子更有利于公安禁毒部门的监管。

全雌工业大麻品种选育取得重大突破。采用分子标记选择、杂交育种、人工调控授粉等技术手段，在世界上率先实现了适宜低纬度地区的工业大麻全雌品种的研发和高效制种技术，雌麻率达到 98% 以上，CBD含量高达 2.09%，THC含量仅为 0.14%，花叶产量较雌雄异株增加 22% 以上。工业大麻全雌品种的成功研发，将加速推进工业大麻在生物医药和大健康领域的应用，特别对

花叶用（即CBD医药用途）生产起到颠覆性的影响。全雌品种花叶增产幅度大，因性状整齐一致可实现全田一次性收获，大幅降低了生产成本，提高了种植和加工的经济效益。同时，由于工业大麻全雌品种种植不产生种子，避免了私自留种带来的安全风险，有利于禁毒监管。

三、夯实健康产业领域的应用，提供强有力的科技支撑

工业大麻中的大麻素类化合物目前已知的超过70种，而其中的大麻二酚（CBD）是工业大麻中的非成瘾性成分，存在于工业大麻花叶中，是近年来研究开发的一个热点，作为药品、保健食品和化妆品原料，具有许多独特的优点。CBD能阻碍THC对人体神经系统影响，并具有抗痉挛、抗风湿性关节炎、抗焦虑等药理活性，可用于治疗多发性硬化症、癫痫，有助于防止乳腺癌在机体扩散，阻断脑癌的蔓延，用于化妆品可抗炎、抗氧化防治皮肤癌、去除老年色斑、嫩肤等作用。在多年的品种选育、CBD规模化量产技术研发等科技成果支撑和引领下，吸引了国内外多家企业进驻云南开展工业大麻产业化生产，其加工端涉及纤维用、籽用和花叶提取，商品端部分产品已在开展相关研究，包括功能食品、保健品及药品的开发等。目前，规模性从事工业大麻种植加工的企业已经发展到30多家，其中专业从事工业大麻种植加工的公司有16家，已规模化生产CBD的企业有5家，在建的企业还有10余家。云南近十年种植工业大麻面积150余万亩，已经成为全球CBD产品加工提取最大的地区，在国际上有较大的影响力。

四、体系经费大力支持，工业大麻育种学科得到快速发展

工业大麻品种改良团队近十年来发展成为结构合理、科研水平不断提高、设施设备不断完善、在国际上具有较高影响力的科研队伍。先后有3人晋升研究员、3人晋升副研究员；2人获博士学位，2人获硕士学位；1人成为云南省学术学科带头人，1人入选云南省产业技术领军人才。团队成员获得5项国家自然科学基金项目、3项云南省基金项目、2项云南省科技计划重点项目。以团队为依托获得"农业部西南大麻科学观测实验站"平台建设。团队成员十年累计发表科技论文55篇，其中SCI 6篇，参与撰写出版专著7部、获得国家发明专利5项；获得云南省科技进步奖三等奖2项；制定行业标准4项、地方标准3项、企业标准1项。完成了100多份大麻种质资源的鉴定评价，特

别是针对大麻植物中的四氢大麻酚（THC）和CBD等关键成分的含量鉴定评价。在此基础上，创新了早期育种材料的鉴评和筛选技术方法，如苗期的分子标记检测、田间快速检测和温室加代繁殖等，大大加速了育种进程，在新品种THC含量的控制方面更为简单有效。

第八节 剑 麻

一、麻类体系启动带来生机，剑麻科研走出困境

剑麻是多年生的热带纤维作物，其纤维富有弹性、拉力强，且耐酸碱、耐摩擦、耐低温，不易脆断、不易打滑、不易产生静电，是国防、航海、交通运输、石油、工矿、冶金、林业等领域的重要原料，广泛用于制作舰艇、远洋轮船等的绳缆、绳网、帆布、防水布，飞机、汽车等轮胎的帘布，起重机、钻探、电梯用的钢索绳芯，机器的传送带、防护网和金属抛光以及家庭装饰、地毯、工艺等各个方面。利用纤维经特殊处理制成的特种纸浆，可制成造币纸、电解纸等高级纸张。剑麻除抽取纤维外，利用剑麻的液汁可提取贵重药物的生产原料——海柯吉宁、替柯吉宁等；液汁还可提取草酸、果胶、硬蜡和制取酒精及动力燃料；麻渣既是一种良好的饲料和肥料，还可用于生产沼气发电。剑麻具有独特的经济价值。

我国剑麻产业是在国外封锁和禁运形势下应国家战略需求而发展起来的。新中国成立初期剑麻被列为国家战略物资。经过剑麻资源和特性调查后，1954年广东农垦首先在海南岛和雷州半岛国营农场建设剑麻生产基地，初期主要种植番麻，由于番麻产量太低，1958年后改种普通剑麻，产量有所提高但不耐寒。1963年从坦桑尼亚引进高产抗寒品种H.11648试种成功，1968年开始在华南地区推广种植并逐步替代普通剑麻。20世纪70年代，剑麻推广到广东、海南、广西、福建、浙江、云南、四川等7省区60多个农场和50多个县的农村种植。20世纪80年代以后，剑麻种植开始向优势区域集中，目前主要分布在广东雷州半岛、揭阳，海南昌江、东方，广西玉林、南宁、百色，福建的漳州和云南的广南等地。经过几十年发展，特别是优良品种的推广，我国已成为剑麻生产大国，种植面积和纤维产量分别居世界第5位和第2位，保障了国内

剑麻有效供给和国防需求，打通了剑麻对外贸易的渠道，并成为世界剑麻贸易最为活跃的区域。

剑麻是多年生一稔作物，一次种植，收获十多年后才会开花结束生命。我国剑麻种植品种虽然高产但不抗病，每逢高温多雨季节容易感染发病，造成麻园缺株，严重影响单位面积产量，因此生产上急需培育抗病高产剑麻新品种。由于剑麻生命周期长，一生仅开一次花，其基因的分配与重组的机会有限，而且杂交育种受到数量性状遗传的制约，从一次杂交获得理想F1代的概率极小，必须经选择后再回交或杂交，使变异朝一定的方向积累和发展才能育成有生产价值的新品种，因而需要相当长时间。剑麻是引进的外来物种，国内种质资源贫乏，由于多倍体较多，杂交后代大多具不育性，因而育种效率较低。剑麻育种的周期长、效率低，许多农业科研人员不愿花时间和精力用在剑麻种质创新上，造成生产上可利用的品种极少。

我国从 20 世纪 60 年代开始剑麻育种工作，由于引进的优良品种虽然高产但不抗病，20 世纪 70 年代后剑麻育种以抗病高产为目标，从事剑麻育种的研究机构曾有 3 家，农业部从"七五"规划开始就对剑麻的新品种选育进行专项拨款，虽然数额不高，却保证了育种工作不中断，一直延续至 1998 年。之后随着我国农业科研体制改革的推进，剑麻科研经费贫乏，科技人员纷纷转行，剑麻育种工作基本停止，而中国热带农业科学院南亚热带作物研究所是坚持剑麻育种工作时间最长的单位。由于经费严重缺乏，1994 年开始所里为了加大科技创收力度，按不同部门确立绩效工资发放比例，以增加各部门的创收压力来提高创收积极性，连没有创收基地的财务科也必须通过创收来补足绩效工资，他们曾经每天组织人员到市场上购买活鸡杀干净后卖给职工以换取差价。剑麻课题组当时有 60 多亩试验基地，种植的剑麻大多为杂交苗，叶片长短不一，有刺无刺混杂，生产上不收购，割麻工也不肯收割，叶片没有收益，剑麻种苗自繁自育更是剑麻种植业传统，要想在剑麻试验地获取效益只能另谋出路。我们通过淘汰部分杂交苗，在基地边缘和大行间套种木薯，但由于规模小和市场价格变化大，也未能获得预期收益。实施一年后所里认为剑麻课题人少地多，杂交后代系比区等由所收回他用，仅保留了 17 亩剑麻种质保存圃。为了维持课题运作只能向 17 亩种质圃要效益了，通过削减各个种质保存数量，最后仅保留 2 亩地为剑麻种质保存用，最大限度利用土地资源培育优稀果苗和绿化苗木，工作精力用在努力开展课题创收上。1998 年后剑麻科研经费完全中断，剑麻科研人员并入其他研究室，2000 年剑麻种质圃也被规划为其他用途。剑麻种质曾无藏身之地，最后在种苗繁育基地得以留存，该基地有国家南亚热带作物良种苗木繁育场项目支撑，使剑麻种质得以繁衍，并在开展良种苗木组培生产的同时，穿插了剑麻组培繁殖研究，为后来开展剑麻生物技术育种打下了基础。1998 年至 2004 年是剑麻科研最为艰辛的时期，科技人员大力开展优稀果树种苗开发，当时组音种苗有市场但竞争十分激烈，为保障人员基本工资发放，为了一株苗木几分钱的利润也要尽力精心培育，卖相不好或错过季节则销售不畅并亏本，身心十分疲惫，基本无心搞科研。

随着国家科研体制改革的推进，南亚热带作物研究所被列为公益性非营利科研机构，但财政核定的创新编制仅有 80 人，全所在职人员 260 多人，意味着大部分人员仍要分流搞开发，实质上仍是要盈利的研究所。2004 年研究所确立剑麻为重点研究对象，重新组建了两个课题组分别从事育种和栽培两个研究方向，由于对外争取经费十分艰难，为了获得院所基本业务费资助，两课题组相互竞争，研究内容各自保密，剑麻种质资源研究作为 2004 年所重点项目仅获 2.5 万元经费且分作 3 年使用以防经费中断。2004—2006 年主要工作就是申请项目，不管什么渠道只要有申报指南都撰写项目申报书，由于对外交流能力差，编写的各种各样项目建议书均无效果，两年多除少量院所资金和 0.8 万元横向经费外，剑麻研究中心未能争取到新增科研经费。2006 年初所务会最终决定解散剑麻课题组，剑麻研究人员再次分流。2006 年下半年与中国农业科学院麻类研究所合作，将剑麻融入麻类大产业中，成功获 2007 年农业公益性行业科研专项的资助，剑麻列入子项目获得经费额度 70 万元，比我所之前剑麻科研经费总和还多，因此所务会立即决定恢复剑麻课题组，并在 2007 年公益性科研院所基本业务费和人才引进中重点支持。2008 年随着麻类进入现代农业产业技术体系建设行列，剑麻育种顺利进入国家麻类体系建设行列，我所重新规划配套了剑麻科研基地 120 亩和专用实验室，剑麻遗传改良历经磨难终于迎来了曙光，开启了剑麻科研新局面。

二、凸显产业优势，促进剑麻科研大联合

受科研体制的束缚，一直以来剑麻科研部门隔阂严重，各自为战，互相保守工作内容和进度，项目更是严守的秘密，观摩学习是极不受欢迎的，更不必"遐想"开展科研交流了。体系建设从架构设置就与众不同，不打破现有体

制而从机制入手，从技术研发到试验示范构建了合作研究平台，推动科研大联合，颠覆了过去根据申报指南从下而上一级级申报项目的习惯。剑麻产业较小，历年来科研经费十分有限，对申报科研项目的防范意识比其他作物更为强烈。体系建设初期剑麻计划设置"两站一岗"，在联系试验站的依托单位时，由于缺少申报指南，一些依托单位的人员无论怎么解释也不相信"天上会掉下馅饼"。一站长候选人曾受阻于签订依托单位承诺书环节，我与该依托单位主管科技的人员通话，将体系建设专项的来源解释清楚，并强调时间的紧迫性，对方回答：

"我没有接到文件通知，你把通知发一份给我看看。"

"没有这方面的文件通知，这次是直接从遴选项目负责人开始的。"

"这项目是你说给我们就能给我们吗？没指南没通知很难让人相信，不可能这么简单吧？"

"不是说能给你们项目，我只是转告你们有这样的机会申报，你们是否能拿到还需上级部门审批。"

"这么好的事情你们为什么不要而推让给我们？"

"不是我们不要，而是你们更合适。"

……

"现在都放国庆假了，承诺书没法盖章。"

"承诺书要求放假前必须上交。"

"国务院规定国庆假休息，你们怎么能要求我们加班。"

"不是我们要求你们加班，而是告诉你们上级要求的材料上交最后期限。"

"假如一定要在国庆节提交，我们就不参加了。"

结果剑麻初期只有"一岗一站"进入体系建设，在开展技术用户调研时，该单位发觉参加这体系果真不用跑关系就顺利拿到了经费，研究内容也不是预定的，而是经过产业调研后针对产业需求来确立，十分切合生产企业的需要，逐步对体系有了深入了解后十分后悔之前行为，并迫切希望加入体系行列，后因其单位的体制改革由另一单位建设本区域试验站而成泡影，但在随后的体系建设工作交流中凡有关体系的工作需求该单位都主动提供工作便利，有技术问题也首先找体系人员，成为信赖体系的忠实用户。

剑麻初期的"一岗一站"技术力量相对薄弱，但至少有专职人员关注产业技术问题，在开展技术调研时兼具了宣传作用，让生产管理人员知道有个国家体系为产业技术问题开展研究和服务，编制了《剑麻栽培技术手册》和《剑麻栽培技术问答》等资料，通过开展技术培训推广高效生产技术，逐步建立生产信息反馈渠道。2011年剑麻科技创新体系更加完善，建立的"两岗两站"融合了包括广东、广西、海南剑麻主要种植区的科技力量，形成了剑麻科研统一协调、统一规划、分工协作、联合攻关的机制。围绕剑麻种植品种单一、品种抗性差、病虫危害严重、种植业效益低、资源利用率低等产业现状深入开展产业调研，通过对用户进行产业技术需求调查归纳需要解决的技术问题主要包括：

①加强优异种质收集，推进选种工作，通过大田选种筛选抗病虫植株；加快新品种培育进程，选育抗病性强、纤维率高、便于抚管和加工的高产抗病品种。

②建立剑麻病虫害预测预报工程，研制剑麻病虫草害高效防控技术；研究植株抗病虫害能力影响因子，集成种植品种提纯复壮技术解决品种退化问题。

③研究剑麻纤维产量与剑麻植株营养的关系，研发平衡施肥技术，集成提高剑麻纤维抽出率的配套栽培技术与工艺。

④研制适合不同区域的高效种植模式和标准，为农户提供优良品种和健康育苗技术及高效栽培技术。

⑤研制适于麻园耕作的小型机械装备，提高麻园作业工效，降低生产成本；改进剑麻加工机械，提高纤维质量和工效。

⑥研究剑麻多用途利用技术提高附加值，解决剑麻加工后废水对环境的污染问题。

依据产业技术需求统一制定剑麻科技发展规划，按照育种和栽培学科方向进行分工协作，形成5年工作重点任务，从种质创新、绿色生产、生态恢复与多用途等方面形成攻关合力，试验站协助进行试验和示范，实现了剑麻科研大联合，避免了过去科研信息封闭、力量分散和多头重复研究等现象。过去对生产数据的收集是十分困难的，统计资料保密的多，没有一定地位难以获得管理层统计信息，文献报道也少；体系建立后，通过种植户—示范县—试验站—岗位完善的信息反馈渠道，及时收集生产基础数据且信息共享，利于跟踪生产动态。体系工作中占较大比重的任务是服务生产，这就要求我们多下基层，与基层群众交往相互熟悉后，群众会及时告知本区域生产异情。剑麻多倍体较多，容易发生变异，通过群众的力量能及时发现和收集到优良变异植株，大大丰富育种材料，这是之前难以比拟的。体系建立的最大优势是联动机制，如围绕剑麻重大疫情，"两岗两站"从病原菌分离鉴定、病害发生流行规律、抗病种质筛选与病害防控等方面深入合作攻关，无法解决的问题通过体系平台求助其他专家，使疫情得到有效控制，从中产生的科学问题"孵化"成国家基金进行深入研究。过去灾害来临麻农不知找谁，不懂如何应对，现在主要产区每年都会通过技术培训"宣贯"灾害防范措施。每当台风或寒害来临，首先发放预警通知麻农提前预防，受灾后必有体系人员出现在田头指导抗灾，这是体系人员应急工作的职责。必须时刻心系产业才无愧为"体系人"。

第三章　栽培与土肥

栽培与土肥研究室人员配置强大，异缘率高，由来自国内长期从事麻类研究的 7 个单位的 8 名相应岗位科学家组成：生态与土壤管理岗位的黄道友（中国科学院亚热带农业生态研究所）、水分生理与节水栽培岗位的刘立军（华中农业大学）、养分管理岗位的崔国贤（湖南农业大学）、苎麻生理与栽培岗位的唐守伟（中国农科院麻类研究所）、亚麻生理与栽培岗位的王玉富（中国农科院麻类研究所）、黄麻红麻生理与栽培岗位的陈鹏（广西大学）、工业大麻生理与栽培岗位的刘飞虎（云南大学）、剑麻生理与栽培岗位的易克贤（中国热带农业科学院环境与植物保护研究所）。研究室主任为华中农业大学彭定祥教授，后由该校刘立军副教授担任。按照体系统一部署，在首席科学家熊和平研究员的带领下，研究室各岗位紧密合作，协同完成好体系各项工作。

第一节　苎　　麻

一、水分生理及节水栽培

由于苎麻作物小、知名度不够，团队负责人彭定祥教授最头疼的事情就是寻找每年的科研经费，而如今产业体系持续经费支持稳定了研究队伍，拓宽了研究方向。原本毕业就走的年轻人，坚定地留下来从事麻类作物研究，成长为新任研究室主任的刘立军博士便是其中的代表。湖北省阳新县白沙镇五珠村党支部书记陈细祥，也见证了体系十年的变化，他坚定地将苎麻作为该村主导产业，为苎麻成为富民产业做出应有的贡献。

1．加大应用基础，搭建产业发展的好平台

种苎麻到底有多大效益？岁末春初，研究室主任彭定祥又接到陈细祥电话，问的最多的还是那三个问题：产量高不高、赚不赚钱、干活累不累？彭定祥总是不厌其烦地讲解体系近年来取得的成就：一是苎麻产量潜力大，栽培条件下可以达到平原地苎麻"369"（亩产 300 kg 纤维、600 kg 叶片和 900 kg 麻骨）、山坡地"248"（亩产 200 kg 纤维、400 kg 叶片和 800 kg 麻骨）。团队主要从苎麻高产群体结构、循环收获、地上地下部分调控、收获高度及肥力对苎麻干物质累积的影响和 NPK 胁迫蛋白质组学等进行了高产机理研究，发表学术论文 15 篇。二是苎麻综合效益高。按亩平均原麻产量 250 kg、保护价 12 元/kg 计算，原麻最低获利 3 000 元/亩。团队为提高麻农综合效益，开展了以麻骨作为代料栽培杏鲍菇、猴头菇、毛木耳等的研究，获发明专利 4 项。在湖北省阳新县白沙镇五珠村示范栽培菌棒 10 万个，并利用冬闲季节套作红菜薹、萝卜等，增加毛收入 1 000 元/亩。三是种植苎麻不再是苦活累活。彭定祥利用 4LMZ-160 苎麻收割机体系，尝试农机农艺结合的轻简化栽培技术，集成田间株行配比、头麻化学除草、收获前配施复方脱叶剂脱叶，每亩地除草、人工脱叶省工 3～4 个、增效 300 元。相关技术在湖北省咸宁市咸安区及赤壁县和嘉鱼县等苎麻主产区示范推广。

既要立地还要顶天。彭定祥及其团队成员围绕麻类作物干旱逆境问题，开展了相关技术储备。筛选出 3 项苎麻抗旱栽培技术，如覆盖栽培、交叉栽培和喷施抗旱剂等技术抗旱效果良好，相较不抗旱对照品种增产 8.14%～14.62%，获得发明专利 1 项。从 137 份材料中筛选出不同抗旱性苎麻地方品种资源 15 份，脯氨酸含量、净光合速率和气孔导度与抗旱指数相关性均达到极显著水平，可作为苎麻抗旱鉴定指标。获得了明显提高其抗旱性转水稻 SNAC1 苎麻 20 个株系，对于深入了解苎麻抗旱机理、培育抗旱优良品种提供重要参考。筛选到亚麻抗旱性差异材料 4 份，建立了抗旱与保护酶系统、PEG 模拟苎麻抗旱及转录组研究，获得 16 798 个差异基因、25 个转录因子等与干旱胁迫有关。两个不同抗性的油用亚麻和纤用亚麻品种，干旱胁迫后差异基因集中在信号传导、贮藏、环境适应代谢通路等。亚麻耐干旱和苎麻耐渍水调控机理的解析对于亚麻和苎麻种植区域转移具有指导作用。

2．依托政策支持，做政府企业的好参谋

（1）促进农民增收，支撑政府决策

产业发展需要政府支持。麻类体系岗位形成的调研报告先后呈报湖北省农业厅等单位，参与制定阳新县苎麻产业发展规划（2018—2022 年），极大地促进了湖北省苎麻产业发展。2018 年初，阳新县出台《全面推进产业扶贫促进精准脱贫的实施意见（2018—2019 年)》，决定大力发展苎麻、食用菌、桑蚕、中药材等 13 类特色扶贫产业，实现适度规模经营，以此带动贫困户就业增收、脱贫致富。县财政部门每年度安排 30 万元专项工作经费用于苎麻生产的工作督导、协调和技术指导。对新发展苎麻种植的贫困户给予每亩 400 元的奖励，对于 200 亩以上苎麻种植的经营主体，每亩补贴 200 元。

（2）产学研合作，探索发展模式

在阳新县白沙镇和咸安区探索了"岗位科学家+企业+合作社+基地+农户"发展模式，即岗位科学家提供种源和种植技术，企业以保护价订单收购，合作社负责种植和收剥环节，连片种植基地进行集中示范，由农户以土地入股形式种植基地或者参与基地种植管理。良好的开端是成功的一半，有了"可复制"的发展模式，农民对于种植苎麻更有信心了。

（3）落实支撑条件，助力产业发展

多年来，苎麻育种、苎麻生理与栽培、种植与收获机械化、初加工机械化等多位岗位专家共同参与该项工作。县里成立苎麻产业专家技术服务团，由县人才工作办公室直接领导，负责全县苎麻生产各环节的技术指导，同时建立了苎麻产业专家技术服务团、县产业技术帮扶下乡服务团等微信群和QQ群，做到了技术服务全覆盖，种植苎麻再也不是"一团乱麻"。

（4）苎麻发展快，催生新型农民

同样对苎麻痴迷的白沙镇镇长刘元根将苎麻打造成该镇支柱产业，他的梦想就是申报并建立"苎麻小镇"。2017 年，五珠村成功繁育苎麻 200 亩，该村采用的"三当栽培技术"使苎麻当年获得丰收，极大地鼓舞了农民种麻积极性。该村接连成立了 3 个苎麻专业合作社，形成了育苗、移栽、田间管理、机械收获及原麻收购一条龙的服务组织。五珠村金财苎麻专业合作社 2018 年销售原麻超过 40 t，原麻销售额达到 80 余万元，直接脱贫人数 150 余人。为重振苎麻产业，2018 年以来阳新县通过金融补贴、政策奖补、技术帮扶等方式，引导新型农业经营主体发展苎麻，推广"岗位科学家+公司+合作社+基地+农户"模式。

在五珠村苎麻基地，打麻机轰鸣，3 个村民正在紧张劳作，割麻、打麻、晒麻。村民说，以前人工打麻一亩地要 8 ～ 10 人干一天，现在用机械只要 3 人。

冬日暖阳拂照，车子行驶在阳新县白沙镇，连片的苎麻不时映入眼帘，一株株苎麻迎风摇曳，长势喜人。五珠村支书陈细祥说，2018 年亩产原麻

150 kg，2019 年每亩可达 300 kg，每亩利润 3 000 元，"赶上了这波好行情"！

阳新县依托湖北阳新远东麻业有限公司与种植合作社签订购销合同，以不低于市场价 12 元/kg 的价格收购，连片种植苎麻每 50 亩以上可免费提供一台新式打麻机。从而带动 560 个贫困户发展苎麻种植 900 多亩。2017 年阳新县新发展苎麻种植 5 000 亩，2018 年发展订单苎麻种植华苎 4 号育苗 1 050 亩、发展苎麻种植 30 000 亩，远期目标是重回 10 万亩规模。全县推广打麻机械 200 余台（套），以苎麻产业增加贫困农民收入，助推精准扶贫，延伸了产业的价值。

麻类体系团队与湖北省咸宁市农业科学院合作，共同推动咸安区苎麻产业发展。咸安区政府连续 5 年，每年提供约 300 万元支持苎麻产业的发展。通过政府公开招投标方式采购，建立苎麻良种繁育基地，加强苗圃基地管理，繁育优质壮苗，并免费为各乡镇发展苎麻基地的大户提供麻苗。依据聘请的第三方实地勘测所得到的数据，按每亩 400 元的标准进行一次性补贴。

（5）围绕绿色发展，拓展种植区域

苎麻种植区域处于"老少边穷"的地方，近年来由于资源过度开发，尤其是大量废弃矿渣无处存放，成为政府和村民难以忍受之痛。湖北省黄石市"十三五"期间开展阳新县 35 km^2 矿山土壤治理修复工程。岗位科学家进行的铜污染土壤种植饲用苎麻研究结果表明，苎麻可以在土壤中铜污染浓度为 100 mg/kg 时正常生长，干茎叶铜含量低于饲料中铜的添加限量标准（30 mg/kg），只需要中等肥力的氮肥（280 kg/hm^2）即可生长良好。若采用添加生物炭等修复技术，苎麻可在 2 000 mg/kg 铜污染时基本正常生长。通过开拓苎麻新的种植区域、铜污染矿区植物修复、增加饲料来源进而增加土壤修复的经济效益，促进了苎麻绿色种植。

3．助推学科建设，着力培育优秀团队

在老一辈苎麻专家彭定祥教授的带领下，新老团队成员共同努力，十年来共培养苎麻方向研究生 39 名，其中博士研究生 8 人，20 余名毕业生扎根基层，从事农业科研一线工作，更有 7 名研究生毕业后加入体系工作，并成为科研骨干，1 人获聘"十三五"岗位科学家，3 名团队成员晋升高级职称，2 人赴美国和澳大利亚学习深造。

依托产业体系资金的支持，团队成员获批国家自然基金项目 4 项，参与科学技术部支撑计划和重点研发计划各 1 项，累计到账其他经费 400 余万元，极大地加强了基础设施建设，稳定了麻类作物研究队伍，巩固和扩大了麻类作物的推广队伍。协助咸宁苎麻试验站等在麻地膜辅助早稻育秧、苎麻高产高效种植、副产物饲喂山羊和肉牛等方面完成 300 人次以上的技术培训任务。

二、养分管理

养分管理岗位在体系建设初期为土壤肥料岗位，2016 年更名为养分管理团队，团队的研究方向拓宽为麻类作物养分调控和养分管理。由湖南农业大学苎麻研究所的技术骨干力量组建而成，团队岗位专家为崔国贤教授，团队人员为佘玮副教授、揭雨成教授、杨瑞芳教授、欧阳西荣教授等。十年来在科技创新、岗位合作、扶贫攻坚、宣传报道、团队建设等五方面取得如下进展。

1. 立足产业，开展苎麻科技创新

苎麻种植效益低下是制约苎麻产业发展的关键因素之一。针对苎麻现有种植方式特点和麻类产业绿色高效可持续发展需求，养分管理岗位通过长期实验探索和田间试验，主要获得如下重要进展。

①成功选育出国审苎麻新品种湘苎 7 号并开展高产稳产耐败蔸机理研究。与沅江市农业局合作选育出缺蔸率低、高抗重茬（适合进行免耕换蔸）、高抗根腐线虫病、适应能力强的苎麻新品种湘苎 7 号，比对照湘苎 3 号增产 33% ～ 39%，先后于 2013 年、2006 年获省级品种登记、国家品种审定。基于现有苎麻品种抗败蔸能力差、严重影响亩产的问题，团队研究了不同败蔸耐性基因型的根系、根际环境及代谢的差异，并获得国家自然基金资助。

②利用现代信息技术进行苎麻叶片氮素营养无损诊断和苎麻高光谱品种识别。开发了苎麻叶片图像处理系统 V1.0，并于 2010 年获得了计算机软件著作权。为了克服苎麻叶片含氮量测试指标的局限，使氮肥分期调控更加准确，提出了基于 SPAD 值的实时、简便、无损的苎麻叶片氮素营养诊断方法。该方法主要通过苎麻叶片数字图像处理系统软件分析叶片颜色特征值与叶片全氮营养含量之间的关系。此外，团队利用不同基因型苎麻叶片的高光谱反射特征进行苎麻品种识别。目前，正在研究利用无人机和光谱仪采集麻类作物图像与冠层高光谱，研发通过图像与光高谱分析进行麻类作物营养的无损诊断新技术。

③苎麻精准施肥和专用氨基酸叶面肥研发成功，建立了基于不同地力水平

的肥效模型。试验表明，氮与苎麻纤维产量的相关性较大，而磷、钾与苎麻纤维产量的相关性较小。利用三元二次肥效方程和一元二次肥效方程求极大值并将模型优化，得出了最佳经济施肥量和最高产量施肥量。在长沙麻类长期定位试验基地开展不同苎麻品种需肥规律以及高效灌溉的试验，借助田间灌溉系统，根据测土配方施肥制定的施肥方案，为苎麻生长提供养分，充分发挥了水肥的协同效应。

针对苎麻叶面营养特点成功研发出苎麻专用氨基酸叶面肥，其增产效果显著。大田试验和室内盆栽试验研究表明：腐殖酸类叶面肥可显著提高苎麻的可溶性糖、硝酸还原酶、过氧化物酶和过氧化氢酶的活性，从而促进作物茎叶生长。研发的苎麻专用氨基酸叶面肥配方于 2013 年获国家发明专利，并与企业合作成功开发叶面肥产品，显著增加苎麻产量，提高苎麻纤维品质，从而提高农民收入。

④集成配套高产高效种植模式并创建苎麻超高产示范区。从麻园建设、品种选择、嫩梢扦插、水肥管理、绿色防控、收获等关键环节，综合集成了配套的苎麻超高产技术模式。分别在湖南浏阳和张家界构建苎麻超高产高效试验与示范区，该模式与 72 型剥麻器结合，使浏阳高产麻园每亩纤维产量达 345.5 kg、干麻叶 560.9 kg、干麻骨 1 095.8 kg，产量较常规模式提高 38% ～ 56%；中陡坡地麻园原麻产量达每亩 232 kg、麻叶和麻骨每亩 1 201 kg，产量较常规模式提高 16% ～ 22%。近十年来，该模式已在湖南省沅江市、张家界市、汉寿县和桃源县累计推广 3 万余亩，为农民节本增效近 3 000 万元。

⑤集成重度镉污染稻田麻类作物种植模式。针对长株潭地区镉重度污染稻田，通过高产、优质、高抗、高富集、低富集麻类作物品种及配套施肥技术的组装集成，形成长株潭重度镉污染区域耕地麻类作物种植模式，提高镉污染区农产品质量的安全性和高效性，满足重金属污染土壤安全修复利用与当地农民增产增收需求。纤用苎麻种植模式，选用品种为中苎 1 号，施肥的要点是底肥要足、及时追肥。原麻平均亩产量为 164 kg，苎麻副产物青贮料每亩 6.85 t，每亩产值达 3 695 元。饲用苎麻种植模式，选用品种为湘饲苎X1 号，每年 11 月份为最后一次收割期，收割后进行休苑，在翌年 1 月上旬进行冬培处理，施复合肥 1 080 kg/hm^2 并培土。收获鲜草每亩 9 231.52 kg，每亩平均产值达 3 692.6 元。亚麻＋红麻种植模式，亚麻品种选用内亚 9 号，原茎平均亩

产量 482.60 kg，亩产值为 965.2 元；红麻品种选用红优 2 号，平均亩产量干皮 419.28 kg，麻骨 1 100.27 kg，平均亩产值为 1 677 元，亚麻+红麻模式平均亩产值达 3 245 元。中苎 1 号属于重金属高富集品种，富集系数达到 3.44；亚麻的富集系数最高为 3.55，红麻的富集系数为 1.45，都具有比较好的镉污染土壤修复效果。

2．协同推进，建立技术服务网络

十年来，养分管理岗位先后与体系苎麻育种岗位、苎麻栽培岗位、水分生理与节水栽培岗位、初加二机械与设备岗位、山坡地栽培与水土保持岗位、纤维性能改良岗位等开展了苎麻品种选育、抗逆栽培、机械化收获以及脱胶等一系列试验与示范。先后与张家界苎麻试验站、南宁剑麻试验站、哈尔滨亚麻试验站合作，分别建设了中垫坡地苎麻示范基地、干热河谷剑麻示范基地等，团队成员与试验站合作，针对不同麻类作物生产上的肥料利用和施用方法进行了技术指导和培训。十年培训地方农民 800 余人次、地方技术骨干 400 余人次。

根据农业农村部及国家麻类产业体系的文件精神，养分管理岗位积极申报并开展跨体系任务，参加国家马铃薯产业技术体系刘刚研究员牵头的"特色作物加工副产物增值综合利用技术研究"，依托湖南农业大学工学院的优势重点开展"苎麻纤维复合材料增强混凝土抗裂及受力性能研究"。将植物纤维中的佼佼者——苎麻纤维通过合理的技术手段与混凝土材料结合，不仅能为解决"顽固性"工程难题提供可能，为高性能苎麻纤维复合材料的深入研究及其工程应用提供理论参考和试验依据，而且有利于环境保护和可持续发展，以更好地实现"低耗、高效、节能、利废"。

3．扶贫攻坚，促进农民增产增收

根据国家麻类产业技术体系的整体安排，养分管理岗位对乌蒙山区及四川宜宾市屏山县开展实地调研，2016 年到政府部门、企业、合作社、科技示范户及家庭农场走访与考察，提交了调研考察报告。针对乌蒙山区的特点，2017 年申报了"乌蒙山区苎麻饲料化利用关键技术的示范与推广"扶贫专项。2018 年增加了与四川省屏山县农业农村局、种养大户的联系频率，除了免费提供苎麻种子和育苗移栽技术、苎麻饲用栽培技术、苎麻饲用相关材料外，通过电话、微信及时给对方提供技术咨询。目前饲用苎麻累计推广 40 亩左右，培训当地农技人员和农民 10 余人次。饲料产量鲜重达

17.07 kg/m²，添加 10%饲用苎麻草粉的日粮对牛养分利用率有显著的促进作用。在牛饲粮中添加饲用苎麻草粉显著增加了毛盈利，苎麻草粉喂养的牛生长效益显著。

养分管理团队与长沙望城乌山镇云静养殖场联合开发有机、绿色、环保型猪肉品牌——麻香猪。麻香猪采用纯天然的苎麻、亚麻、芦苇等副产物为饲料。2018 年申报国家专利，向国家知识产权局注册了商标。麻香猪肉通过了相关权威食品专业检测。麻香猪肉的品质主要指标均高于饲料喂养猪肉品质的50%至400%。麻香猪市场价在 40 元/kg 以上，比普通猪肉高 80%以上。养殖户养殖一头麻香猪毛收入 4 000 元，出栏一头猪平均盈利 800 元，比普通猪盈利 100%。

4．建设网站，宣传麻类资讯与文化

麻类作物营养与施肥网（www.fibercrops.com）由养分管理岗位团队于2010 年创办，现已成为国内外具有重要影响力的麻类行业资讯专业网站，受到国内外同行与爱好者的青睐，每天点击量平均 100 人次左右。网站收集了麻业技术资料包括自 1979 年以来的博士与硕士学位论文、中文期刊论文、英文期刊论文上万篇，专利 2 000 多件、成果 100 多项、技术图片 1 000 多张以及相关数据库 8 个，共达 50 G，均可直接下载查阅。通过自建网站、微信及微信群、QQ 及 QQ 群、撰写相关文章等，大力宣传报道国家麻类产业技术体系的最新政策与成果，提供国内外麻类资讯，弘扬麻文化，取得很好的宣传效果。崔国贤教授针对苎麻目前现状，撰写了《苎麻种植效益分析》，提出原麻价格 16 元/kg 是麻农保持植麻积极性且可接受而同时也是企业能够承受的临界价格，这对目前苎麻生产具有现实指导意义。

5．提供平台，推进学科与团队发展

在岗位专家崔国贤的带领下，团队扎根作物学学科，十年来培养作物学本科生 100 余名，培养麻类方向研究生 47 名，其中博士研究生 8 人，20 余名毕业生扎根基层，从事农业科研一线工作。目前在读博士生 8 人、硕士生 24 人。获省优秀博士学位论文 1 人、省优秀硕士学位论文 3 人，研究生主持多项省级创新性项目，团队十年来发表论文 88 篇，申请专利 6 项，授权 3 项。

依托产业体系资金的支持，团队共获批国家自然基金项目 5 项，参与科技部重点研发计划 1 项，累计到账经费 400 余万元。

三、苎麻生理与栽培

2008—2015年，苎麻栽培岗位主要以苎麻轻简化栽培、抗逆和苎麻连作障碍因子克服等为研究内容。2016年更名为苎麻生理与栽培团队，拓展了苎麻生理研究内容。

1．找准产业瓶颈，服务产业发展

苎麻栽培生理岗位主要针对苎麻产量潜力的挖掘、农机与农艺融合、高效生产和抗逆栽培、克服连作障碍技术进行研究与成果推广。经过十年攻关研究，主要获得如下重要进展。

（1）苎麻机械收获与农艺融合技术

按照国家麻类产业技术体系部署的多用途技术研究任务，开展了饲用苎麻机械收获与轻简化栽培技术研究。

2014年，团队在体系首席的推荐下，与湖南德人牧业有限公司合作开展饲用苎麻种植、饲料化利用及产业化推广，于当年建立200亩的苎麻饲料化利用基地，按照传统的高产技术模式进行管理。2015年，饲用苎麻长势良好，然而饲用收割与切碎成了重大瓶颈之一。聘请工人进行人工收割，每人每天仅能收割鲜草1 t，面积仅为0.7亩，而且劳动强度大，满足不了规模化饲料苎麻收获要求。团队成员对此非常重视，通过市场选型收割机械和评价北方牧草机械在南方的适应能力，认为必须研发一台集收割与切碎于一体且适合南方潮湿地行走的机械，才能推进饲料苎麻产业化的发展。

苎麻生理与栽培团队与湖南益阳创辉农机装备有限公司合作，按照团队提出的技术要求和设计思路，规划生产一台集收割、切碎和装卸于一体的饲用苎麻联合收割机。根据一年多的联合研制，形成了集10项技术专利于一体的饲用苎麻联合收割机。该项技术主要创新如下：

首创旋刀式切碎装置，解决了青饲料切碎过程中长纤维物易缠绕运动部件的难题。作业过程中，总损失率小于3%，切碎质量达到91%，吹送高度达到2.7 m，均达到或超过企业规定标准，实现了青饲料联合收割、切碎、吹送和集料的一体化操作。

整机关键部件布局合理，参数设计科学。采用履带自走式行走系统，降低了整机的接地压强，履带接地压强小于19kPa，对多年生后茬作物损伤很小；卧式割台与双搅龙巧妙设计，实现双搅龙割台联动，形成切碎物料双向输出，促使物料能上下同时向进料口移动。

除此之外，根据饲用苎麻联合收割机的研发，团队依据机械的行走系统和饲用苎麻的生长特点，研究形成了农机与农艺融合技术，首次提出适合机械化操作的饲用苎麻宽窄行种植模式，与传统栽培模式比较，生物量提高30%～60%；配套使用的4LZ-130型履带自走式青饲料（饲料苎麻）中耕施肥一体机（专利号ZL201720110825.8），降低了劳动生产成本，实现了农机与农艺的有机融合。

2017年12月9日，由印遇龙院士为组长的农业机械、畜牧和农学专家组对此项技术进行了评价，评定结果为优秀，认定整项技术创新达到国内领先水平。该技术于2017年获常德市科技进步一等奖。

（2）苎麻循环收割技术研究

课题组承担科技部"十二五"支撑计划任务，开展了苎麻脱胶鲜皮循环收获技术研究，设置了不同的起始收割时间和间隔50 d的收割频率，以常规收割方式为对照。研究结果表明：在首轮收割时，各对应的收割时间的原麻产量、生物学产量及产量构成因素中的株高、茎粗、皮厚随着收割时间的延长而递增。从第二轮收割开始，每个小区的生长周期都是50 d，比较每个时期的产量及相关性状，结果表明其产量的总体趋势是各性状特性都在递增。到8月份后又开始递减，其中6月29日至8月9日生长的苎麻的株高、原麻产量和生物学产量等性状达到最高。循环收割净面积亩产和正常收割方式的对照面积亩产没有显著的差异。因此，循环收割不会使苎麻减产，可为今后机械化收割、循环鲜麻供应和规模种植提供栽培技术支持。

（3）纤用苎麻饲草化刈割模式的研究

根据苎麻多用途技术研究，开展了纤用苎麻饲草化刈割模式的研究。以纤用苎麻中苎2号为研究对象，通过调查不同高度处理下的生长性能、产量和饲用品质的变化，进而确定一年内不同时间段的饲草化最佳刈割高度。得到如下研究结果：9月之前，中苎2号的生长速率旺长期高于苗期，且呈现先升高后降低的趋势；年风干物产量和粗蛋白产量随着刈割株高的增加而增加，饲用品质和叶茎比随着刈割株高增加而下降。

（4）苎麻高效生产技术与示范

苎麻生理与栽培岗位参加了平原湖区的"369"工程和缓坡地"248"工程技术研究，与沅江苎麻试验站合作，分别在湖南省沅江市石矶湖试验基地和湖南省汉寿县龙潭桥村开展"369"和"248"技术研究。在平原湖区，苎麻种植地采取重施基肥、巧施追肥和均施氮磷钾的施肥方案。2014年体系办公室组织专家对"369"三季麻进行测产：三季麻平均株高2.06 m，茎粗在1.2～1.4 cm；全年三季麻平均干叶产量9 151.5 kg/hm²，麻骨干重达15 570 kg/hm²，干麻产量5 332.35 kg/hm²，完成任务目标。坡耕地"248"工程技术采用坡耕地重点控水控肥，利用点穴式蓄水技术，促进全年丰产。该项技术获得国家发明专利"一种坡耕地苎麻栽培方法"（专利号ZL 201510222267）。

（5）苎麻连作障碍发生规律分析及其相关基因的筛选

苎麻连作数年后会出现生长缓慢、败蔸等连作障碍现象，严重降低了产量和经济效益，影响麻农种麻积极性。2013年开始，苎麻生理与栽培团队成员朱四元博士申请国家自然科学基金开始从事苎麻连作障碍因子的机理研究。2015年、2017年又分别获得国家自然科学基金常规面上项目的资助。

这项研究初步探明苎麻连作障碍的发生特点及主要影响因子。通过对不同连作年限苎麻的跟踪调查试验，结果发现，连作年限越久连作障碍现象越严重，且障碍始于新麻种植的第二年的二麻，三麻收获期表现出明显的连作障碍，根系腐烂，苎麻长到40 cm左右时基本生长停滞。通过盆栽模拟试验研究表明，根腐线虫、根际自毒分泌及根际微生物的变化等是影响苎麻连作障碍的主要因子。对根腐线虫影响因子开展了深入的研究，获得了受根腐线虫影响的差异表达基因770个，这些基因分布在三条主要的代谢途径中。基于筛选出来的差异表达基因，分析了这些基因在根腐线虫逆境下的表达水平，发现有45个基因受根腐线虫感染诱导表达，这些基因分布在MYB、AP2/ERF、bZIP、HD-ZIP和COL等五大基因家族中，其中MYB家族基因最多有23个基因。

获得了长江流域四个不同地区连作苎麻根际所特有的根际微生物类型。从长江流域的江西宜春、湖北咸宁、湖南沅江及四川达州四个不同的苎麻主要种植区域连作10年以上的苎麻地采集了根际土壤，并对这四个地方的48个样品的16S和ITS进行了高通量测序分析，比较不同地方根际微生物的变化特点，分析结果表明四个不同地方的根际细菌、真菌都有其特有的菌群种类，四个地方共有2 443个细菌种类是相同的，550个种属真菌是共有的。

（6）苎麻产量性状及其遗传基础分析

课题组为了研究群体产量遗传基础的差异与产量增产的分子基础，开展了苎麻产量数量性状基因座（QTL）群体遗传研究。2012年，刘头明博士获得国家自然科学基金的资助，又于 2015 年获得国家自然科学基金常规项目资助。

研究以简单重复序列标记（SSR）构建了 SSR 遗传图谱。首先利用两个苎麻品种中苎 1 号和青叶苎麻构建了一个 F2 分离群体，并对每个 F2 单株进行扦插繁殖，从而产生一个 F2 无性系群体。另外，对群体的两亲本开展了转录组测序，并比较了其转录组序列差异。利用中苎 1 号的转录组 EST 序列开发了 1 827 个苎麻 SSR 标记；完成了苎麻的 SSR 遗传图谱，图谱一共包含 18 个连锁群，总长度为 2 265.1 cM。该进展于 2014 年在中国农业科学院网站进行了报道，并于 2017 年 2 月获得湖南省自然科学奖三等奖。

检测到了 33 个与纤维产量性状相关的 QTL。在两个环境下考察了苎麻的纤维产量性状及其相关性状（株高、茎粗、皮厚和单蔸茎数等）的表型，并结合基因型数据进行 QTL 分析。最后，一共检测到了 33 个与纤维产量性状相关的 QTL，从而初步阐明苎麻产量相关性状的遗传基础。

2．响应国家号召，开展扶贫攻坚

苎麻栽培团队积极响应农业农村部开展重点地区扶贫攻坚战的号召，分别在武陵山区和秦巴山区进行扶贫工作。

（1）武陵山区扶贫工作

2016 年，苎麻栽培团队与湖南省花垣县德农牧业集团有限公司合作，共同开发饲用苎麻饲喂肉黄牛的工作。德农牧业是国家扶贫重点关注的企业，与习近平总书记视察的十八洞村联系密切，企业解决了十八洞村许多农民的就业问题，对当地扶贫工作发挥了巨大作用，是湖南省农业产业化龙头企业和民营科技企业，在湘西州建成了中国西部地区集优良种牛繁育和优质配套服务于一体、高起点、大规模、现代化的中国湘西黄牛国家级养殖示范基地，是国家级保种资源场、肉牛养殖示范基地。湘西黄牛产业化项目是国家实施的武陵山区域发展与扶贫攻坚战略计划重点项目。2012 年 5 月温家宝总理率中央各部委领导到公司现场考察，肯定了企业的发展模式并且给予非常高的评价。

2016 年，苎麻栽培团队培育 10 万余株苎麻苗，供德农牧业基地种植饲用苎麻，共种植 50 余亩，并在当年即获得高产，饲用苎麻鲜草产量每亩达到 8 t 左右。2016—2018 年苎麻栽培团队在德农牧业公司内培训饲用苎麻种植与收获技术人员 50 余人，对推动武陵山区扶贫攻坚战的各项工作起到重要作用。

（2）秦巴山区扶贫工作

2016—2017 年，苎麻栽培团队先后 6 次为饲用苎麻发展做了开拓性工作，不仅为片区内提供了 30 万株苎麻苗，还提供了饲用苎麻种子并培训湖北省十堰市农业科学院的技术人员。特别是 2017 年在丹江口水库净化坡岸的规划中，苎麻作为多年生植物，起到非常好的护坡和防土壤流失的作用。

第二节　亚　麻

一、岗站协同，亚麻提质增效，技术储备雄厚

欧洲的法国、比利时等国家气候非常适合种植亚麻，栽培历史悠久，积累了丰富的种植经验，而我国亚麻种植加工业起步晚、积累少，一直落后于欧洲亚麻主要生产国。亚麻栽培与生理岗位根据云南气候特点进行了高产品种筛选，进而通过与大理亚麻试验站、伊犁亚麻试验站等开展合作，就亚麻高产栽培技术进行了大量研究，形成了一套亚麻高产栽培技术。在云南大理宾川县栽培示范中，亚麻原茎亩产量达到创纪录的 927.52 kg，在产量上完成对欧洲主要种植国的超越，圆满完成了"十二五"的"255 工程"任务指标，并制定大理冬闲田亚麻栽培技术规程 1 套。

二、降本增效，构建亚麻免耕栽培技术

当前亚麻种植的方法主要是精耕细作，对土壤扰动较大，容易造成水土流失，费时费力，且因种植成本较高而降低了麻农收益。亚麻栽培与生理团队在云南、山东、湖南、黑龙江等地开展了多年的亚麻免耕试验，研发出亚麻免耕机械结合播期、密度、开沟方式、播种深度、覆盖模式等一系列参数，建立了一套轻简化亚麻免耕栽培技术，实现了农机与农艺的融合，对减少水土流失降低生产成本具有明显效果，一定程度上提高了亚麻抗倒伏能力。稻茬亚麻播期可提前 5 d 以上，每亩地可节本增效 100 元以上，相关研究获得发明专利 2 项，实用新型专利 2 项。

通过与大理亚麻试验站合作，对免耕栽培条件下土壤生态变化规律展开研究。表层土壤温度在免耕条件下温差变化较小，最高温度变低，最低温度升高，这有利于亚麻抵抗极端温度。亚麻免耕模式对土壤上层 0 ~ 15 cm 有很好的保水效果，灌水结束后连测 3 周，免耕模式下水分含量均明显高于翻

耕模式，这有利于亚麻抵抗干旱气候，促进亚麻正常生长。免耕与翻耕条件下土壤酶活性大小顺序一致，都是中性磷酸酶＞脲酶＞蔗糖酶＞过氧化氢酶，且中性磷酸酶和脲酶的活性远大于蔗糖酶和过氧化氢酶的活性。其中，免耕土壤的中性磷酸酶活性和脲酶活性均高于对照，而蔗糖酶活性和过氧化氢酶活性均低于对照。免耕田里杂草数量少，平均为 43 株/m²，而对照田杂草密度达 115 株/m²。但免耕田中杂草植株普遍较高大、单株平均重量高，主要的蓼科杂草单株均重为 4.49 g，而对照田中蓼科杂草单株均重只有 2.78 g；免耕田中杂草总平均单株重量为 1.45 g，而对照田中只有 0.55 g；两种耕作方式田间杂草总重相近，对照田略高，生长方式差异明显，免耕覆盖田杂草少而壮，对照田多而弱。

三、构建亚麻抗倒伏栽培技术，解除麻农后顾之忧

来自麻农和麻厂的问题常常是，"亚麻遇到多风多雨年份倒伏厉害，你们能不能选育一个抗倒伏的新品种或者研发一种抗倒伏技术？"亚麻是一种密植作物，茎秆细弱而冠层较大，在生育后期遭受风雨时容易引起倒伏。亚麻倒伏后贪青晚熟，干物质合成与运转受阻，代谢功能紊乱，部分营养器官重新发生影响干物质的积累，导致纤维严重减产、品质下降，机械化收获无法实行，极大地影响麻农收入。我国新疆和黑龙江亚麻主产区大都存在亚麻倒伏的问题，严重影响了麻农种麻的积极性。亚麻栽培与生理团队针对麻农和麻厂的诉求，通过查询大量文献和与国内外同行交流，确定了品种优选和调控栽培技术同步进行的抗倒伏研究策略。历经十年研究，筛选得到 2 个抗倒伏品种，进而通过物理手段结合植物生长调节剂、化学杀雄剂调控亚麻花果及枝梢来降低植株重心，再结合播期、水肥、耕作方式等手段调控亚麻茎秆强度，集成建立了一套亚麻抗倒伏栽培技术。在试验基地开展的抗倒伏试验中，亚麻植株倒伏率由 70% 以上下降到 5% 左右，大幅降低了亚麻倒伏率。农户在参观试验田时表达了对该技术的兴趣，肯定了技术效果。这项技术的熟化推广将对我国亚麻种植业的发展起到重要的推进作用。围绕亚麻抗倒伏栽培技术已申报国家发明专利 3 项。

四、深耕十年，亚麻使盐碱地变良田

我国盐碱地分布极为广泛，可开发利用的盐碱地达 2 亿亩，主要分布在东北、西北及沿海滩涂地区。研究亚麻耐盐碱机理，选育出抗盐碱能力强的

亚麻品种并研发配套栽培技术，能提高盐碱地种植亚麻的生物产量，以提高经济效益。针对盐碱胁迫下亚麻快速生长期的营养吸收规律，亚麻栽培与生理开展了相应的研究，测定了亚麻受盐碱胁迫后地上部和根部的钾、钠、钙、镁四种阳离子的含量，结果表明：中性盐胁迫条件下，亚麻根部和地上部的 Na^+ 含量与对照相比均显著增加，处理组地上部的 Na^+ 含量为对照组的547.0%，根部为对照组的382.7%，说明处理液中的 N^+ 被亚麻大量吸收和转运；同样条件下，亚麻地上部的 K^+ 比对照组显著增高，根系的 K^+ 比对照组显著降低；处理组根系和地上部的 Ca^{2+} 和 Mg^{2+} 含量较对照均有不同程度的降低，处理组的根系中 Ca^{2+} 和 Mg^{2+} 分别为对照的75.0%和65.2%，处理组地上部 Ca^{2+} 和 Mg^{2+} 分别为对照的83.2%和85.0%，说明地上部的 Ca^{2+} 和 Mg^{2+} 降低程度小于根系。

亚麻栽培与生理团队通过与长春亚麻试验站开展合作，在东北重盐碱地（盐含量0.32%，pH9.2）进行了多年的耐盐碱品种筛选试验，筛选出了3个耐盐碱较好的品种YOI650、YCI493和YOI348，并开展了示范试验。进一步采用不同配比的水杨酸（SA）、芸苔素内酯等植物生长调节剂以及石膏、菌立方、有机肥等，进行调控试验，筛选到3套耐盐碱复配调控剂，使亚麻原茎的亩产最高可增产15%以上。

五、亚麻多功能产品开发，为民众身体健康保驾护航

亚麻籽已经被证明对癌症和心脏疾病具有一定的预防作用，而亚麻发芽可以快速改变其中的营养成分，那么发芽后亚麻芽苗的主要营养成分是如何改变的呢？亚麻栽培与生理团队通过与华南理工大学开展合作，研究了亚麻酚类物质、抗氧化物、维生素C等活性物质在亚麻苗中的变化，探讨亚麻籽发芽过程中维生素C、酚类物质及抗氧化物活性的动态变化。结果表明，亚麻种子萌发后，其植物活性成分含量增加，维生素C含量增加了22.1倍，酚类物质含量增加2.67倍，黄酮类化合物含量增加5.48倍，展示了亚麻籽良好的市场前景。现在团队已经开始进行亚麻籽芽苗菜的开发。

此外，亚麻栽培与生理团队还通过与华南理工大学、南昌大学开展合作，采用高效液相色谱法对亚麻籽油和纤维中咖啡酸、对香豆酸、阿魏酸和次茄红素二糖苷等4种植物化学成分进行了鉴定和定量分析；研究了油用亚麻籽和纤维用亚麻籽中活性多肽、总抗氧化活性和细胞抗氧化物活性在不同品种中的差

异，其中，油用亚麻和纤维用亚麻间差异不显著，纤维用亚麻的抗氧化物活性甚至略高于油用亚麻。

六、基因研究揭秘亚麻水分胁迫应答机制

（1）亚麻淹水胁迫下基因应答研究

针对南方冬闲田种植亚麻存在的渍水难题，亚麻栽培与生理团队开展了亚麻淹水胁迫诱导的基因差异性表达研究。与对照相比，亚麻根系在淹水胁迫条件下差异表达的基因有 2 662 个，其中显著上调表达的有 1 177 个，显著下调表达的有 1 485 个；差异基因主要涉及氧化还原反应、阳离子聚合、跨膜转运、糖酵解、植物激素信号转导、亚麻酸的代谢、咖啡因的代谢、胰岛素抵抗等。淹水条件下与木质素合成相关的 *CCoAOMT* 基因、松柏醛 5-羟化酶等的表达量有显著升高，β-葡萄糖苷酶等相关基因表达量显著降低；木质素过氧化物酶等降解酶的基因表达量大幅升高，而与木质素合成相关的反-肉桂酸4-单加氧酶基因表达量同时大幅上升，反映出淹水条件下亚麻根部形成通气组织的过程是木质素合成与降解同步进行的过程。

（2）亚麻抗旱栽培技术

针对部分亚麻产区干旱气候常常影响亚麻生长的产业问题，亚麻栽培与生理团队开展了多年大田抗旱试验，通过调节亚麻耕作方式、覆盖稻草、使用抗旱调节剂等方法处理亚麻，得到了 2 个亚麻抗旱剂配方，建立了一套亚麻抗旱栽培技术，明显增强了亚麻的抗旱能力，亚麻原茎产量、长麻产量、全麻产量分别增长 6.8%、16.4% 和 19.5%，增产效果显著。

七、效益为导向，亚麻蔬菜复种——一熟变两熟

种植亚麻效益受市场影响，时高时低，大大影响了麻农的种植积极性。为了提高麻农综合收益，亚麻栽培与生理团队在有效积温为 2 500℃左右的黑龙江省哈尔滨市北部开展了亚麻蔬菜复种研究。为缩短亚麻的生育期，优选了早熟品种中亚麻 1 号，进而通过播期、肥料及生长素调节进一步保证亚麻早收，使得多种蔬菜品种如红萝卜、白玉白菜、白萝卜、小缨芥菜等成功与亚麻接茬，明显提高了种植收益。受到了麻农的好评，促进了麻农种植亚麻的积极性。

八、响应国家号召，积极参与西部扶贫

针对西部地区进行技术扶贫是麻类产业体系的重要工作之一。亚麻栽培与生理团队积极探讨与体系的具体任务结合的扶贫工作，通过与伊犁州亚麻试验站、中国农业科学西部中心合作，就新疆地区种植油纤兼用亚麻开展了可行性研究，发现结合配套小型农机和雨露沤制技术种植油纤兼用亚麻可提高亚麻利用价值，是提高麻农收入的一个重要措施。南疆三地州以及阿克苏地区是新疆集边境、民族、高原荒漠、贫困于一体的集中连片特困难地区，针对其自然条件筛选能够创造较好经济效益的亚麻品种及配套的栽培措施，亚麻栽培与生理团队开展了品种筛选试验和高效、高产栽培试验，筛选出 4 个适合当地的纤油两用亚麻品种，其中种子亩产量超过 200 kg 的有 3 个，纤维产量超过 50 kg 的有 3 个。高产栽培试验结果显示亚麻原茎产量达 600 kg/亩，种子产量为 260 kg/亩，亩产值可以达到 4 000 元，净收入可以达到 2 500 元/亩。

第三节　黄/红麻

黄麻是椴树科黄麻属作物；红麻是锦葵科木槿属作物。由于黄麻和红麻具有类似的用途，在国民经济统计年报中常常习惯于将它们合称为黄/红麻。黄/红麻无论在中国还是世界范围内占天然纤维类植物的生产和消费总量的比重均排名第二，仅次于棉花。广西大学在国家现代农业产业技术体系中承担黄/红麻栽培与生理岗位的技术研发、示范、推广培训等工作，虽然历经产业低迷，有过彷徨困惑，但是初心不改，在科技创新、技术服务、成果转化以及人才培养等方面取得了一定的成效。

一、抓住机遇，竭力做好技术创新与储备

黄/红麻具有生长快、耐盐碱、耐涝、耐瘠、耐干旱以及纤维产量高且品质优良等特性，可以利用滩涂盐碱地、山坡地种植，不与粮食作物争地。黄/红麻生长周期短（4～5 个月）而生物产量巨大（年亩产量为松木的 3～5 倍），品质可与木材相媲美；同时黄/红麻具有极强的二氧化碳吸收能力，又被誉为环境友好型作物。黄麻在中国有着悠久的栽培历史，早在宋代就有大量

栽培，红麻在 20 世纪三四十年代被引入中国并进行大规模栽培。20 世纪 80 年代中国黄/红麻产业高速发展，1985 年达到红麻种植面积 100 万 hm² 的历史最高水平，价格也一路飙升。20 世纪 90 年代后，由于化学工业的发展，廉价的聚乙烯等化工产品的出现、集装箱运输的发展使黄/红麻需求急剧下降，黄/红麻产业受到极大的冲击，黄/红麻种植面积急剧萎缩。1999 年，红麻种植面积仅为 5.2 万 hm²，价格也较低，农民种植的收益较低，因此，黄/红麻产业呈现连年递减的态势。进入 21 世纪以来，黄/红麻面积大约只有 3 万 hm²，国内从事黄/红麻研究的单位机构也屈指可数，黄/红麻的前景比较暗淡，特别是年轻研究者的缺乏使黄/红麻产业面临后继无人的窘境。落后的黄/红麻栽培技术不能满足现代农业发展的要求，做好黄/红麻栽培技术创新与储备成为当务之急，国家麻类产业体系的建立为开展黄/红麻栽培技术研究提供了千载难逢的机遇。围绕体系工作的重点，做了如下重要研究。

1．黄/红麻高产高效栽培技术研究

2015 年，完成了体系提出的红麻"637"（即每亩生产 600 kg 原麻、300 kg 嫩叶和 700 kg 麻骨）、黄麻"526"（即每亩生产 500 kg 原麻、200 kg 嫩叶和 600 kg 麻骨）的任务目标。为实现这一目标，团队和多个试验站开展合作，研究从品种筛选、产量构成、群体特征、播种密度、施肥量、施肥方式、水肥需求规律以及生理特性等方面开展了系统深入的研究，筛选出了几十个黄/红麻品种，包括杂交种、常规种以及综合种等，最终筛选出了红优 2 号和 H368 等红麻杂交品种、福红 992 等红麻常规品种以及副红麻 1 号等。在黄/红麻主产区河南信阳、安徽六安、广西合浦以及浙江萧山等地区实现了红麻"637"以及黄麻"526"高产栽培目标，并集成了多套配套栽培技术。2014 年 10 月 21 日，以张德咏为组长的专家组在广西大学进行了测产验收。

2．黄/红麻轻简化栽培技术研究

按照体系的统一部署，团队开展了黄/红麻轻简化栽培技术研究。经过多年多点试验，提出了不同品种的轻简化栽培技术体系。对于红麻，采用杂交种（密度 1 000 株/hm²）+机耕+较高施肥水平（40 kg/亩或者 60 kg/亩）+一次性基肥施入方式+芽前封闭除草（乙草胺），不施药或者少施药，适时收获，可以在产量、品质、成本和绿色环保等方面达到较好的平衡；对于黄麻来说，选用福黄麻 5 号每亩种植 10 000 株、施用 60 kg 复合肥（基肥、追肥各 1/2），芽前封闭除草（乙草胺），不施药或者少施药，可以在产量、品质、成本和绿色环保等方面达到较好的平衡，选用福黄麻4号并采取相应措施也可以获得较好效果。

3. 黄/红麻轻全程机械化栽培技术研究

黄/红麻种植产业劳动强度大，是劳动力密集型的行业，近年来劳动力成本的节节攀升是黄/红麻种植业萎缩的又一个重要的原因。机械化种植是黄/红麻发展的一个重要的推动力量，适应机械化栽培是对现代农业栽培技术提出的新要求，为了实现这一栽培技术，我们联合收获机械岗位专家以及黄/红麻综合试验站的专家，着力研发全程机械化栽培技术。在实践过程中，播种方面是比较容易解决的，但由于黄/红麻植株高大，追肥、施药过程比较难以进行，特别是黄/红麻成熟时植株高达4～6 m，且黄/红麻茎秆粗壮，给机械化收割带来了极大困难，必须摸索出适合机械化追肥、施药以及收获的行距，另外还必须通过用种量、密度、施肥等措施控制黄/红麻株高和茎秆粗细，以便于机械化收割。通过多位岗位专家和试验站站长多年的通力合作，研发出一套适合黄/红麻全程机械化栽培的技术体系（选用杂交种H368或者红优2号，也可选用常规品种992，播种量750 g/亩，封闭除草，基肥一次性施入，适当控制密度，保证每亩成株14 000株左右，宽窄行播种）。2016年10月在江苏省东台市成功举办了黄/红麻全程机械化栽培技术培训和研讨会，培训体系人员、技术骨干以及农民50余人次，为黄/红麻机械化栽培提供了强有力的技术支持。

4. 黄/红麻耐盐碱及耐重金属栽培技术研究

利用非粮食耕地发展黄/红麻产业是一个必然的选择。红麻具有较好的耐盐性以及重金属修复能力，为此我们开展了红麻盐碱地栽培技术研究和红麻重金属地栽培试验。

2011—2018年，我们开展了连续8年的红麻耐盐碱性试验，2011年研究发现在免耕条件下红麻耐盐性要优于翻耕条件。

2012—2015年连续4年在江苏省大丰区开展了黄/红麻耐盐碱性研究，从9个红麻品种中筛选出3个品种，包括超高产杂交组合品种红优2号、H368和杂红992。试验设置了稻草覆盖、塑料薄膜覆盖、施用有机肥、不同密度等处理，采用该栽培技术在大丰区盐碱地进行了示范。2014年10月12日，由国家麻类产业技术体系组织的有关专家，在江苏省大丰区紫荆花集团黄/红麻种植基地，对盐碱地种植红麻高产栽培相关研究任务示范片进行了现场测产验收。在 3 个示范品种中，以红优 2 号产量最高，达到了委托协议规定的"526"高产指标，但 3 个品种间差异不显著。分析 3 个品种的生物产量的构成后可发现，红优 2 号表现高产的原因是后期叶片数明显多于其他 2 个品种且不早衰，麻骨产量明显较高故抗风性强。在江苏省大丰区滨海盐碱地（紫荆花集团黄/红麻种植基地）进行示范，筛选黄麻耐盐碱示范品种为中黄麻 4 号。验收组认为，中黄麻 4 号在高产栽培条件下，田间表现出生长势旺、群体整齐、植株清秀、茎秆耐倒伏等特性，经测产已经达到黄麻盐碱地栽培所规定的考核指标，其高产高效栽培模式可在同类地区扩大推广。

2016—2018 年，团队连同浙江省萧山试验站又在江苏省东台市弶港盐碱地开展了 3 年的定点试验，从品种筛选、栽培密度、除草剂使用、有机肥等处理方面进行了深入的研究，综合 8 年的黄/红麻耐盐碱性的研究，黄/红麻盐碱地栽培技术措施可以归结为：因地制宜，选用良种；深耕细作，施足有机肥；适时早播，合理密植；适当追肥，防止早衰；拔除笨麻，通风透光；适时收获。

同样，在广西壮族自治区河池市的重金属污染矿区、湖北省黄石市的矿区开展了多年的红麻耐重金属试验，明确了红麻栽培的技术要点。

5. 黄/红麻轮作、免耕绿色栽培技术研究

2016—2018 年连续 3 年系统性地开展了大豆-红麻轮作、大豆-黄麻轮作以及油菜-红麻轮作的节本增效试验。研究表明，油-麻轮作可以显著提高红麻（黄麻）生物学产量，有利于提升土地肥力、减少肥料使用量、减轻轮作导致的病害发生，进一步达到节本增效的目的。本试验还提出了轻简化栽培模式：杂交种+复合肥基肥 30 kg/亩+有机质（或者石灰）+芽前封闭除草+每亩 10 000 株，后期不追肥、不除草、不施药。采用轻简化栽培模式每亩可以节省人工 2 个、肥料 20 kg/亩、农药 30 元以上，合计节省成本在 200 元以上。

为进一步降低生产成本，开展了在油-麻轮作条件下的免耕覆盖栽培技术研究，免耕和秸秆覆盖是近年来在国内外发展较快的农作体系，具有良好的生态和经济效益，其主要效应在于免去不必要的传统田间作业，减轻长期犁耕对土壤结构造成的破坏；同时，在减少工作量、降低生产成本的同时，可有效减少水土流失、提高土壤抗侵蚀性、改良和恢复土壤肥力，对提高地力、实现土地的可持续利用有重要作用；而且，秸秆作为能量和养分的载体，含有丰富的氮、磷、钾及微量营养元素，秸秆还田可充分利用秸秆资源，避免焚烧造成的物质能量浪费和对生态环境的不利影响，促进养分资源的循环利用和农业的可持续发展。

二、提供技术服务，助推产业发展

由于比较经济效益较低，国外特别是东南亚地区低价原材料的冲击以及缺乏与主要粮食作物同等的农业补贴，黄/红麻产业在国内面临极大的挑战。经过多年的研发和技术创新，积累了黄/红麻高产高效栽培、轻简化栽培、节本增效栽培、逆境栽培以及全程机械化栽培等多套栽培技术。今后的发展中应主动出击，联系需要技术支持的企业和种植大户并为其提供技术支持。2011—2014 年，栽培与生理岗位团队和萧山黄/红麻试验站金关荣站长为紫金花集团提供了黄/红麻盐碱地栽培技术支持；2016 年通过金关荣站长了解到，江苏众之伟生物质科技有限公司准备在江苏省东台市盐碱地种植红麻并开展红麻综合利用，但是其公司还不具备先进的盐碱地红麻种植技术，团队无偿给予了技术指导和帮助，后来该公司完全采取了团队专家提供的技术措施，种植面积每年在 1 000 亩以上，取得了可观的效益。

第四节　工业大麻

一、不忘使命，悉心服务工业大麻产业发展

工业大麻生理与栽培岗位团队根据麻类产业的企业依赖特征，结合自身在种植业领域的技术优势，针对云南工业大麻种植业包括的纤维用、籽用和花叶用（大麻二酚开发原料）三大板块的现实需求，选择云南省昭通市金成亚麻有限责任公司（纤维用）、石屏县天木麻业农民专业合作社（籽用）和沾益汉晟丰工业大麻种植有限公司（花叶用）等代表性企业，连续多年在这些企业分别开展了以"秆叶高产""籽秆高产"和"花叶高产"为目标的高产高效轻简化栽培技术系列田间试验，总结形成适应不同种植模式的高效绿色栽培技术并进行了大面积推广示范，同时为这些企业培训了技术人员，使企业的科技水平大幅提升。高产高效绿色栽培技术应用后，平均每亩增加秆、叶产量或籽、秆

产量 10%～15%，增加花叶产量 15%～20%，每亩节约生产成本 150～200元，工业大麻产业因此实现了产量上台阶、成本下台阶，该技术深受有关企业和麻农的欢迎。同时由于减少了肥料的施用和流失，不施农药既保证了产品的安全性，也很好地保护了生态环境，社会、经济和生态效益均有显著提升。

二、勤奋探索，实现工业大麻"238"高产目标

工业大麻用途广泛，纤维用于织布、造纸，种子可以开发高级营养品，花叶含有可治疗疑难杂症的大麻二酚（CBD）等成分，茎秆可用于制造新型复合材料。为了适应大麻多用途综合利用的需求，实现工业大麻产量和麻农收入的"双丰收"，国家麻类产业技术体系在"十二五"期间提出了在工业大麻主产区达到"238"超高产的栽培目标，即亩产原麻（麻皮）200 kg、嫩枝叶 300 kg、麻骨 800 kg。

为了实现"238"超高产目标，工业大麻生理与栽培岗位团队内联国家麻类产业技术体系综合试验站（六安大麻红麻试验站、西双版纳大麻试验站等），外联工业大麻种植企业（昭通金成亚麻有限公司等），紧密协作、联合攻关、系统探索。体系成员深入企业和农户，走进田间和地头，调研工业大麻高产栽培存在的问题以及技术难点。针对问题，提出切实可行、节本增效的方案，按照"试验—示范—推广"的模式进行操作。在多点多地的试验中，主要抓住品种、群体结构和肥料这 3 个关键因素，同时不忘"精细、优化管理"等技术目标，先后共设计和执行 30 项次田间试验，经过三年的努力攻关，创制了适应不同地区的"工业大麻超高产栽培技术"方案，包括土壤准备、行距配置、播种量（种植密度）、播种期、肥料管理、杂草防除、病虫防治、适时收获等关键指标。

这项技术方案于 2013—2015 年在云南省勐海县、昭通市昭阳区和安徽省六安市韩摆渡镇共示范应用 240 亩。经专家实地测产验收：2014 年的安徽省六安市韩摆渡镇 30 亩超高产栽培示范中，亩产干皮 225.1 kg、干枝叶 265.2 kg、干麻骨 939.8 kg；2014 年云南省勐海县 30 亩超高产示范中，亩产干皮 217.6 kg、干枝叶 231.6 kg、干麻骨 1 115.9 kg；2015 年云南省昭通市昭阳区 30 亩超高产示范中，亩产干皮 221.0 kg、干枝叶 244.5 kg、干麻骨 837.2 kg。各示范点增产率均在 15% 以上，或每亩皮、叶、秆心三项之和大于 1 300 kg，最终实现了麻类体系提出的工业大麻"238"超高产栽培目标。

超高产栽培技术的推广应用，增加了农民的收入，显著提高了当地农民种麻的积极性。工业大麻种植公司和麻农都夸麻类体系工作的实效性和优越性，麻农甚至编出了顺口溜："工业大麻真是好，山区农民致富宝，种麻脱贫收入高，全靠技术来指导。"

三、聚焦"三效"，研发推广工业大麻轻简化栽培技术

工业大麻综合利用价值较高，种植效益远高于玉米、马铃薯等山区常规作物，是贫困山区农民实现增收脱贫的特色经济作物，但实际上农民种植工业大麻的热情没有预期的那么高。工业大麻生理与栽培岗位团队带着困惑开展了多次调研，深入种植生产一线，走访云南、安徽、黑龙江、山西等地的种植户和种植企业。

通过走访了解到工业大麻种植存在以下几个方面的问题。首先是工业大麻种植整地费工费时，成本较高；其次是幼苗顶土能力弱，对旱涝比较敏感，播种后出苗、保苗不容易；第三是为保证基本苗而加大播种量，却往往出苗过多又必须进行间、定苗；第四是大麻封行前地里杂草较多，需要进行除草，生长过程中还要有 1～2 次追肥，田间管理不简单；最后是收获时需要人工砍麻、分离茎叶和剥制麻皮，劳动强度大、费工多。总而言之，工业大麻的种植过程费时费力，用工较多，劳动强度大，在当今我国农村留守劳动力缺乏的情况下，常因劳动力不足而难以应付，难以大面积铺开。

找到问题的原因固然可喜，但解决问题才是最终的目的。团队成员对走访调研资料进行深入分析，认为工业大麻种植的几个技术环节，即整地、播种、施肥（基肥和追肥）、间定苗、除草、收获都可以优化精简，以减轻劳动强度，节约种植成本，提高经济效益。

有了这个基本思想，工业大麻生理与栽培团队就如何实现大麻轻简化栽培的关键技术问题，进行了潜心的研究，查阅了大量相关文献资料，参考其他大田作物轻简化栽培经验，设计出了工业大麻轻简化栽培试验预案，其核心包括免耕、精细播种、一次性间定苗、简化施肥、化学除草和脱叶。

基本预案有了，但不少问题还需要实际解决和验证，如免耕是否会造成产量下降、选用哪种化学除草剂和脱叶剂以及如何施用才不会影响大麻的生长发育等。为检验预案的可行性，研究团队联合麻类体系有关试验站，在昆明、西双版纳、汾阳、六安等地开展多次多点田间试验，结果证明工业大麻免耕栽培

与常规耕地栽培的产量相当，同时确定了化学除草剂和脱叶剂的种类和施用方法，还验证了 1 次间定苗或适量播种免间苗、适当增量深施长效缓释复合肥（基肥）且免追肥等技术的应用效果，最终总结形成了工业大麻轻简化栽培技术方案。

试验结果有了，轻简化栽培技术方案也构建了，这个方案能否在生产实践中应用？能否被麻农所接受？为此，研究团队再次联合麻类体系有关试验站，在云南勐海、安徽六安、山西汾阳等地进行生产示范，经专家实地验收，轻简化种植工业大麻的产量与传统方法种植的产量相当，每亩节省耕地整地、间定苗、除草、追肥、收获脱叶等费用折合人民币 300 元左右，充分证明了轻简化栽培技术的实用性和可行性，受到麻农的广泛欢迎。

近年来，该技术广泛应用于生产，投工减少，劳动强度降低，成本节约，实得收入提高，为麻农和种植企业带来了实效，增强了农民种植工业大麻的积极性，为部分地区扶贫脱贫开拓了一条新的路径，初步实现了工业大麻生产的社会、经济和生态"三效"齐增的目标。

四、突破常规，创建和推广叶用工业大麻四改栽培技术

叶用工业大麻是近几年随大麻二酚开发热潮而兴起的新生事物，栽培技术有待摸索。针对云南工业大麻主要在山坡地种植、播种期（4—5 月）土壤干旱导致的不能及时播种或出苗严重不足及农村劳动力成本迅速上升、劳动力严重短缺等阻碍产业发展的问题，团队与沾益汉晟丰工业大麻种植有限公司合作，创建了叶用工业大麻"四改"栽培技术。

在技术研制过程中，团队首先考虑降低种植密度，但密度降到多少可行、能不能实现大的突破仍未可知，经过多次降低密度试验，每亩种植株数设定 5 000、3 000、1 000、600、500、400、300 的配置试验，最终证实亩栽 300 株完全可行。但低密度栽培最大的挑战是如何保证全苗，否则产量无法得到保障，为此我们进行了地膜覆盖点播和育苗移栽对比试验，结果证明育苗移栽不仅能保证全苗，而且植株生长整齐、旺盛。其次，针对云南每年 5 月下旬至 6 月上旬才进入雨季，造成叶用大麻早播则因土壤干旱不能正常出苗、而进入雨季再播种则太晚而致使生长期不足的问题，采用雨季前 1 个月进行营养袋育苗、进入雨季后及时移栽的办法，很好地解决了这一难题。再次，为了配合低密度栽培大麻的生育特点，基肥和追肥的施用方法由全层施和撒施改为穴施深

施，大大提高了肥料利用效率，显著减少了肥料施用量，基本消除了肥料随雨水流失。第四，进入雨季后，麻地杂草肆虐，稀植麻地尤为严重，经过试验使用黑色地膜覆盖栽培，基本抑制了杂草生长，不需要人工除草（因产品安全性需要，不能使用除草剂），增强了土壤保水性，也进一步减少了降雨造成的表土冲刷和肥料流失。

通过几年不断摸索试验，刽建了叶用工业大麻"四改"栽培技术，即改全层施基肥、撒施追肥为深施穴施肥料，改常规露地条播为地膜覆盖穴播，改种子直播为迷你营养袋育苗移栽，改习惯的亩栽3 000～5 000株（大群体小个体）为300～500株（小群体大个体）。该技术在企业示范应用的效果非常理想，基本克服了叶用工业大麻生产的障碍因素，平均每亩生产后可用于CBD生产的花叶（去除叶柄、残枝及其他杂质）250 kg以上，在目前还主要靠人力操作的前提下，较好地解决了云南叶用工业大麻生产中的干旱、播期、保苗、抑草、高产、节本、高效、轻简等系列问题，达到了"轻简高效"的目标。

五、另辟蹊径，助推工业大麻进军"三地"

随着社会工业化进程的加剧，人类活动的渗透和过度耕作，土壤盐碱化日益加剧，耕地生产力下降，为解决人类生存和发展问题，宜耕地需要优先种植粮食作物，经济作物势必更多地面向"三地"（山坡地、冬闲地、盐碱地）发展。工业大麻生理与栽培岗位团队开展了工业大麻耐逆性栽培的基础理论和应用技术研究，为工业大麻向边际耕地拓展生存空间奠定了理论和技术基础。

为了工业大麻在盐碱地栽培，我们在筛选出耐盐性较强的品种基础上，联合国家麻类体系大庆工业大麻试验站，针对我国东北地区（以大庆为代表）的盐碱地，通过系列大田试验筛选出适宜的盐碱地改良剂，即基肥施入酸雨石（3 750 kg/hm²），工业大麻原茎产量最高，比其他改良剂如磷石膏、硫酸铝、盐碱土专用肥的效果更佳。这项技术在大庆地区严重盐碱污染土地进行示范应用，获得原茎产量8 822.9 kg/hm²、纤维产量1 994.0 kg/hm²的良好效果，实现了盐碱地的绿色开发。

针对山坡地种植工业大麻的主要障碍——土壤干旱，我们筛选出了抗旱性强的工业大麻品种，研究了一旱缓解剂的应用效果。为解决云南省工业大麻播种出苗期（4—5 月）干旱严重影响大麻适时播种和出苗保苗的难题，岗位团队与云南汉晟丰工业大麻种植有限公司协作攻关，经过多年的系列田间试验，创立了中心内容包括"宽行稀植＋地膜覆盖＋迷你营养袋育苗移栽"的籽用/叶用工业大麻避旱栽培技术，解决了旱地大麻发芽、出苗难题，为实现山区工业大麻高产提供了基础保障，深受麻农的欢迎。

为了进一步提高盐碱地、山坡旱地工业大麻的产量，我们研究了工业大麻对氮、碳、钾的需求规律，提出高产工业大麻的施肥原则为高氮－低磷－低钾或高氮－低磷－中钾（因土壤钾含量而异），同时考虑到氮肥容易因雨水流失，因此建议施肥量和比例为每公顷施纯氮（N）337.5 kg、碳（P_2O_5）37.5 kg、钾（K_2O）75～150 kg，为工业大麻减肥绿色高产栽培提供了可靠的参考。

六、联手企业，工业大麻种植助力扶贫

近年的实践证明，工业大麻是云南省山区农村，尤其是高海拔地区脱贫的高原特色产业。云南高海拔地区传统作物主要是玉米和马铃薯，产值有限，还常因干旱而减产严重，而工业大麻对山区气候适应性好，抗旱性强，产量和收入较为稳定。据此，工业大麻生理与栽培岗位团队提供种植技术指导，有关企业按协定价格收购产品，在一些地区取得良好的扶贫效果。

工业大麻生理与栽培团队在云南省昭通市昭阳区青岗岭乡金瓜村（属于国家确定的集中连片特困的乌蒙山区）开展工业大麻种植扶贫工作。该村 2017 年种植了 315 亩工业大麻，应用近年研究形成的工业大麻综合高产栽培技术，亩均收入 1 760 元，比常年种植的马铃薯亩增收 800 元左右，比玉米每亩增收 500～600 元。315 亩工业大麻合计比马铃薯增收 25.2 万元、比玉米增收 17.325 万元。

云南省石屏县哨冲镇竜黑村（属于国家确定的集中连片特困的滇西边境山区）于 2016 年、2017 年分别种植籽用工业大麻 853 亩和 921 亩，平均亩产麻籽 120 kg，单价 7 元/kg，亩收入 840 元；平均亩产麻秆 450 kg，单价 0.9 元/kg，亩收入 405 元；平均亩产麻糠 50 kg，单价 9 元/kg，亩收入 450 元；种植籽用工业大麻亩收入合计 1 695 元，比当地传统的主要作物玉米亩收入增加 1 050 元。该村因种植籽用工业大麻两年增收 186.27 万元，对村民脱贫贡献显著。

七、着眼未来，我国工业大麻路在何方？

大麻是人类利用最远久的植物之一，其历史至少在万年以上。

大麻被广泛利用并为人类带来福祉的同时，也被非法利用，因此20世纪60年代联合国条约全面禁止种植大麻，至20世纪90年代初期，全球大麻生产降到最低水平。1988年，联合国颁布的《联合国禁止非法贩运麻醉药品和精神药物公约》中有关条款明确规定：大麻植株中THC含量低于0.3%，已经不具备提取THC毒性成分价值，无直接作为毒品吸食价值，专供工业用途的大麻品种可以进行规模化种植与工业化利用。由此产生了"工业大麻"概念。20世纪90年代工业大麻概念逐渐成熟，与之配套的工业大麻品种在欧洲率先育成并推广，工业大麻因此在欧美等地获得法律支持。云南省在培育推广工业大麻品种的基础上于2010年颁布施行了《云南省工业大麻种植加工许可规定》，在国内率先使工业大麻的产业发展走上法制轨道。

世界各国工业大麻合法化进程加速，工业大麻这种古老的作物正在重焕生机。我国作为大麻的起源地和世界工业大麻生产大国，需要在哪些方面加强努力才能保证产业的可持续发展？以下几方面的问题值得思考。

首先，需要政府颁行相关政策法令，同时建立有效的监管机制和队伍，保证产业发展合法合规。其次，必须做好产业发展规划，根据政策、技术和产业基础，基于"明确优势、集中成片、便于监管、突显成效"原则做好产业布局，克服"小、散、乱"现象。其三，需要做好文化宣传，宣传工业大麻的合法性，认识麻类制品不仅具有生态环保、舒适健康之功效，还是中华孝道的载体（如中华传统文化中就有"披麻戴孝"的习俗），使消费者对麻制品的态度由排斥、怀疑变为接受和喜爱，增加消费规模，达到市场引领和拉动产业发展之目的。其四，科技对产业发展的支撑作用仍需进一步强化，政府和企业要一如既往加大相关领域的科技投入和产品开发力度，提高工业大麻的多用途综合利用水平，增加产品类别，提升产业链的整体经济效益，均衡产业链上各环节的利益分配，在这方面国家产业技术体系的运行起到了很好的示范作用。其五，只有机械化生产才能保证产业的可持续发展，我国的劳动力成本不断攀升，劳动力优势正在迅速丧失，目前的工业大麻种植以人力为主，生产成本居高不下，产品缺乏竞争力，产业难以为继，因此需要加速实现机械化生产，方能保障产业的可持续发展。

第五节　剑　　麻

一、高产高效栽培技术助力我国剑麻产业持续稳定健康发展

从 1963 年引入龙舌兰麻杂种 H.116 48 以来，我国持续开展剑麻栽培技术的研究与应用，取得了一系列研究成果。尤其是近年来，依托麻类产业技术体系的支持，我国剑麻栽培技术研究得以继续开展。围绕产业的需求和社会发展趋势，剑麻栽培岗位团队重点进行了剑麻高产高效栽培技术研究。通过高产栽培技术的示范和推广，促进了我国剑麻生产节本增效，有力地保证了我国剑麻产业持续稳定的健康发展。

我国剑麻平均单产总体处于较高水平，但不同产区差距较大。管理技术措施到位的产区鲜叶单产平均每亩可达 10 t、纤维可达 500 kg；最高鲜叶每亩可达 13 t、纤维可达 700 kg。但还有相当大一部分产区剑麻单产仍处于较低水平，鲜叶每亩仅为 3.5 t、纤维仅为 175 kg。这些产区单产较低的主要原因是对剑麻高产栽培技术认识不足、种植管理不到位。

针对这些问题，依托麻类产业技术体系的支持，紧紧围绕项目研究目标（亩产纤维 400 kg，亩产麻渣 500 kg），剑麻栽培岗位团队在广西农垦国有山圩农场开展了剑麻养分综合管理技术研究，在湛江农垦东方红农场开展了剑麻组培苗带根种植技术、剑麻合理种植密度研究、剑麻小行覆盖施肥技术和剑麻病虫害综合防控技术等相关剑麻高产高效技术研究。最后集成了一套适合我国剑麻种植的高产栽培技术方案，并分别在我国剑麻主产区广西和广东建立了 150 多亩示范基地。

通过示范推广和辐射带动，该技术市场占有率达 95% 以上，技术培训人数达 530 人次，取得了良好的经济和社会效益，尤其是在新开垦的剑麻产区效果更为明显。种植技术是新产区农户担心的主要问题之一，示范基地的建设和专业培训很好地解决了他们的难题，特别是在云南产区，当地居民大多没见过剑麻，示范基地建立后，附近村民逐渐在自家土地种植剑麻，基地的社会和经济效益逐渐体现出来。通过高产栽培技术的研发和应用，2016 年我国剑麻平均单产高达 5.2 t/hm²，居世界首位，而世界平均单产仅为 0.9 t/hm²。

近年来，我国剑麻单产均处在较高水平，远高于世界平均水平，并且呈现逐年提高的趋势。这得益于我国剑麻科技人员在剑麻栽培技术研究领域的不断探索和创新，以及不遗余力的推广与应用，保证了我国剑麻全面持续稳定高产。因此，在世界剑麻面积和产量逐年萎缩的情况下，我国剑麻面积和产量仍稳步发展。

随着社会和经济的发展，剑麻生产资料成本不断提高，尤其是劳动成本，因此，剑麻生产在传统高产的基础上还必须注重高效。为此，依托国家麻类产业技术体系，剑麻栽培团队先后开展了一系列节本增效和轻简化栽培技术研究，对剑麻种植过程中的各个环节都进行了新的探索，力求降低生产成本、提高效率。

在耕作环节上，剑麻栽培岗位团队与湛江试验站合作，在广东东方红农场进行了种麻和育苗机械起畦试验与示范。机械起畦不但可以保证起畦质量，且每亩成本比人工起畦降低了 60 元。团队还推广采用机械在剑麻大行间中耕松土，此法可切断麻株老根，促进新根生长。据测定，每年进行中耕培土的麻园单位体积土壤的平均根系量达 23.35 kg/m³，是较差麻园（10.81 kg/m³）的 2.16 倍，麻片产量还可增加 28.74%。此外，还推广应用了机械小行覆土施肥，此法可增强土壤透气性，诱发根系生长，从而促进剑麻植株速生快长（尤其是紫色卷叶病植株恢复生长快），比对照增产 15% 以上。

在施肥方面，首先要确保剑麻肥料种类、配比和数量的合理精准，杜绝资源浪费，以节约生产成本。为此，剑麻栽培岗位团队进一步全面调查了我国剑麻产区的土壤肥力状况，建立了我国剑麻主产区土壤数据库，并在网站上公开发布；并进一步研究和完善了剑麻的矿质营养特性，对不同麻龄营养分配与累积特性进行了详细研究，从而摸清了我国剑麻土壤肥力和剑麻营养特性；通过开展一系列田间肥料试验，确定了我国主要剑麻产区的合理施肥水平；在施肥方式上，剑麻栽培岗位团队进一步明确了剑麻施肥时间和施放位置。通过对我国剑麻高产区山圩农场的调查发现，高产剑麻抽叶旺盛期在 4—10 月，因此速效肥宜在抽叶旺盛期前的 3—4 月施用，而麻渣、石灰、钾肥则最好在冬季施用，以提高麻株抗寒力，并积蓄剑麻长势。麻渣科学及时还田可极大地补充已收割叶片所带走的各种主要营养元素，新鲜麻渣中各营养元素含量大致为氮 1.50%、磷 0.39%、钾 2.88%、钙 3.86%，500 kg 麻渣干物质共含氮 7.50kg、磷 1.95kg、钾 14.40kg、钙 19.30kg；我们通过研究剑麻小行施肥培土技术发现，小行覆土施肥可增强土壤透气性，诱发根系生长，从而促进剑麻植株速生快长，而我国多年的生产实践表明，平地剑麻以大行双沟施肥为主，坡地以穴施为主，因此，我们总结出剑麻生产中应因地制宜，综合使用小行覆土施肥、大行双沟施肥和大小行间穴施的施肥方式。

施肥是剑麻种植管理的重要环节之一，也是劳动力消耗较大的环节。为了提高施肥效率，剑麻栽培岗位团队与湛江试验站合作，重点进行了剑麻机械化施肥试验与示范，在平地麻园进行了大行双沟施肥和小行覆土施肥机械化试验和示范。通过机械替代人工施肥，有效降低了用工成本，提高了施肥质量，从而大大提高了剑麻生产效益。机械施石灰可保障撒施均匀、中和土壤酸性达到最佳效果，并且钙的利用率提高了50%以上，每亩减少浪费和降低人工费用达30元以上。机械施肥覆土可提高工效80倍以上，每亩降低人工费用25元以上。此外，为了进一步降低成本、提高效益，剑麻栽培岗位团队还对剑麻水肥药一体化技术进行了试验示范，该技术可保障源源不断地满足剑麻生长所需要的水肥，促进剑麻快速生长，产量增加10%以上，尤其是在剑麻育苗阶段，采用水肥药一体化可以保证剑麻种苗快速健康生长。在施药技术上，团队在平地麻园试验示范了机械喷药和撒药，不仅大大提高了工效，还可避免人员中毒，每亩可节省成本80元以上。

二、石漠化山地剑麻固土保水生态恢复技术助推西部山区脱贫

剑麻耐贫瘠耐旱，环境适应性强，可在贫瘠、干旱的山坡和丘陵地带以及石漠化山地种植。广西平果县十多年的剑麻种植实践表明，剑麻是我国滇桂黔石漠化治理的理想经济作物。我国滇桂黔石漠化片区多为边远山区，经济欠发达，人民收入水平低，而这些地区拥有大量的石漠化山地，多年来由于没有合适的经济作物，一直闲置，如果这些山地用来种植剑麻，不但可以带来良好的生态效益，同时还能产生可观的经济和社会效益。近年来，在国家麻类产业技术体系的支持下，剑麻栽培岗位团队创建了剑麻石漠化坡地种植技术，在石漠化地区云南广南县和广西平果县，提出了一套剑麻固土保水生态恢复种植技术方案，并开展了剑麻固土保水和生态恢复技术示范与推广，剑麻种植均可降低土壤侵蚀模数（平均降低65.2%），表明种植剑麻具有较高的水土保持效益，其中10°坡的效果最好，土壤侵蚀模数降低87.5%，15°坡降低78.0%，20°坡降低30.2%。剑麻栽培岗位团队还和南宁试验站团队共同在滇桂中度和重度石

漠化地区进行了试验示范与推广，并提供了栽培技术支撑。分别在广西平果县旧城镇和云南广南县篆角乡建立了示范基地，剑麻栽培岗位团队每年都对两地剑麻产区工作人员及附近麻农进行多次专业技术培训，展示石漠化山地剑麻种植技术和效果。

目前，广西平果县依托同利剑麻合作社，剑麻种植面积已达 3 万多亩。该产区已初步形成完整的"生产—加工—销售"体系，并建有剑麻制品厂。石漠化坡地亩产干纤维约 300 kg，干纤维收购价 7 元/kg，种植剑麻每年可为当地麻农带来约 6 300 万元收入，经济效益非常可观。云南广南县依托凯鑫企业下属的冲天剑麻科技开发有限公司，并同附近村民成立了剑麻合作社，目前剑麻种植面积已达 3 000 多亩，并建有剑麻加工厂，采用大机刮麻。该地区属于少数民族聚居地，经济还比较落后。在剑麻管理和加工过程中需要不少劳动力，而附近村民，尤其是偏远山区的少数民族村民可以从中获得一定收入，这些收入有力地解决了大量贫困山村村民的生活问题，因此，该地区的剑麻种植业给当地带来了巨大的社会效益和经济效益，这也是我们剑麻栽培岗位不遗余力支持该地区发展剑麻产业的主要动力。同时，通过几年的示范和推广，当地村民也逐渐将自家闲杂土地种上了剑麻，预计未来几年该地区剑麻产业将能产生更多的经济和社会效益。

三、不忘初心，积极探索我国剑麻种植业的发展方向

围绕产业的需求，剑麻栽培岗位团队将继续开展剑麻高产优质栽培、轻简化栽培、病虫草害防控技术的研究与集成，形成与优良品种配套的高产高效模式化种植技术，包括不同区域剑麻和不同生长期剑麻对肥料营养的需求量以及精量施肥技术研究，水肥耦合效应及高产根系培育研究，开花生理及推迟开花技术研究，生长调节剂的筛选与使用，并加强剑麻种苗提纯复壮、剑麻连作障碍与持续高产、剑麻健康土壤评价与治理、剑麻高产高效栽培基础等方面的研究。此外，还将继续开展剑麻重大有害生物的成灾规律研究，如剑麻斑马纹病、茎腐病、剑麻紫色先端卷叶病及新菠萝灰粉蚧和麻田草害的分布、特点和流行规律；剑麻重大有害生物的快速检测技术研究，建立预警技术体系；剑麻有害生物的生物防治、化学防治、物理防控和生态调控以及剑麻有害生物综合防控技术研究，开展病虫草害与极端气候条件下的灾害防控。

随着社会的发展，我国剑麻种植业也将发生重大转变，其中轻简化栽培将

成为我国剑麻种植的必由之路，剑麻轻简化栽培包括种植各个环节的轻简化，如耕作、育苗、移栽、肥药管理、收割、废弃物回收利用等。除了轻简化栽培，我国剑麻种植业还将向绿色和生态生产发展，剑麻生产中各个环节也必将朝着绿色和生态的方向发展，包括肥料的减量化、农药的无害化和加工的清洁化等。因此，作为剑麻栽培研究科技工作者，剑麻栽培团队将会继续进行剑麻轻简化栽培技术的研究与推广应用，为我国剑麻的节本增效生产贡献力量，同时继续为剑麻的生态栽培和绿色生产做出不懈努力，努力提供技术支撑，争取各方政策支持。

四、助推学科建设，培养专业人才

依托麻类产业技术体系的支持，剑麻栽培岗位团队创建了剑麻科技信息网，同时时刻关注国际、国内前沿动态，与湛江剑麻试验站、南宁剑麻试验站加强交流协作，紧密结合综合试验站开展工作，十年来共培养研究生 19 名，其中博士研究生 2 名、引进博士 1 名、硕士 1 名。团队有研究员 2 名、副研究员 2 名、助理研究员 3 名、研究实习员 1 名。

依托产业体系资金的支持，团队获批国家自然基金项目 2 项、基本业务费项目 3 项，极大地加强了基础设施建设，稳定了剑麻研究队伍，巩固和扩大了剑麻的推广队伍。团队还协助湛江剑麻试验站、南宁剑麻试验站在剑麻栽培、剑麻施肥、剑麻病虫害防治、副产物饲喂山羊等方面完成了约 960 人次的技术培训任务。

第六节　重金属污染与土壤修复

日益加剧的土壤重金属污染问题是目前严重制约我国农业可持续稳定发展的重要因子之一。根据 2014 年发布的《全国土壤污染状况调查公报》，我国约有 2 000 万 hm^2 耕地受到了不同程度的重金属污染，其中中度、重度污染面积近 333.3 万 hm^2，且大多分布在经济发达地区和长江中下游平原地区，主要污染物为镉、砷、铅等元素。如何实现重金属污染耕地的农业安全与有效利用、确保其农用地性质，不仅关系到我国的粮食安全和农产品质量安全，也关系到"两型社会"的建设和绿色发展，对维护社会稳定、改善生态环境、提升农产品竞争力等均有重要意义。

以苎麻为代表的麻类作物，因其生物学产量大、抗逆性强、种植技术相对简便且原麻产品的经济价值较高、产业发展空间较大，是重金属污染农田尤其是重度污染农田实现替代种植、土壤修复的重要靶向农作物，是重金属污染耕地尤其是重度污染农田实现农业安全与有效利用的主要途径。为此，国家麻类产业技术体系重点开展了强耐重金属污染的麻类作物品种筛选、重金属污染地区麻类作物高产高效栽培技术创新、苎麻镉耐受性及其修复潜力与机理的探讨、麻类作物修复治理农田重金属污染高效模式创建等工作，并取得了预期成果。

一、筛选品种，奠定基础

以镉、铅等重金属元素为主攻靶向，团队通过盆栽试验、田间微区试验和大田中试等技术手段，开展了强耐重金属污染的麻类品种筛选工作，为重金属污染地区的农田实现农业安全与有效利用提供了最基本、最可靠的源头控制技术保障。

经过近十年的努力，筛选并确定了以下可在重度污染农田上推广应用的品种：

①苎麻。主要有富顺青麻、沅苎2号、湘苎3号、中苎1号、华苎3号、华苎4号、华苎5号、川苎5号、川苎7号、川苎8号、赣苎4号等品种。

②红麻。主要有中红麻11、中红麻12、中红麻13、中杂红305、ZH-01、浙红3号、福红13、闽红298、芙蓉红麻369、闽红964等品种。

③黄麻。主要有湘黄麻3号、中引黄麻1号、中引黄麻2号、黄麻179、福黄麻3号、闽黄麻1号等品种。

④亚麻。主要有黑亚10号、黑亚14、黑亚18、吉亚3号和云亚1号等品种。

上述麻类作物品种即使在土壤镉超标10倍、铅超标5倍的重度污染农田上也能正常生长，其产量与一般农区无显著差异。

二、创新技术，助力发展

团队在开展强耐重金属污染品种的同时，也积极开展技术创新，研究与之相配套的高产高效栽培技术并编制技术规程，为重金属污染地区的农田实现农业安全与有效利用提供技术支撑，助力重金属污染地区麻类产业的发展。团队根据降水、田间渍水和地下水位等环境因素对土壤重金属活性的影响等长期定位试验的观测结果，研究制定了重金属严重污染地区新建麻园的厢面宽、沟宽、沟深等麻园建设的田间施工参数；依据研究发现的麻类作物对土壤重金属不同含量均有不同的反应（较低浓度促进生产，较高浓度抑制生长）这一特性，研究制定了在重金属严重污染地区种植麻类作物的特殊措施或相关技术参数，并据此初步制定了重金属严重污染地区麻类作物的高产高效生产技术规程。

以苎麻为例，其高产高效生产技术规程的主要内容如下。

1．麻园建设

翻耕：选择晴天进行深耕土壤，其翻耕深度以 30～35 cm 为宜。

分厢起垄与开沟：为便于机耕机收，麻园分厢起垄的厢宽定为 4.5 m，其厢面要整成龟背形，土块挖碎，于直（穴）播或移栽麻苗前 4～5 d 内完成分厢起垄、开沟整地等麻园田间建设任务。麻园分厢起垄的垄长应控制在 25 m 以内，超过 25 m 时则须加开一条腰沟；麻园内每隔 4～5 厢需开挖一条主沟，四周开挖围沟，主沟、围沟沟深为 40 cm，腰沟沟深为 50 cm；沟宽不小于 50 cm。

施基肥：于整地结束后立即每亩施腐熟枯饼或商品有机肥 150～200 kg、过磷酸钙 50～75 kg。

2．栽培关键技术

品种：选用生物学产量高、富集镉能力强的湘苎 3 号、中苎 1 号、富顺青麻等品种。

密度：每亩种植 3 000～3 300 蔸。采用宽厢面（4.5 m）、双宽窄行（即每厢两边各 4 行穴播或移栽）栽种模式，行距为 70 cm、蔸距为 40 cm，厢中间预留机耕机收通道（冬季用于种植绿肥），并及时查蔸补苗，确保 3 000 蔸/亩的种植密度。

中耕：头年破秆麻中耕 3～4 次，二麻、三麻各中耕 2～3 次，中耕以蔸际、浅行间深为宜。

追肥：头年破秆麻追肥 3～4 次，先少后多，以每亩 12～15 kg 尿素、5～6 kg 氯化钾和 8～10 kg 水溶性有机肥为宜；头年二季麻、三季麻每季各追肥 2 次，从第二年起每季苎麻追肥 1 次，在前季收获后 15 d 内施用，其肥料种类、施用数量与头麻一致。

破秆：麻苗移栽后 85 d 左右，当麻茎黑秆 3/5 以上、中下部叶片脱落、下季幼苗已出土、手扯麻株皮骨易分离的时候，在离地 2 ～ 3 cm 处剪秆收获，即为破秆。为防止无效分株，轻度污染农田新植麻园的破秆时间要比中度污染的提早 3 ～ 5 d。

病虫害防治：苎麻最常见的病虫害主要有根腐线虫病、花叶病及赤蛱蝶、黄蛱蝶、夜蛾等。每亩用 2 kg 含量为 10% 的硫线磷颗粒剂拌土 50 kg 撒施，可防治苎麻根腐线虫病；每亩用 40 ～ 80 ml 含量为 35% 的异丙威 800 倍液在花叶蝉若虫盛发期喷雾，可防治苎麻花叶病；每亩用 40 ～ 80 ml 含量为 2.5% 的溴氰菊酯兑 45 kg 水在幼虫群聚地或盛孵期喷雾，可防治赤蛱蝶、黄蛱蝶和夜蛾。

冬培：每年三麻收获后，必须开展麻园中耕、挖除伸向行间部分的跑马根、厢面覆土培肥、清沟护蔸等旺间冬培管理工作，以确保来年头麻即第一季麻的丰产。麻园冬培管理的技术要点可按《苎麻栽培技术规范》（DB/T384—2008）的相关要求进行，但培肥过程中提倡施用如氯化铵、硫酸铵、硝酸铵之类等生理酸性氮肥和过磷酸钙等化学酸性磷肥。

三、探明机理，提供技术

团队系统地探讨了以苎麻为代表的麻类作物对镉等重金属的耐受能力、累积特性及其对镉污染农田的修复潜力、作用机理，为在重金属污染地区快速发展麻类产业提供技术支撑。

1. 苎麻对镉的耐受性及其修复镉污染土壤的潜力

团队通过田间微区试验，研究了富顺青麻（浅根串生）、大红皮 2 号（中根散生）和湘苎 2 号、湘苎 3 号、中苎 1 号（均为深根丛生）等 9 个苎麻不同根型品种对镉的耐受性及其修复潜力，结果表明：①在本底值为 1.72 mgCd/kg 的重度污染农田中外源添加 2 ～ 100 mgCd/kg 土，9 个苎麻品种均可正常生长，且低量镉处理（外源添加量 < 10 mgCd/kg 土）能显著促进其生长；当外源添加量达到 100 mgCd/kg 土时，9 个供试苎麻品种中原麻减产最多为 27.6%，预测原麻减产 50% 时的土壤镉含量需达到 130 mg/kg 以上。②不同苎麻品种各部位的镉含量差异大，其根系的镉含量远高于茎和叶，但镉在 9 个供试苎麻品种各部位的分布规律均是根 > 茎 > 叶，其均值比为 4.35 : 1.68 : 1.00；麻壳的镉含量最高，分别是麻骨的 5～7 倍、原麻的 9～20 倍。③外源添加量在 65 mgCd/kg 土以内时，随着添加量的增大，苎麻地上部（包括麻壳、麻骨、麻叶和原麻）累积富集的镉为 5.7～52.6 mg/m²，当外源添加量为 65 mgCd/kg 土时达到最大值，但其地上部的镉富集系数在 1.01～4.55 的范围内逐渐减小，表明苎麻不是镉的超富集植物。预测结果显示，在保证切断污染源、苎麻地上部全部离田的前提下，利用苎麻将镉含量为 1.72 mg/kg 的本底土壤降至国家环境质量标准 0.3 mg/kg 以内需 20 年以上。④根据供试各品种对镉的耐受性和地上部的总产量、原麻产量、镉富集累积量及镉富集系数等方面综合评价的结果，推荐富顺青麻、湘苎 3 号、中苎 1 号三个品种作为重度污染农田进行替代种植、土壤修复的首选品种。原麻中累积的镉量仅占苎麻地上部富集累积镉量的 8%～10%，因此，收获后的麻壳、麻骨、麻叶等地上部废弃物需及时离田并集中进行无害化处理，以增强其修复效果，防止二次污染。

2．苎麻对镉胁迫的响应及其对其他重金属吸收能力的影响

团队以中苎 1 号、湘苎 2 号和湘苎 3 号三个苎麻品种为供试材料，研究了苎麻对镉胁迫的响应及其吸收积累铅、铜、锌、镍等重金属的能力，结果表明：在外源添加量为 0～10 mgCd/kg 土时，中苎 1 号和湘苎 3 号两个品种的有效株为 15.7～29.0 株/m²、生物量为 0.67～1.01 kg/m²、原麻产量为 55.4～76.8 g/m²，显著高于对照品种湘苎 2 号；随着土壤镉添加量的增大，三个品种地上部的镉含量及其累积量均显著增加，最高可达 61.5 mg/kg 与 49.6 mg/m²，表明苎麻对镉具有较强的富集能力，但其累积量并未达到镉的超富集植物水平；镉胁迫条件下，三个品种对铅、铜、锌、镍等重金属元素的吸收因元素种类的不同而异，中苎 1 号对铅、镍的吸收呈现出随镉添加量增多而增大的趋势，湘苎 3 号对锌、镍的吸收则呈现出随镉添加量增多而减少的趋势，但土壤镉添加量对三个品种铜元素的吸收量影响并不明显。

3．苎麻体内镉的亚细胞分布与耐镉机理

团队以湘苎 3 号和中苎 1 号两个强耐镉污染的苎麻品种为供试材料，对苎麻各部位亚细胞组分的分布特征进行了研究，以期把握苎麻的耐镉机理，研究结果表明：在本底值为 1.72 mgCd/kg 的重度污染农田中外源添加 2～100 mgCd/kg 土，两个品种根部细胞中的细胞壁（F1）、细胞器（F2）和可溶部分（F3）各组分的分配比例分别为 77.5%～83.0%、4.0%～4.7% 和 12.6%～18.5%；茎部细胞中的各部分比例分别为 77.7%～80.3%（F1）、

8.1% ～ 13.8%（F2）和 7.4% ～ 12.3%（F3）；叶部细胞中的各部分比例分别为 56.1% ～ 63.1%（F1）、14.2% ～ 18.3%（F2）和 22.8% ～ 25.6%（F3）。表明进入到苎麻根、茎、叶各部位中的镉，均主要分布在细胞的细胞壁中（占比可达 56.1% ～ 83.0%），其次是分布在细胞的可溶部分（7.4% ～ 25.6%）与细胞器（4.0% ～ 18.3%）中；当外源镉添加浓度增大时，根、茎、叶各部位细胞中的细胞壁镉含量所占比例有所下降，其原因可能是高浓度的镉使其细胞壁受到了损伤，且根细胞中的可溶部分所占比例有所提高，茎细胞中的可溶部分所占比例则有所降低，而茎、叶细胞中的细胞器所占比例有所增加。分析认为，苎麻通过在细胞壁中累积、储存大量镉来适应环境的镉胁迫，这可能是苎麻具有较强耐镉胁迫能力的重要机制之一。

四、创建模式，提高效益

创建并不断优化重金属污染农田的麻类作物种植模式，可提高麻类作物修复治理农田重金属污染的效益并提高植麻农民的收益。

1．镉污染农田苎麻强化萃取休耕技术模式

植物强化吸收萃取修复方法是一种较经济实用、可有效降低二次污染的重金属污染耕地治理式休耕方式，可实现污染农田的边生产、边修复的目的。该模式是对重金属污染农田替代种植作物高产栽培、土壤重金属激活去除、作物替代种植产品及副产物无害化处置与有效利用、土壤酸化调理与养分提升等关键技术的组装集成再创新，团队针对该模式开展了为期 3 年的试验示范，取得了较为理想的去除土壤重金属与培肥地力的效果，突破了农田重金属污染全方位修复治理与安全高效利用的技术瓶颈。初步研究表明，第一年、第二年在不移除麻根的情况下，苎麻对镉的萃取移除量分别为 1 g/ 亩与 2 g/ 亩，第三年因移除了麻根，其萃取移除的镉量可达 7 g/ 亩左右，3 年累计约 10 g/ 亩。

2．亚麻 – 黄/红麻高效复种制

替代种植非食用的农作物尤其是经济作物是重度污染耕地实现边生产、边治理，确保其农用地性质最经济、最有效的方法。团队创建的亚麻 – 黄/红麻高效复种制中，亚麻、黄/红麻的产量均达到了我国南方麻区的高产水平，且原麻纤维中的重金属含量可控制在相关标准限定的范围内，其产值可达到 24 750 ～ 27 000 元/hm^2，远高于苎麻当年的产值，是重金属严重污染地区调整产业结构、实现安全生产与高效利用的重要方向。

第四章　病虫草害防控

国家麻类产业技术体系运行十周年以来，病虫草害防控功能研究室在各岗位（"十一五"和"十二五"期间的线虫与病毒病防控、虫害防控、病害防控、杂草防控；"十三五"期间的病毒与线虫防控、病虫害防控、杂草防控）的相互配合下，在各研究团队的协作下，麻类病虫草害研究方面取得了一系列的进展。

第一节　研究背景

自古以来，麻类纤维就是我国主要的纺织原料之一。苎麻原产于我国，素有"中国草"之称；大麻是我国最古老的天然作物之一，品种数量，居世界第一。我国的麻类作物分布跨越热带、亚热带、北温带，是我们出口创汇的重要农产品之一。随着麻类纺织产品档次的提高和多用途产品的开发利用，优质原料生产成为必须攻克的关键技术之一。生产上，麻类病虫草害的发生是制约麻类纤维原料品质的重要因素之一，然而，十多年前我国对麻类重大病虫草害的研究还不系统，甚至是空白。造成麻类生产上病虫草害防控技术问题异常突出，主要表现在如下几个方面。

1．防控技术落后

生产上应用的麻类病虫草害防控技术几乎是停留在 20 世纪 90 年代前期的水平，不能满足新时期现代农业发展的要求。技术的落后往往造成防治不适时、防治效果不理想。

2．化学防控不当

21 世纪初，麻田病虫草害防控过度依赖化学防治，不仅造成农药的滥用，而且严重杀伤害虫天敌，破坏麻田生态系统，给生态环境和人类健康造成不良影响。同时，农药的滥用也致使病虫草害抗性问题日益突出，防治成本增加，麻田病虫草害防控难上加难。

3．防控技术单一

麻田重大病虫草害的防控没有其他植保技术的有效配合和大力支持，病虫草害防控技术单一，没有形成完整的技术体系，重大病虫草害综合治理未能取得突破性进展。

4．研究人员紧缺

麻类病虫草害防控没有一支相对稳定的麻类病虫草害防控的研发团队，防控工作长期处于半瘫痪状态，缺乏大量基础数据，连我国麻类作物病虫草害的总体发生概况都不完善，更谈不上技术创新。

因此，在阐明麻类重大病虫草害成灾规律和机制的基础上，对这些重大病虫草害的防控技术进行研究，明确病虫草害抗药性与治理方案，筛选出安全、高效的生物或生化农药制剂，集成以利用抗性品种为基础，生态调控、物理防治、生物防治和化学防治相协调的综合防控技术体系。为麻类病虫草害的有效防控提供有力的技术支撑，为保障我国麻类产业的持续健康发展和推进实施乡村振兴战略建设，具有重要的社会、生态和经济意义，应用前景广阔。

第二节　麻类作物病虫草害防控技术研究进展

一、麻类作物病虫草害发生的调查数据

麻类作为主要经济作物之一，一直以来均以粗放管理的模式进行生产，病虫草害一旦发生，往往造成不可逆转的损失。农民对麻类作物病虫草害的了解甚少，除了思想上缺乏重视外，更重要的是农民缺少了解麻类病虫草害的途径，缺乏相关部门对病虫草害发生的预警与防控指导；在国家层面，与其他作物病害相比较，麻类病害研究显著滞后。因此，自体系成立以来的十年间，为了彻底摸清全国麻病虫草害发生种类及为害程度，病虫草害防控功能研究室的各个岗位家专结合麻类体系的各个试验站对麻类主产区进行了大量采样，对麻类作物的病虫草害的发生危害进行了较为全面的调查，并在此基础上对病虫草害的基础生物学进行了研究，填补了麻类作物病虫草害系统研究的空白。

1．苎麻病虫害调查

为了弄清麻类作物病虫害发生的情况，各个研究岗位根据苎麻病害发生的

种类，对苎麻发生的 10 种病害和 9 种虫害在各个苎麻主产区进行了详细的调查。通过对江西、湖南、湖北、四川、重庆等地苎麻种植区调查发现苎麻根腐线虫病是为害最严重的病害，且有发病率逐年上升的趋势，尤其在多年复种的苎麻种植地块，此病害多为种植户忽略，所以容易造成作物绝产。

湖南沅江产区发生的中等为害病虫害有苎麻根腐线虫病、苎麻炭疽病及苎麻夜蛾；发生程度较轻的有立枯病及苎麻天牛、红蜘蛛、卜馍夜蛾、赤蛱蝶、黄蛱蝶、灰巴蜗牛等。

湖南南县产区发生的中等为害病虫害有苎麻角斑病及苎麻夜蛾、苎麻天牛、红蜘蛛、灰巴蜗牛，发生程度较轻的有苎麻炭疽病、立枯病及苎麻天牛、红蜘蛛、卜馍夜蛾、赤蛱蝶、黄蛱蝶、灰巴蜗牛等。

四川达县产区各种病虫害发生程度均较轻；四川大竹县产区的苎麻炭疽病、苎麻夜蛾为害程度较严重，苎麻天牛发生程度中等，苎麻花叶病、苎麻根腐线虫、苎麻白纹羽病、苎麻炭疽病、苎麻角斑病、苎麻立枯病、苎麻赤蛱蝶发生程度较轻；四川邻水县苎麻夜蛾发生程度严重，苎麻角斑病、蛴螬发生程度中等，苎麻炭疽病、苎麻立枯病、苎麻天牛发生程度较轻。江西宜春产区中苎麻根腐线虫病、苎麻赤蛱蝶、苎麻黄蛱蝶为害程度较严重，苎麻青枯病（苗期）、苎麻夜蛾发生程度中等。湖南张家界产区中苎麻夜蛾发生程度严重，赤蛱蝶和黄蛱蝶发生程度中等，苎麻疫霉病、苎麻卜馍夜蛾、苎麻横沟象没有发生，其他病虫害发生程度较轻。

湖北咸宁和重庆涪陵产区中苎麻根腐线虫病和苎麻花叶病发生程度较轻，其他病虫害都很少发生。

2．亚麻病虫害调查

各个研究岗位根据亚麻病害发生的种类，对亚麻发生的 13 种病害和 15 种虫害做了详细的调查。通过对亚麻产区的调查发现，亚麻病害总体上发病较少，亚麻白粉病、亚麻立枯病和亚麻菟丝子零星发生并为害亚麻。

新疆新源县、温泉县、阜康市产区中亚麻炭疽病、白粉病、锈病、斑点病、枯萎病、立枯病、顶枯病、假黑斑病及跳甲、蜷象、蛴螬、蚜虫、根结线虫、黄地老虎、显纹地老虎为害较轻。新疆新源县产区中亚麻白粉病发生程度中等，共有 0.6 万亩麻田中有此病害发生，病株率达 35%。通过对新发生的亚麻根结线虫病的研究，发现寄生的根结线虫比较少，没有达到发病的线虫数量，这可能与当地干燥的气候有关。

黑龙江兰西县、明水县、嫩江县产区中，亚麻炭疽病、白粉病、锈病、斑点病、枯萎病、立枯病、褐斑病及夜蛾、草地螟、甘蓝夜蛾为害程度较轻。黑龙江哈尔滨产区中亚麻炭疽病发生程度中等，发生面积为 0.5 万亩，病株率为8%；亚麻白粉病发生程度中等，发生面积为 0.5 万亩，病株率为90%；亚麻立枯病发生程度轻，发生面积为 0.5 万亩，病株率为4%。发病较轻的还有亚麻斑点病、亚麻枯萎病、亚麻茎褐腐病及草地螟、黏虫等。

黑龙江嫩江产区中亚麻锈病、亚麻斑点病、亚麻炭疽、亚麻白粉、亚麻立枯病及亚麻夜蛾发生程度较轻；兰西县产区中黏虫为害严重，亚麻白粉病、亚麻锈病、亚麻立枯病及亚麻夜蛾、草地螟、甘蓝夜蛾发生程度较轻；明水产区中亚麻炭疽病、白粉病、斑点病、枯萎病、立枯病及夜蛾、黏虫为害程度较轻，其他病虫害无发生。云南大理产区中亚麻白粉病发生程度严重，亚麻炭疽病、亚麻立枯病及黏虫、蚜虫发生程度中等，亚麻锈病、亚麻斑点病、亚麻枯萎病及甜菜夜蛾发生程度较轻。

3．黄/红麻、大麻、剑麻病虫害调查

通过对河南、福建、广西、浙江等地进行黄/红麻病害发生情况的调查发现，为害黄/红麻最严重且发病率极高的是由立枯丝核菌、炭疽菌和镰刀菌共同引起的倒伏，有的品种此病发生率高达50%以上。而造成该病害流行的原因主要是多年连作和根结线虫病的发生，根结线虫损伤根部，加剧了病害的发生蔓延；台风等恶劣天气造成田间积水、麻株倒伏等，加重了两种病害的发生。值得注意的是，由根结线虫引起的根结线虫病、由媒介害虫和病毒共同危害引起的红麻病毒病也已逐渐上升为主要病害；媒介害虫主要危害红麻嫩梢，麻株的生长点受到破坏，从危害部位下部出现丛生，严重影响了红麻的产量和品质，同时造成了病毒病的大规模传播，使叶片皱缩发黄，严重时整株枯萎；根结线虫病具有一定的隐蔽性，尚未引起麻农的重视；对于这两种病害，应及时对农民进行技术指导，使他们尽早对病害进行预防和控制。

对云南、安徽、山西、黑龙江等省大麻种植区的调查结果显示，大麻顶枯病、灰霉病和霜霉病是当前大麻生产上的主要病害。对生产影响最大的是顶枯病，因其在生长点发病，造成麻纤维在生长点断裂，影响麻纤维的长度和正常脱麻，致使麻纤维产量下降且商品价值低劣，虽然经防治后可从原生长点两侧产生新的侧枝，但已无法挽回损失。

剑麻主要种植区为热带和亚热带区域。调查发现，剑麻斑马纹病和剑麻紫色先端卷叶病是剑麻生产上的主要病害，新菠萝灰粉蚧是传播剑麻紫色先端卷叶病的媒介害虫。广东东方红农场中此 3 种病虫害的发生均较严重，植株被害率约为 10%。

4．麻类作物草害调查

团队调查了山西、黑龙江、云南工业大麻田，新疆、吉林、云南亚麻田，广西剑麻田和湖南、四川苎麻田等麻类作物田中的主要为害杂草种类调查结果显示：北方麻类作物田杂草主要为禾本科杂草和阔叶杂草，其中以菊科蒲公英、苦麦菜（黑龙江、山西），藜科杖藜（山西），苋科反枝苋（黑龙江、山西），禾本科稗、狗尾草（山西）等对工业大麻为害严重；新疆伊犁地区杂草有 9 科 26 种，禾本科杂草狗尾草、稗、野燕麦和阔叶杂草灰绿藜、卷茎蓼是亚麻田和胡麻田的优势杂草种群，部分地区列当为害十分严重；南方苎麻地杂草总计达 13 科 100 余种，其中以禾本科杂草最多，以看麦娘、早熟禾、狗尾草、棒头草等禾本科杂草为优势种群。菊科居次，其他科如藜科、十字花科等杂草数量较少，黄/红麻地杂草有 8 个科 20 余种，马唐、千金子、牛筋草、异型莎草、马齿苋、铁苋菜和皱叶酸模为优势种群；云南亚麻和大麻种植区杂草种类有 30 科 120 余种，其中以菊科、禾本科、蓼科、十字花科、莎草科、玄参科和唇形科杂草为主，双子叶杂草占 76% 以上，繁缕、牛膝菊、睫毛牛膝菊、齿果酸模、荠菜、碎米荠、棒头草、野燕麦、大野豌豆、天蓝苜蓿、看麦娘、野油菜、辣蓼等 26 种杂草为优势种；剑麻田杂草有 21 科 100 余种，主要有马唐、狗尾草、喜旱莲子草等，优势种为红毛草、大黍、白茅、短颖马唐、飞机草、假臭草、羽芒菊和含羞草。在新建麻区，恶性杂草容易突发，如湖南祁阳于 2016 年开始种植红麻，2018 年 7 月突然大范围暴发菟丝子，对红麻产量与品质造成巨大危害，严重损害了麻农利益。

杂草发生的种类、时期、密度与前茬作物和田期温湿度有关。以云南大理亚麻田杂草发生为例，如前茬作物为玉米或地势高土壤含水量低的亚麻田，能满足睫毛牛膝菊+繁缕+宝盖草+齿果酸模+棒头草+看麦娘+野燕麦群落的生长；若前茬作物为水稻或背阳性大、地势低凹的田块，土壤含水量高、环境阴湿，杂草优势种群落主要有两种形式，一是以多种阔叶杂草共同构成的优势群落，如繁缕+天蓝苜蓿+碎米荠+牛膝菊+野油菜+齿果酸模+辣蓼等，二是以 2～3 种禾本科杂草与其他阔叶杂草组成优势群落，如棒头草+早熟禾+繁缕+碎米荠+荠菜+大野豌豆+宝盖草+齿果酸模+牛膝菊等。

二、麻类作物病虫草害的为害损失研究

为了摸清楚主要的病虫害对麻类作物产量损失的程度，病虫草害防控功能研究室选择了苎麻的主要病虫害包括苎麻根腐线虫病、苎麻花叶病、苎麻夜蛾和亚麻的主要病虫害亚麻白粉病等，研究其为害特点和对作物造成的损失。按照生态区，选择苎麻的主产区湖南沅江、重庆涪陵、江西宜春和亚麻主产区新疆伊犁、黑龙江哈尔滨、云南大理等地区，开展麻类重要有害生物对麻类的产量影响的研究。

在国家麻类产业技术体系综合试验站的试验基地进行了麻类重要病虫害为害损失评估试验，苎麻根腐线虫病的为害损失为 10%～30%，苎麻花叶病的为害损失为 5%～20%，亚麻白粉病的为害损失为 6.77%～18.05%。亚麻草地螟的为害损失为 3.59%～8.48%。

湖南沅江和江西宜春苎麻根腐线虫为害损失试验结果表明，不防治根腐线虫的地块中苎麻头麻、二麻的产量比防治的地块产量减少 10%左右，三麻的产量比防治的地块产量减少低于 5%。三麻产量损失比头麻、二麻轻，说明苎麻根腐线虫对苎麻的生产存在一定的影响，但是因为苎麻是多年生植物，生长早期苎麻根腐线虫对苎麻的产量影响不大。苎麻根腐线虫发生的为害程度在各地轻重不一，但是只要有发生，随着苎麻种植的年份增加，苎麻根腐线虫病也会随着时间越来越严重。

苎麻花叶病为害损失试验结果表明：苎麻头麻花叶病发生比较普遍，严重的地区损失可达 50%以上；二麻的苎麻花叶病发生程度比较轻，且药剂防治无作用，因此是否进行防治对苎麻的产量影响不大；三麻几乎没有苎麻花叶病的发生。由于苎麻花叶病早期发病较轻，对苎麻造成的损失可以忽略不计，但是由于病毒病的发生是累积的，而且传播迅速，所以要连续监控苎麻花叶病的发生发展扩散情况，以便随时提出防控的方法。

在国家麻类产业技术体系试验站的试验基地进行了麻类重要病虫害为害损失评估试验，结果显示：苎麻根腐线虫病的为害损失为 10%～30%，苎麻花叶病的危害损失为 5%～20%，亚麻白粉病的危害损失为 6.77%～18.05%，亚麻草地螟的危害损失为 3.59%～8.48%。

在湖南省沅江市、湖北省宜春市检测了苎麻根腐线虫病及对苎麻花叶病对苎麻纤维品质的影响。结果显示：不同处理的纤维品质没有区别，表明苎麻根

腐线虫病和苎麻花叶病对苎麻的纤维品质没有影响。

亚麻白粉病为害损失试验结果表明：亚麻生长时期气候干燥，亚麻白粉病不易发生，亚麻生长后期亚麻白粉病发生面积很大，但是因为已经到了收获期，所以亚麻白粉病对亚麻的产量几乎没有影响。

三、麻类作物病虫草害发生的流行规律及监测技术

1．麻类线虫病与病毒病的发生流行规律及监测技术

线虫与病毒防控岗位在多年的研究基础上，建立了利用PCR技术快速鉴定苎麻花叶病的方法，该方法操作简便，可用于田间样本的快速检测。团队收集了包括长沙、益阳、云南、四川和重庆等地苎麻、黄麻和红麻的花叶病样品100多份，利用引物，以收集的苎麻样品的总DNA为模板，对采集的样品进行了PCR检测，检出率为72.3%，从而建立了苎麻花叶病的早期快速检测技术体系。通过电镜扫描病毒粒子，经序列比对等初步鉴定，苎麻病毒病的病原物有苎麻花叶病毒（Ramie mosaic virus）和番茄黄化曲叶病毒（Tomato yellow leaf curl virus）。以此研究为基础，进一步开展了苎麻花叶病毒与烟粉虱互作蛋白的筛选及验证研究。

团队建立了苎麻根腐线虫的分子生物学检测体系，能够快速灵敏地进行检测，实现了线虫的快速鉴定。采集各地的苎麻土样和苎麻根样品，利用设计的引物对分离的线虫进行PCR检测，在1.5 h内可以快速地检测出病原，形成了苎麻根腐线虫病早期快速检测技术体系。主要流程为：取病麻兜及周围土样，分别采用浅盆法或蔗糖漂浮离心法分离苎麻根样中或土样中的线虫。取分离的单条线虫用灭菌水洗几次，放于0.2 ml规格的PCR薄壁管中，−20℃冷冻10 min，加少量胰激肽原酶（PKase），65℃消化1 h，95℃灭活10 min，离心清液作为PCR反应模板。利用DNA引物，团队成员对采自不同苎麻生态区（湖南沅江、江西宜春、湖北咸宁、四川达州）的根腐线虫进行了形态和分子生物学鉴定分析，发现不同地区的虫体形态差异较大。对四地分离的咖啡短体线虫（Pratylenchus coffeae）进行了PCR检测和序列克隆分析，发现四地采集的种群同源性有差别；分析和调查了苎麻根腐线虫的发生、分布规律，发现苎麻根腐线虫在21～30 cm的土层中分布密度最大，最大达到每100 g土壤中有45条，在0～10 cm的土层分布密度最小，每100 g土壤中少于20条。这可能是由于植物会影响线虫的垂直分布。根腐线虫主要寄生在苎麻的主根上，其

次土壤的通气性、水分状况、养分状况、有机质含量以及各种微生物都会影响大多数线虫分布，因此可以推测，由于苎麻根腐线虫分布于深土层，从而加大了防治难度。

近五年对湖南沅江同一苎麻种植地区的苎麻根腐线虫的周年发生规律进行了调查，发现苎麻根腐线虫种群数量在一年中随时间的变化发生明显的波动。以全年不同时间的线虫密度来看，春、夏季线虫密度较大，秋、冬季线虫密度较小。原因有以下三个方面：第一，季节变化会直接影响土壤中线虫种群数量；第二，季节变化会影响土壤的温度，而土壤温度对线虫的种群数量具有重要的影响，苎麻根腐线虫在 8 月份的时候的种群密度最高，可以达到每 100 g 土壤 100 条，而湖南在 8 月份的时候是最热的时段，由此可以推测苎麻根腐线虫的耐热能力较强；第三，土壤含水量会影响到其中线虫的种群数量，土壤越潮湿，线虫密度越大，春、夏季降水较多，土壤湿度较大，更适合线虫的生长，而从秋季到冬季这段时间，降水一直较少，土壤环境持续干燥，这也许成为全年的线虫密度在春、夏季较高，而秋、冬季线虫密度较小的可能原因之一。针对以上原因，团队在多年的研究基础上建立了苎麻根腐线虫的室内培养体系和苎麻根腐线虫致病性室内测定方法。

团队还从河南信阳、海南等地采集了黄/红麻根结线虫，对其生物学特性进行了详细鉴定，鉴定为南方根结线虫，从而建立了其分子生物学快速检测方法，形成了黄/红麻根结线虫早期快速检测技术体系及预警技术体系。

2．麻类作物主要病害的发生流行规律及监测技术

在病害发生情况摸底调查的基础上，团队对一些重要麻类病害的病原菌进行了准确的种类鉴定；对黄/红麻炭疽病、大麻灰霉病、亚麻顶枯病和剑麻紫色先端卷叶病等麻类作物重大病害的发生流行规律进行了调查；研究了红麻立枯丝核菌的生物学特性；对采自广西、浙江、河南、福建、安徽等地的 18 份红/黄麻炭疽病菌进行了同源性分析。

自 2008 年以来，团队共收集麻类相关病害样本 2 000 余份，分离纯化病原菌 300 余株，通过形态学及分子生物学的方法准确鉴定病原菌 30 余种，其中已准确鉴定的病原菌包括红麻炭疽病菌（*Colletotrichum gloeosporioides*）、红 麻 根 结 线 虫（*Meloidogyne incognita，Meloidogyne arenaria，Meloidogyne javanica*）、黄/红麻立枯病菌（*Rhizoctonia solani*）、大麻顶枯病菌（*Fusarium chlamydosporum*）、大麻灰霉病菌（*Botrytis cinerea*）、大麻链格孢叶斑病菌

（*Alternaria alternata*）、亚麻假黑斑病菌（*Alternaria tenuis Nees*）、剑麻叶斑病菌（*Alternaria alternata*）、剑麻茎腐病菌（*Aspergillus niger*）、剑麻炭疽病菌（*Colletotrichum gloeosporioides*）、剑麻黑斑病菌（*Diplodia natalensis*）、剑麻溃疡病菌（*Neoscytalidium dimidiatum*）、红麻茎基腐烂病菌（*Colletotrichum gloeosporioides*，*Diaporthe aspalathi*，草酸青霉菌，微紫青霉菌，拟茎点霉，*Phomopsis* sp.）、红麻叶斑病菌（*Alternaria* sp.、*Nigrospora* sp.、*Nigrospora oryzae*、*Plagiostoma phragmiticola*、*Lasiodiplodia theobromae*）等。通过调查研究，团队还发现了5种未曾报道过的新病害，包括剑麻溃疡病、大麻链格孢叶斑病、大麻顶枯病、红麻顶端黄萎病、大麻黑穗病，这些病害已对麻类作物造成严重危害或存在潜在性危害。在病原菌准确鉴定的基础上，团队完成了多种麻类致病菌的遗传多样性分析，研发和建立了红麻炭疽病、大麻灰霉病、大麻顶枯病、大麻霜霉病、苎麻炭疽病、剑麻茎腐病、亚麻枯萎病、麻类立枯病的快速检测技术共8项。以上研究结果极大程度地增补了麻类病害研究的新内容，为麻类植保学科发展起到了积极的推动作用。

研究病原菌的基础生物学对开展病害防控技术研究至关重要。团队在准确鉴定麻类病害病原的基础上，开展了大量病原菌的基础生物学研究。自2008年以来，先后针对红麻炭疽病菌、大麻顶枯病菌、苎麻炭疽病菌、红麻立枯病菌、红麻镰刀病菌、大麻镰刀病菌、红麻茎点霉菌、红麻黑点叶斑病菌、红麻炭疽病菌，红麻链格孢叶斑病菌、大麻链格孢叶斑病病菌、亚麻炭疽病菌等12种麻类作物病原菌的基础生物学特征特性展开了研究，明确了温度、湿度、pH、光照、碳源、氮源等生长条件与其菌丝生长及孢子萌发的关系，这些数据的获得为进一步了解病害的发病条件和提出防控措施提供了可靠的理论依据。

3．麻类作物主要虫害发生的流行规律及监测技术

这几年对麻类作物主要虫害的调查结果进行了统计，亚麻虫害有黏虫、潜叶蝇；黄麻虫害主要有龟叶甲、螟虫、棉花大造桥虫；大麻虫害有叶甲、蝗虫、毒蛾；苎麻虫害有蟓、弄蝶、白粉虱、叶蝉、灰蜗牛，蚜虫；红麻虫害主要有扶桑绵粉蚧；剑麻虫害有新菠萝灰粉蚧、斜纹夜蛾。调查了大麻主要虫害大麻食心虫、玉米螟、大麻天牛、大麻叶蜂、大麻小象甲、大麻花蚤、大麻跳甲等7种大麻主要虫害的生活习性和发生规律。对不同抗苎麻夜蛾的苎麻种质进行了ISSR标记。通过室内饲养和田间观察明确了剑麻褐圆蚧的发生规律，生活习性，形成了一套用于褐圆蚧的可持续防控技术，对褐圆蚧防治效果达到85%。通过"压前控后"和保护褐圆蚧天敌（瓢虫，寄生蜂），可以减施化学农药 1～2 次，节本增效 50 元/亩。

研究了苎麻抗苎麻夜蛾种质筛选与抗性机制。确立了苎麻夜蛾人工饲养方法与发育时期适宜温度，明确了苎麻夜蛾人工饲养条件和苎麻夜蛾发育起始温度和有效积温，初步筛选出苎麻夜蛾的人工饲料配方。

开展了抗苎麻夜蛾诱导剂的研究。筛选出 2 种适用于抗苎麻夜蛾的诱导剂，分别为几丁寡糖和壳寡糖，最佳使用浓度均为 80 mg/kg，防效达到 70%，减少苎麻用药 2 次，节约成本 50 元/亩，且对苎麻有增产效果，原麻产量与对照相比提高 8.3%，按照每亩产原麻 150 kg 计算，可增产原麻 12.5 kg，按 6元/kg 价格计算，增加收入 75 元/亩，共计节本增效 125 元/亩。

团队开展了壳寡糖诱导的苎麻抗夜蛾机制的研究，初步明确了壳寡糖（COS）和水杨酸诱导苎麻抗苎麻夜蛾的生理生化机制，主要通过提高苎麻叶片中鞣质、总酚含量以及叶片中保护酶系 [过氧化物酶（POD），多酚氧化酶（PPO），超氧化物歧化酶（SOD）] 的活力，同时壳寡糖能有效降低苎麻夜蛾成虫产卵量，对苎麻夜蛾成虫产卵有趋避作用。在用 3 g/L 壳寡糖和 0.8 mM水杨酸诱导处理后，苎麻叶片中 PPO、SOD、POD 酶活力高于对照，可持续7 d 甚至更久；而用 0.8 mM SA、3 g/L COS 诱导处理后，苎麻叶片中过氧化氢酶（CAT）活力较对照降低，可持续 7 d 甚至更久；0.8 mM SA、3 g/L COS 诱导处理后，苎麻叶片中丙二醛（MDA）含量较对照降低，草酸含量较对照几乎无差异，7 d 时稍有降低，鞣质和总酚含量较对照升高，COS 处理稍高于 SA处理，与苎麻夜蛾为害程度指数呈负相关。

4. 麻类作物主要草害的发生流行规律及监测技术

团队对麻田杂草种类和除草剂品种展开调查，进行了麻田杂草生物学、麻田杂草化学除草剂筛选与应用、麻田杂草轻简化防除技术、麻田新型除草剂开发等方面的研究，并取得了一定的成果。

建立了麻类杂草管理专家系统和麻类除草剂产品数据库，在调查研究的基础上，撰写并出版《麻田杂草识别与防除技术》专著 1 本。在全国麻类主产区进行了杂草种类调查，建立了麻类杂草管理专家系统，收录了 70 余种麻类杂草的形态学及防控信息；调研了四川、新疆、云南、江西、湖南等省份主要麻产区的除草剂市场，建立了麻类除草剂产品数据库，收录了 20 余种化学除草剂的应用情况。

由生物技术所、植保植检站负责组织，在四川达州、重庆涪陵等地的苎麻田开展草害种类及消长规律调查。初步鉴定出四川达州、重庆涪陵等地苎麻田常见杂草包括：阔叶类、禾草类和莎草类三类，隶属 25 科 101 种，其中，以菊科、禾本科、蓼科、十字花科、莎草科、玄参科和唇形科杂草为主；双子叶杂草 77 种，占 76.23%，单子叶杂草 22 种，占 21.78%，蕨类杂草 2 种，占 1.98%。繁缕、牛膝菊、睫毛牛膝菊、齿果酸模、荠菜、碎米荠、棒头草、野燕麦、大野豌豆、天蓝苜蓿、看麦娘、野油菜、辣蓼等 26 种杂草为优势种。杂草发生的种类、时期、密度、快慢与前作、本田期温湿度有关，如前作为旱地或地势高抗的苎麻田，能满足睫毛牛膝菊+繁缕+宝盖草+齿果酸模+棒头草+看麦娘+野燕麦群落的生长；前作为水田或背阳性大、地势低凹的田快，土壤含水量高、环境阴湿。杂草优势种群落主要有两种形式：一是以多种阔叶杂草共同构成的优势群落，如繁缕+天蓝苜蓿+碎米荠+牛膝菊+野油菜+齿果酸模+辣蓼等；二是以 2～3 种禾本科杂草与其他阔叶杂草组成优势群落，如棒头草+早熟禾+繁缕+碎米荠+荠菜+大巢菜+宝盖草+齿果酸模+牛膝菊等。杂草从苗期开始，覆盖度为 10%～15%，为害程度为 1 级；枞形初期至枞形末期，覆盖度由 27% 上升至 51%，为害程度从 2 级上升到 4 级；快速生长初期至快速生长末期，覆盖度由 52% 上升至 54%，为害程度 4 级；现蕾至开花期，覆盖度由 55% 上升至 55%，为害程度 5 级。在枞形期和快速成生长期杂草相对覆盖度上升快，通风透光条件差，影响苎麻的正常生长，快速生长期后，苎麻长势明显增强，杂草发生量及种类趋于弱势状态。

2016 年开始，针对苎麻田常用化学除草剂草甘膦和高效氟吡甲禾灵的潜在抗性风险，团队对沅江、长沙苎麻地主要杂草小飞蓬、牛筋草和马唐的抗药性进行了监测，结果显示，沅江、长沙两地苎麻田小飞蓬、牛筋草对草甘膦、马唐对高效氟吡甲禾灵未产生抗药性。为了防控杂草对化学除草剂的抗性发生与发展，麻田除草应采用化学除草剂轮换使用、混用及生物控草策略。

四、麻类作物病虫草害的防控技术及示范

在基础研究的工作基础上，形成了一批对麻类作物病虫草害有效的生物防治、化学防治、综合防控等技术，并在湖南、江西、湖北、四川、河南、云

南和海南等麻类作物主产区分别实施苎麻根腐线虫病、苎麻病毒病、红麻立枯病、红麻根结线虫病、大麻灰霉病和剑麻斑马纹病等病害的综合防控试验示范。

1. 麻类作物线虫与病毒病害综合防控技术及示范

团队在研究过程中筛选了对麻类线虫防治效果好的生防菌剂苏云金芽孢杆菌和光合细菌。苏云金芽孢杆菌菌株或其所产生的伴胞晶体能有效应用于植物线虫病害防治，其室内生测防治效果96 h内均达到100%。而且从其中一种生防菌光合细菌中克隆了一个ALA基因，研制成了一种对麻类线虫防治效果好的生防制剂：ALA粉剂。生防菌剂和制剂具有高效、低毒、生态环保、能有效减少农药残留等优点。

研制出对苎麻根腐线虫病有良好防效的生防菌剂，经过多点试验示范，集成了以生物防控为主的绿色防控技术1套。此技术要点为：苎麻根出现腐烂等症状，并检测到苎麻根腐线虫时进行防治，利用研制的防治苎麻根腐线虫的环保型生物农药（苏云金杆菌、光合细菌），在苎麻头麻幼苗期和头麻、二麻收获后进行拌土，沟施于麻蔸旁。田间示范试验表明，生防菌剂不仅对苎麻根腐线虫有很好的防治作用（防治效果达到90%以上），而且能显著提高苎麻的经济性状，从而使苎麻生物产量增加。苎麻根腐线虫的生物防治技术在全国苎麻种植区获得应用和推广，并且获得了2016年湖南省科学技术进步奖一等奖。

研发了适用于非耕地黄/红麻根结线虫防控技术1套，主要技术包括：在黄/红麻种植前或者是冬闲期撒施化学农药阿维菌素和环保型生物农药（ALA粉剂），在播种后和出芽后分3次撒施ALA粉剂及苏云金杆菌，同时施用光合细菌苎麻专用叶面肥，防治效果均可以达到70%以上。

团队利用新技术建立了利用RNAi防控苎麻花叶病的新技术平台。研发出适用于非耕地苎麻花叶病绿色防控技术1套。主要技术关键点包括：通过除草消除冬季病毒病中间寄主；在苎麻头麻幼苗期喷施RNAi分子疫苗；在生长期用杀虫剂和黄板适时防治烟粉虱；在苎麻收获后、下茬苎麻长出之前及时喷撒除草剂灭杀带毒杂草；二麻和三麻出苗之后再喷施RNAi分子疫苗。

在多年的研究和示范基础上建立苎麻有害生物综合防控技术体系1套。主要技术包括：利用项目研制的生物农药和RNAi疫苗有效地进行病害预防，病害发生初期利用快速检测技术检测，及时预测预报，对初始发生的病害进行针对性的早期防控，防治苎麻根腐线虫、苎麻花叶病等主要病害，同时使用化学农药、物理防控等技术防治苎麻夜蛾等害虫，整体防效达 60% ～ 70%，节约农药成本 30% ～ 40%。在长沙朗梨镇、沅江等地建立了 5 亩的苎麻有害生物综合防控技术示范基地 2 个。在沅江苎麻试验站、宜春苎麻试验站、达州试验站、涪陵苎麻试验站等综合试验站示范成功后将技术简化，培训技术推广骨干，并交由推广部门、生产部门推广应用。在湖南沅江、江西宜春等苎麻主产区，对技术用户开展新技术培训，发放了有害生物识别资料《麻类病虫害简明识别手册》和生物防治产品 ALA 粉剂、光合细菌菌剂、苏云金杆菌菌剂等，每年培训主产区农技人员 200 人次。

研究集成了适于中陡坡饲用苎麻有害生物综合防控技术 1 套。利用项目研制的生物农药有效地进行病害预防，及时预测预报，对初始发生的病害进行针对性的早期防控，配套使用物理防控、生物农药等，可有效防治苎麻根腐线虫、苎麻花叶病、苎麻疫病、苎麻白纹羽病等病害，防治效果达到 60% 以上。

基于对农药使用的要求，团队创立了饲用苎麻嫩茎叶及土壤中的菊酯类农药残留的监测方法。苎麻使用高效氯氰菊酯、高效氯氟氰菊酯、溴氰菊酯、甲氰菊酯等菊酯类农药后，在苎麻叶片中的消解动态试验、土壤消减动态试验和最终农药残留试验，可为饲料中苎麻的农药残留提供技术依据；同时还研制了可以降解农药的生物菌剂，使用后可以大大降低饲用苎麻中的农药残留。

2．麻类作物其他病害综合防控技术及示范

在了解主要病害发生规律的基础上，团队制定了黄/红麻炭疽病、苎麻炭疽病、亚麻立枯病等麻类主要病害的防治预案，提前为麻类病害的防控做好布局。麻类病害防控预警系统的建立为麻类病害的可持续治理提供了重要借鉴。研制出红/黄麻、大麻种子的包衣剂，用于防治植物苗期种传和土传病害。建立了剑麻粉蚧发生、传播、防治及预警技术。

在海南省昌江市建立了剑麻病虫害高效防控技术示范基地，示范面积 200 亩，技术辐射 5 000 亩。

麻类病害防控措施主要包括化学防控、农业防控、物理防控和生物防控，其中化学防控仍然是最有效的技术措施。为此，我们开展了多项高效防控技术的药剂筛选。研发或筛选出 10 多个产品和配方用来防控大麻致病性镰刀菌、大麻茎枯病致病棒孢菌、大麻叶斑病病菌、大麻霜霉病、红麻立枯丝核菌、苎麻炭疽菌、剑麻叶斑病菌、亚麻白粉病菌等。筛选出一批高效低度低残留新型杀菌剂产品，防控红麻立枯病、亚麻顶枯病、亚麻白粉病、亚麻顶枯病、大麻霜霉病、亚麻立枯病、黄麻炭疽病、大麻苗期病害等。根据不同靶标筛选的高效防控药剂，对指导生产上的麻类病害防控具有重要意义。

在直接利用现有高效药剂的同时，团队针对麻类土传病害的特点，结合实际生产，研发了多种麻类种衣剂，目前已针对大麻、黄/红麻试制了4种简单好用的麻类种衣剂，并对其效果进行了测定。

利用抗性种质资源，结合现代分子生物学的手段，开展抗病育种是现代植保发展的重要方向。但目前可获得的抗性种质匮乏，可用于商业化生产的更是寥寥无几。同时，由于植物抵抗病原物侵染不仅仅是单个基因起作用，而是系列基因共同表达以及抗病信号传达和级联反应的结果，所以如在抗根结线虫品种的应用方面，单一抗性品种的连续种植将导致克服抗性基因的根结线虫毒性群体出现，因此，在抗病机制的研究中，注重抗病过程系列基因表达和抗病信号的传递及级联反应，明确线虫寄生与致病机制，阐明根结线虫与寄主植物之间的互作机理，为抗线虫育种提供新理论基础和技术显得尤为重要。红麻野生或近野生种质资源丰富、适应性广，有报道红麻中存在对根结线虫群体的免疫、高抗和高感品种或种质资源，目前，关于红麻根结线虫抗性研究较少，至今未发现抗性基因。关于根结线虫侵染后红麻调控机制和根系的表型及组织结构的研究也几乎处于空白。病虫害防控岗位与黄/红麻育种岗位合作，开展了红麻抗根结线虫种质筛选及抗性基因的发掘利用研究。通过连续4年的田间筛选和盆栽试验，已筛选获得一批稳定的抗性红麻种质，部分可直接应用于生产。该项研究成果对于推动红麻亢根结线虫育种，甚至其他大宗作物的根结线虫抗病育种具有里程碑式的意义。

今后应在积极开展抗病基因发掘利用的同时，立足本地优势，利用热带雨林丰富的基因资源，通过现代分子生物学的手段，获取热带雨林土壤微生物抗麻类线虫基因资源，构建高活性抑菌表达载体，从而获得麻类线虫病高效防控制剂。此方向的开展，对于研究高效绿色防控制剂具有重要意义。

根据多年的研究成果，团队集成了涵盖6种麻类作物的病害综合防控轻简化技术，包括：亚麻立枯病综合防治技术，极端干旱条件下剑麻病害综合防控技术，非耕地黄/红麻和苎麻炭疽病防控技术，黄/红麻根结线虫病综合防治技术；干旱条件下剑麻病虫害安全高效防控技术，苎麻炭疽病综合防控技术，亚麻白粉病综合防控技术、大麻灰霉病综合防控技术，大麻霜霉病综合防控技术；红麻病害综合防治技术，亚麻顶萎病综合防控技术，亚麻立枯病综合防控技术，红麻苗期立枯病防控技术，苎麻白纹羽病/根腐线虫病害综合防治技术，红麻病虫害综合防控技术、亚麻病虫害防控技术、苎麻病害防治技术。通过与体系内相关综合试验站协作，将这些实用性技术应用于生产，对于促进麻类产业的稳定和发展起到了重要作用。

团队对黄/红麻炭疽病、大麻灰霉病、亚麻顶枯病和剑麻紫色先端卷叶病等病害防控技术进行了研究；筛选出针对黄/红麻立枯病、炭疽病、大麻灰霉病、亚麻顶枯病和剑麻紫色先端卷叶病等病害的高效环保型药剂，研发出高效低毒低残留的化学防治及多靶标减量使用技术。

开展了山坡地苎麻炭疽病的发生规律及单项防控技术研究。集成山坡地苎麻炭疽病单项防控技术1项，主要措施包括：①实行中耕培土。②清除病残体。③加强麻田管理。④更新麻园。⑤适时化学防治。

调查了干旱条件下剑麻主要病害的发生情况和流行规律，采集、分离和鉴定出其主要病原菌，并进行应用基础研究。

3．麻类作物虫害综合防控技术及示范

团队研究了大麻主要虫害（大麻食心虫、玉米螟、大麻天牛、大麻叶蜂、大麻小象甲、大麻花蚤、大麻跳甲）的生活习性和发生规律，撰写了大麻主要虫害防治技术和综合防治方法；初步建立了剑麻粉蚧的早期预警系统，并撰写了预警预案；制定了农业行业标准《苎麻主要病虫害防治技术规范》（NY/T 2042—2011）；制定了苎麻夜蛾和大麻跳甲防控技术；制定非耕地苎麻虫害防控技术。

团队筛选出的氟虫双酰胺及氯虫苯甲酰胺等药剂对苎麻夜蛾的防效可达80%以上，采用混灭·噻嗪酮及啶虫脒等药剂对大麻跳甲的防效可达80%以上。

团队制定了在盐碱地亚麻以壳寡糖拌种后播种，再辅以化学防治控制黏虫、草地螟等虫害发生的防控技术一套，同时撰写了以化学防治为主的黄/红麻主要虫害（小造桥虫等）防控技术，并按照不同虫害各筛选出了2～3种防治效果达80%以上的药剂，供生产上应用（苎麻夜蛾、苎麻赤蛱蝶、黏虫、草地螟、小造桥虫均可以用氟虫双酰胺、氯虫苯甲酰胺、阿维菌素、Bt乳剂防治）。

在室内试验及田间小区试验的基础上制定了亚麻主要病虫草害综合防治技术 1 套，防治效果达 80% 以上，可减少 2 次农药的使用，同时具有增产作用，增产效果达 15.5%，按每亩收获亚麻原茎 300 kg 计算，每亩可提高原茎产量 46.5 kg，按照 3 元/kg 的原茎价格计算，可增收 139.5 元/亩。

通过室内饲养和田间观察明确了亚麻褐圆蚧的发生规律和生活习性，形成了一套用于褐圆蚧的可持续防控技术，对褐圆蚧防治效果达到 85%，通过"压前控后"和保护褐圆蚧天敌（瓢虫、寄生蜂），可以减施化学农药 1～2 次，节本增效 50 元/亩。

为了更好地防控苎麻夜蛾，开展了抗苎麻夜蛾诱导剂的研究。筛选出 2 种适用于抗苎麻夜蛾的诱导剂，分别为几丁寡糖和壳寡糖 750，防效达到 70%，可减少苎麻用药 2 次，节约成本 50 元/亩，且对苎麻有增产效果，原麻产量与对照相比提高 8.3%。施用时间和施用次数对两种寡糖的诱导抗性效果均有一定的影响，施用时间以苎麻生长至 15～20 cm 时效果最好，其苎麻夜蛾为害程度，几丁寡糖为 9.3，壳寡糖为 12.4；以收割后马上施用效果最差，其苎麻夜蛾为害程度，几丁寡糖和壳寡糖分别为 32.2 和 34.2；使用次数以施用 2 次效果最佳（施用 7 d 后再施用一次）其苎麻夜蛾为害程度，几丁寡糖和壳寡糖分别为 8.7 和 11.2，且对苎麻有明显的促生作用。但连续施用 3 次后，苎麻抗夜蛾能力有所下降，同时对苎麻生长有一定的抑制作用。

4. 麻类作物草害综合防控技术及示范

在麻田杂草防除技术方面，以贯彻"预防为主、综合防治"的植保总方针为主，将芽前封杀+苗后茎叶处理结合，减少土壤中种子库数量，达到控草目的。十年来，我们先后在山西、云南、大庆等地进行了精异丙甲草胺、二甲四氯钠+烯草酮、溴苯腈+精喹禾灵等药剂对大麻和亚麻田杂草的防控效果示范，除草效果均达 85% 以上，使工业大麻纤维产量、麻籽产量、亚麻原茎产量增加 8% 以上。目前常用的化学除草技术主要有：

乙氧氟草醚乳油。在苎麻出苗后，杂草 3～5 叶时进行喷雾处理，可防除一年生禾本科杂草及部分双子叶杂草。对于阔叶杂草较多的老麻类作物田，可在阔叶杂草较小时用草铵膦进行定向喷雾。

精喹禾灵乳油在亚麻枞形期（株高 5～20 cm）、杂草 2～3 叶期时进行叶面喷雾，可防除各种一年生禾本科杂草。异丙甲草胺乳油。在栽前均匀喷雾处理土壤表面，施药后 2 d 移栽苎麻苗，用于防除一年生禾本科杂草及部分阔叶杂草。

绿磺隆粉剂。于杂草 3 ～ 5 叶期施用，对亚麻田阔叶杂草防效在 95% 以上，对禾本科杂草也有一定的防效。精吡氟禾草灵乳油。于禾本科杂草 3 ～ 5 叶期施用，可防除禾本科杂草。稀禾啶乳油，在禾本科杂草 3 ～ 5 叶期施用，可防除禾本科杂草。异丙甲草胺乳油，在亚麻播种后先进行镇压，随后均匀喷雾，防除一年生禾本科杂草及部分阔叶杂草效果较好，持效期较长。高效氟吡甲禾灵乳油，在亚麻枞形期（株高 5 ～ 20 cm）、杂草 2 ～ 3 叶期喷雾，可防除禾本科杂草及部分阔叶杂草。异丙甲草胺和二甲四氯钠盐一起使用，杀草谱具有很好的互补性，一次施药能有效防除亚麻田绝大部分一年生杂草。二甲四氯钠盐十和敌草隆或二甲四氯钠盐十精喹禾灵乳，于亚麻株高 8 ～ 16 cm、杂草 2 ～ 4 叶时施用，对麻田杂草防效较好。二甲四氯钠盐十精喹禾灵乳油、二甲四氯钠盐十敌草隆可湿性粉剂、二甲四氯钠盐十扑草净可湿性粉剂，于亚麻枞形期（株高 5 ～ 20 cm），杂草 2 ～ 3 叶期进行叶面喷雾，对亚麻生长安全，除草效果好。

氟乐灵乳油。于黄麻播种前采用混土施药法施药，可防除禾本科杂草及部分阔叶杂草。二甲戊灵乳油，于黄麻播种后、出苗前表土喷雾，对一年生禾本科杂草、部分阔叶杂草和莎草有较好防效。乙草胺乳油，在播种前进行土壤处理，也可在播种后立即进行土壤处理，可防除黄麻田一年生禾本科杂草和部分小粒种子阔叶杂草。

甲草胺乳油。在红、黄麻播种前或播种后出苗前进行土壤处理，播种后 3 d 内施药，可防除各种一年生禾本科杂草及部分阔叶杂草和莎草。异丙甲草胺，播前或播种后出苗前进行土壤处理，可防除一年生禾本科杂草及部分阔叶杂草。

第三节　麻类病虫草害数据库的建立

麻类病虫草害相关数据库建立是麻类病虫害研究的重要成果之一。根据体系的统一部署，通过资料查找，结合生产调查，建立了麻类病虫草害基础数据库。数据库包括 5 个子数据库：①麻类作物线虫及病毒病害种类与发生情况数据库；②麻类作物有害生物防治相关企业及产品数据库；③麻类作物虫害种类及发生情况数据库；④麻类作物病害种类与发生情况数据库；⑤麻类作物草害种类及发生情况数据库。5 个数据库数据量达到近千条，有害生物或产品的信息采集覆盖度均达到 80% 以上。团队每年都对数据库进行及时的更新，供各个试验站查询和参考。

第五章　机械装备研发

第一节　麻类收获装备

麻类作物具有多种极高的经济价值和环保价值，在 2008 年麻类体系成立之初，其生产过程基本是人工作业，成本过高一直是产业未能快速发展的主要原因之一。麻类的生产过程主要包括耕种、田间管理、田间收割和麻皮剥制四个大的环节。其中田间收割和麻皮剥制环节的作业用工量占整个生产过程用工量的 80% 以上，人工作业劳动强度高、生产效率低的问题非常严重。因此田间收割和麻皮剥制是麻类生产机械化的关键环节，也是影响麻类产业发展的瓶颈问题。为了降低生产成本，实现规模化种植，促进产业健康良性发展，增加农民收入，必须实现麻类作物生产机械化。

麻类生产过程中的耕种及田间管理机械化作业过程与其他作物大同小异，虽然不同的麻类作物也有所区别，但使用的机具大部分可利用通用的农业机械或适当改进得以解决。在耕种方面，可用小型化、微型化的耕地、整地、中耕机械，除亚麻可用小麦条播机以外，其他麻类的播种均只能采用人工方式。在田间管理方面，主要是植保机械，可在现有植保机具上进行改进，根据不同品种的麻类作物田间状态（黄/红麻的秆高超过 4 m，剑麻叶片则是倾斜生长）及其种植模式（苎麻是垄作，亚麻和工业大麻是平作，剑麻是宽窄行种植等），改进施药方法、扩大施药高度和喷药装置的调节范围。而麻类作物的收获加工过程完全不同于其他作物，且麻类作物品种多样化，不同的麻类作物其收获加工作业也不同，均要求使用专用的收获加工机械。

在我国诸多麻类中，种植面积较大的为苎麻、工业大麻、亚麻和剑麻。工业大麻、亚麻和剑麻以规模化种植居多，其生产过程均能实现一定程度的机械化。其中，亚麻的机械化生产程度在麻类中是最高的，在种子清选、耕整地、播种、植保、拔麻、翻麻脱粒（翻麻）、打捆、剥麻加工等作业全过程中，均已经有相应的机型。亚麻的机械收获机具包括进口和国产两部分。国外机具均为自走式，以德国CLASS公司和比利时Union公司为代表，还有俄罗斯产的ЛК-4A型亚麻联合收获机。这些机具技术先进、性能优良，均可一次性完成拔麻、脱粒和铺放联合作业，拔麻时不伤麻秆，拔出的亚麻铺放均匀，但结构复杂，价格昂贵，不适合我国国情，很难在我国推广，仅在少数大型农场使用。国产机型均只能分段作业，在技术先进性、作业质量、产品可靠性等方面与国外发达国家相比具有一定的差距，尚有许多亟待改进的地方。对于剑麻，由于大多集中在广东、广西、海南的大型农场种植，其生产机械化程度在麻类作物中也是较高的。除叶片收割采用人工外，从整地、植苗、田间管理到叶片运输、刮制纤维、麻田更新等各个生产环节，基本实现了机械化作业。小型的加工企业以及农户一般采用多台反拉式刮麻机，这种获得剑麻纤维的加工方法劳动强度大，机具存在安全隐患，工作效率低；在大型加工厂，剑麻纤维提取采用生产线进行加工，叶片摆放在输送带上后由生产线进行刮制、清洗、烘干等作业，自动化程度高，效率也高。至于工业大麻，在东北种植区域，因地块规模较大，从耕种到收获，也已基本实现机械化；但在其他种植区，特别是云南一带，因地形复杂，基本是山坡地形，且地块偏小，仍靠人工作业。相比之下，苎麻的机械化生产则全程均处于空白状态，问题更加严重，需求更加迫切。

麻类产业首席科学家熊和平研究员、种植与收获机械化岗位专家李显旺研究员、初加工机械化岗位专家龙超海研究员经过多方实地调研考察和分析讨论，最终商议，决定迎难而上，先着重解决苎麻机械化收获从无到有的问题，将体系机械化研究的首要任务放在田间收割和麻皮剥制这两块硬骨头上面，解决了这两个环节的机械化生产问题，麻类生产的全程机械化便指日可待。

一、识麻

2008年12月，对种植与收获机械化团队成员来说，是个值得纪念的时间，因为他们自此进入了一个陌生的领域，他们均非麻类种植方面的研究人员。对他们来说，研究对象是全新的，谁都没见过长在田间的麻是什么样，大家脑海中能想象出来与麻相关的又"麻绳""麻袋"等具体的麻制品。尤其是听到大麻，所有人的第一反应就是瞪着眼睛：天呐，是那个毒品大麻吗？还有更关键的是各种不同种类的麻之间差异巨大。团队成员过去一直从事田间作物的机械化收获研究，包括水稻、小麦、油菜、棉花、玉米、牧草等，每种作物虽然在种植区域或品种之间有所差异，但在田间的生长状态是差不多的，通俗点说，外观看上去，同种作物都是长一样的嘛。所以，研究某种作物的时候，有非常大的共性，很多技术问题是可以通盘考虑的。

而麻类虽然是一种作物，但其实是相当于好几种不同性状作物的统称，具体到每种麻，其田间生长状态是完全不一样的，所以，麻类收获机械不可能有统一的机具，每种麻都得有各自专用的收获机具。团队成员在对新事物充满好奇的同时，也感受到了无形的压力和沉甸甸的担子。

2009 年，调研、认识、熟悉各种麻类的特性是团队的重点工作之一。成员们在岗位专家李显旺研究员带领下，奔赴各麻类种植区开始了"识麻之旅"。在吉林省四平市和新疆伊犁，大家沉醉于拥有淡紫色漂亮小花的亚麻花海，原来亚麻长得如此小巧可爱，秆子比小麦还细。在河南省信阳市被高达 4～5 m 宛如小树般的红麻震惊，这是属于草本植物的麻吗？明明是小树啊。在湖南省沅江市和湖北省咸宁市认识了有麻蔸、多年生并且是垄作的灌木状苎麻，苎麻最深的印象是宽卵形的叶子反面都是雪白色毡毛，可别小看了这不起眼的灌木丛，因为中国的苎麻产量约占全世界苎麻产量的 90% 以上，因此国际上称它为"中国草"。终于见识到传说中的大麻了，原来我们研究对象的准确名字是"工业大麻"，是指四氢大麻酚含量低于 0.3% 的大麻，被认为不具备毒品利用价值，但依旧全身是宝。在安徽省六安市见识了长在平坦地块上高达 3 m 多的粗壮工业大麻；而云南西双版纳的工业大麻则藏于秀丽的山坡中，纤细飘逸，与高山上的白云一起勾勒出当地如画的美景，还有个好听的名字叫"云麻"。在广东省湛江市，看着山坡上满目名副其实的剑麻，大家才知道轮船上的锚绳，竟然是由这些叶片提取的纤维组成的。这是一种硬质纤维，质地坚韧，具有耐磨、耐盐碱、耐腐蚀的特性。

二、2009 年左右的苎麻田间收割机械化状况

麻类知识扫盲结束之后，团队成员立刻投入"先着重解决苎麻机械化收获从无到有的问题"这个重要任务当中。在岗位专家李显旺研究员带领下，首先对苎麻的现状进行全方位的分析与研究，调研了国内外麻类机械化收获现状，期待通过研究对比分析，找出值得借鉴的地方，尽量少走弯路，攻克难关，争取早日实现麻类田间收割的机械化。

中国是世界最重要的苎麻生产和研究的国家,产量占世界的90%,苎麻原料生产和初加工领域的大部分研究也都集中在中国,因此,中国拥有最多的苎麻生产科技成果和技术标准。但我国苎麻的生产机械化水平非常低。用于苎麻收获作业的机具主要是剥麻机,未见有收割机问世的报道,也未见规模化与高标准麻园以及高效轻简化栽培技术研究。

苎麻一般每年收获3次,每个生长周期约为50～60 d,并要求适时收获。收获过早,纤维未充分发育,麻皮薄、产量低,并且纤维的物理机械性能差,导致机械收获出麻率低,纤维品质差。收获时机过迟,则纤维老化,纤维附着在麻秆上不容易分离,导致纤维强力下降、出麻率降低,影响苎麻的产量和经济收入。

苎麻收割是整个苎麻产业中的一个重要环节,用工量约占整个苎麻田间生产过程(整地、种、管、收)的60%以上,是一项费工费时的繁重作业。21世纪初期,苎麻种植基本还处于小规模状态。当时的收割方法主要采用人工,其效率低、劳动强度大、技术要求和成本都高,并且会导致苎麻产量和品质下降,是苎麻产业中的主要瓶颈。随着经济的发展和劳务工价格提高,苎麻收割作业的成本不断上升。机械化收割设备作为苎麻原料生产的关键环节,已成为我国苎麻生产亟须解决的问题,也是制约我国苎麻生产向规模化、产业化发展的重要因素之一。因此尽快地研制出作业效率高、产品质量好、纤维损伤小的苎麻联合收割机是麻农的迫切希望,它对于大幅度降低苎麻种植成本、实现苎麻机械化种植、促进苎麻产业现代化具有重要的意义。

为此,应尽快研制苎麻茎秆收割机,与大、中型苎麻剥麻机配套,或研制收割-剥麻联合机,形成收剥一体化加工技术。

当时国内外科研机构对苎麻机械化研究主要是集中在剥麻脱胶方面的研究,而对茎秆机械化收获研究较少,类似于苎麻的高秆作物收割机主要有甘蔗收割机和芦苇收割机。总体来看,我国苎麻机械化收割技术装备的研发还处于初期阶段,多数设备尚在样机试验、中试阶段,作业质量、适应性、可靠性与经济性等方面还需提升。

三、曲折的苎麻联合收割机诞生之旅

国内苎麻为多年生作物,喜水怕涝,在平地都为垄作,且垄高沟深,对机械作业的要求较高。种植与收获机械化团队针对此特点,运用国外收割机中的

成熟技术和有关经验，在消化吸收国外先进技术的基础上，灵活地将国外技术与国内及团队现有田间收获技术相结合，进行苎麻联合收割机技术的攻关研究。

2010年10月，第一台自主研发的履带式苎麻联合收割机样机在湖北省咸宁市进行第一次试验。试验对象是当年第三茬苎麻。该收割机由柴油机提供动力，通过机械传动至各工作部件。工作部件由茎秆切割、茎秆割台横向输送、打叶装置、茎秆卧式纵向输送、集秆箱等组成。

此样机可以是团队的第一个新生儿，又是第一次行走，大家的心情是期待的也是忐忑的，看着机器摇摇晃晃跨过一道又一道高高的垄沟，手心的汗就没干过。除了担心机器，更关心的是驾驶员——李显旺研究员。因为田块高低不平，且行走时一直沟垄切换，驾驶难度非常大，稍有不慎，便有翻车的危险。他担心其他人的安全，凭着自己过硬的联合收割机驾驶技术，亲自上阵。看着已经50岁的老同志，坚定地站在那操纵机器，连旁边看热闹的农民都由衷地敬佩。

终于，机器缓缓地倒在了最后一个超宽的沟里面。万幸，李工安全下地。看着机器倾斜在地里，一边履带脱落出来，大家深切得感受到农机农艺融合的重要性和必要性。因为机器倾倒，导致切割器损坏严重，履带复原后也无法试验。当时因对试验地附近不熟悉，找不到修理厂，只能拖回江苏的样机试制企业维修。等机器修好，农民已经把剩下的三麻割完了。2010年的试验没能顺利进行，虽然有遗憾，但还是为后面样机的改进提供了宝贵的经验。

通过团队成员锲而不舍的钻研，又经过3轮寒冬酷暑的设计、试制和试验，样机性能终于取得了实质性的突破。同时对试验田块的宜机化改进也取得了效果。吸取2010年第一次试验的教训，收割机不能再跨垄沟行走，只能在沟中或垄上行走。收割机如在沟中行走，就要研究高地隙底盘，增加高度对机具的稳定性相当不利，也对机具的切割、输送、行走带来一系列的问题；如在垄上行走，就会破坏麻蔸，对苎麻的下一茬生长发育不利，影响苎麻的产量。因此通过与咸宁苎麻试验站商议，决定研究一种适合收割机作业的模式，农机农艺相融合，修建一块宜机化试验田，苎麻的行间距配合苎麻联合收割机的履带宽度来种植。这样，机器既可以在垄上行走，又不会压着麻蔸。

2013年7月，室外40℃高温，临时搭建的车间里面没有电扇，赖以通风的窗户上连蜘蛛网都纹丝不动，整个就是一大蒸笼。大家和工人师傅一起，对样机进行最后的改进，汗滴从细小的毛孔涌出，汇聚成一条细细的水流，不停地滴在地上，每个人身旁都是一摊水，除了补充必要的水分，大家无暇顾及其他。已经记不清是第几天了，每天大家夜以继日地加班加点，只有一个念头，加油干、认真干、坚决不能出差错了，这次一定要成功。最后的检查没放过任何一颗螺丝钉。

2013 年 8 月初，湖北省咸宁市咸安区杨畈村，自主研发的 4LMZ—160 型苎麻收割机披着一身醒目的橙红色欢快地在田里工作着，一行行苎麻被割下送至机器后部的集秆箱存放，身边农民笑呵呵地看着机器，眼里是满意的神情。农民的满意就是我们最大的追求！大家也都舒心地笑了，即使烈日当空，竟也感觉神清气爽。

2013 年 8 月和 10 月，4LMZ-160 型苎麻收割机在湖北省咸宁市咸安区杨畈村进行了近 100 h 的收割可靠性试验（图 5-1）。国家麻类产业技术体系咸宁苎麻试验站依托单位咸宁市农业科学院证实：该机工作性能比较稳定、可靠，切割率达 97% 以上，一次输送率达 94% 以上，平均生产率达 0.25 hm^2/h。

图 5-1 4LMZ-160 型苎麻收割机可靠性试验

同年 10 月，湖北省农业机械鉴定站对该机进行性能检测，测定苎麻品种为中苎 1 号、基本无倒伏，检测结果：该机割幅为 1 600 mm、配套动力 25.7 kW、生产率 0.1～0.2 hm^2/h、漏割率≤4%、割茬高度≤10 cm、可靠性有效度≥90%，所有性能指标均达到国家相关标准。

同年 12 月，江苏省农业机械管理局对 4LMZ-160 型苎麻收割机进行成果鉴定。鉴定专家委员会一致认为：4LMZ-160 型苎麻收割机采用履带自走式行走机构及全液压传动装置；采用加长型双动刀往复式切割器，通过对切割参数的优化，适合苎麻等茎秆粗硬、坚韧作物的切割；采用双层星轮及拨齿皮带扶禾输送装置，适合高秆作物横向输送；采用纵向强制夹持装置，输送顺畅。申报专利11项，其中发明专利3项、授权实用新型专利6项。整机结构合理，操作方便，适应性好，作业效率高，填补了国内空白，总体技术达到国际先进水平。建议对样机进一步进行优化设计，加快成果转化。

听到好消息，大家并没有骄傲，也没有止步，在岗位专家李显旺研究员带领下，团队成员再接再厉，对样机进行了三部分的改进。一是将割台横向输送由原来的双层拨禾星轮输送改为一层拨禾星轮加一层扶持链条，把上面一层拨禾星轮输送装置改换成偏心拨禾轮扶禾装置，辅助苎麻茎秆在切割前更好地倾向后方舒畅地进入切割装置。二是将经常出问题的电液技术重新设计布置，提高收割机的作业适应性、操作与维修方便性、使用可靠性等。三是在集秆箱顶部加装超声波传感器，以感知集秆箱内苎麻是否已满，当集秆箱内苎麻到达一定数量时，传感器的电信号通过电磁阀控制液压油缸使集秆箱进行卸料。升级改进后的机型为4LMZ-160A型苎麻收割机。

试验表明，改进后的机型工作起来比原机型更顺畅，工作效率更高。苎麻联合收割机的试制成功，为苎麻产业的良好发展打下基础，苎麻产业可以实现规模化种植、统一收获和加工，保证下游企业的优质原麻供应和加工成高档面料，提升了苎麻产品的附加值（图5-2）。

此次改进，不仅仅是苎麻联合收割机的升级，还带动样机生产企业的发

图5-2　4LMZ-160A型苎麻收割机可靠性试验

展。企业制定机具的生产工艺流程，建成了一条苎麻收割机的生产线，通过产品投产鉴定，达到年产 500 台苎麻收获机的生产能力；集成苎麻轻简化栽培管理技术规程 1 套；建立苎麻机械收获试验示范基地 1 个。

在社会效益方面：苎麻机械化收获技术具有明显的省工节本、增收增效作用，可大幅度提高苎麻的生产效率与经济效益。采用的机械化收获技术，大大减轻了苎麻生产的劳动强度，且作业质量好、生产效率高，并能做好适时收获，从而确保苎麻的品质，有效地缓解了农时劳动力需求紧张的矛盾，对促进农业种植业结构调整、扩大规模化生产具有积极意义。

在经济效益方面：该样机具有造价低、工效高、收获质量好等特点，可在我国苎麻主产区推广应用。如年产销售 1 000 台，累计生产销售收入可达 9 000 万元，实现利税达 1 300 万元，经济效益显著。使用者也由于适时抢收提高了苎麻纤维的品质、减少了损失，获得较大的直接效益。苎麻种植规模的扩大和综合经济效益的提高，可吸引民工返乡工作，如种植 1 000 万亩苎麻，可解决 100 个县的民工就业，产生巨大的社会经济效益。

在生态效益方面：苎麻机械化收获技术的推广应用，促进了农业经济的发展和生态的保护。如实现机械化收获–剥麻联合作业可有效地实现茎秆的粉碎还田，既减少茎秆焚烧对环境的严重污染，又能增加农田有机质含量，有利改善土壤理化性状，达到保护生态的作用。

四、智能化苎麻联合收割机

从手工时代到机械化时代，农业机械的应用带来了传统农业的巨大进步，科技作为农业发展的首要推动力，给农业数千年的发展历史带来深远影响。我国作为拥有悠久历史的农业大国，对科技助力下的农机装备极为看重，在"中国制造 2025"规划之中，更是将发展农业机械装备列为十大重点领域之一。

为满足农业发展新的要求和不断涌现的新需求，我国开始将农业发展的重点，转移到农机装备的升级之上。其中，学习国外研发先进的智能农机装备，成为破除传统农业难题、推动农业升级的有效途径。智能农机是指将现代信息通信技术、互联网技术、智能控制和检测技术等，集成于传统农业机械之上所形成的新型农机装备。相比于传统农业机械，智能农机具有精准智能、高效自动、安全可靠、多能通用等诸多优势。通过众多智能系统的应用，智能农机能够将精准化带入到整地、播种、施肥、灌溉、收获等所有环节之中，实现对生产资源的节约和对土地的最大化利用，不仅带来显著的经济效益，同时也具备极佳的环境效益。此外，传感器技术的应用让智能农机能够实现对自身状况、作业环境和作业状态的监控，为安全作业提供保障；芯片控制技术的发展也给智能农机的功能多样性带来支持，增强了农机装备的适用性和功能性。两大全新优势的凸显，都给农业生产模式的升级带来积极影响。农机装备的自动化、智能化升级已经成为我国农业发展的必然趋势，推动智能农机发展和普及，是促进我国绿色农业、高效农业和节约农业实现的重要途径。

在此大背景下，刚刚实现有收割机可用的苎麻产业，恰好赶上这发展的潮流，使苎麻机械化收割技术能跃上一个新台阶，从有机可用朝多功能、智能化发展。苎麻主要在我国种植，国外很少进行苎麻田间机械化及智能化收获的研究。在 20 世纪 90 年代，日本的科研人员曾进行苎麻机械化收获领域的研究，科研人员租赁马来西亚土地种植苎麻，进行苎麻自动收割技术和自动剥麻技术的研究。在理论上，这种苎麻收割装置通过传感器对地面高度的识别，自动控制收割机械手进行切割高度的调节，使得收割机械手始终紧贴地面的苎麻根部，适应凹凸不平的地面收割。该研究仅停留于理论阶段，并没有继续深入，也未见有相关样机试制的报道。在国内，苎麻机械化收获的智能化方面研究则为空白。

一听说将把苎麻联合收割机进行智能化升级，最开心的是团队的几个小伙子们，因为智能化是现今农机领域最有前途的发展方向，能在农机研究领域的最前沿阵地成为弄潮儿，小伙子们个个摩拳擦掌，跃跃欲试。岗位专家李显旺研究员决定，干脆让他们也每人出一套智能化方案，到时一起 PK，看能否在年轻人活跃的思维中发现闪光点。那段时间，小伙子们个个都化身智能控制领域高手，如果说原先熟悉的机械术语是接地气的本土语言，那么一个个陌生的智能控制术语颇有高端之意，这也是人们对陌生领域本能的敬畏之心。小伙子们不时熟练地迸出这些专业词汇，CAN总线、多参数智能控制、多模态成像传感平台、自适应、实时决策技术、执行技术……显示出他们在这方面的知识储备量是足够的，并且终于有用武之地了。

在对不擅长的领域做出决策时，需比平时更加慎重考虑。麻类体系邀请智能控制方面的专家举办了多次方案认证会，交流商讨、聆听他们的分析和意见，最终确定了苎麻联合收割机智能化控制的第一阶段目标为切割、输送、行走、打捆 4 个工作部件。

运用机械原理、机械设计、机械制造相关理论对机械机构部分进行论证、设计、出图以及加工工艺的确定和样机的制造；运用液压控制原理、工程力学、动力学原理进行底盘的设计、液压部件的设计和动力的分配；利用传感器及自动检测技术对割台高度自动仿形装置、自动拨麻装置、自动对行装置、智能打捆装置进行研究和设计；利用多参数信息融合技术与故障诊断算法对样机的智能控制系统进行研究。主要研究内容包括：

①割台高度自动仿形技术与装置研究。为适应苎麻田块地貌，防止割台伤害麻蔸，研究苎麻割台作业高度自动仿形技术，研制地面仿形装置和自动控制系统，以提高苎麻联合收割机的适应性。

②拨麻装置高度自动控制技术与装置研究。为适应苎麻茎秆高度差异大的特点，研究苎麻茎秆高度自动识别、拨麻装置高度自动控制等技术，研制拨麻装置高度自动控制装置，实现拨麻装置高度自动调节。

③自动对行技术与装置研究。针对苎麻种植和生长特点，减轻驾驶员作业强度，研究苎麻收获自动对行技术，研制苎麻联合收割机自动对行装置，实现辅助驾驶作业。

④智能打捆技术与装置研究。针对苎麻茎秆的特性，研究苎麻打捆技术、打捆松紧度自动控制技术，研制苎麻智能打捆装置，为苎麻联合收割机提供技术支撑。

⑤苎麻联合收割机智能控制系统研究。基于苎麻切割速度、输送速度、作业速度、割台输送堵塞、打捆喂入堵塞等主要参数信息的检测，研究多参数信息融合技术与故障诊断算法；结合自动对行、割台高度自动仿形、拨麻装置高度自动控制、自动打捆控制等智能控制技术，研制苎麻联合收割机智能监控器，实现苎麻联合收割机主要参数实时采集、自动监控与故障诊断。

通过实现苎麻机械化收获装备的现代化提升，从而提高农村苎麻作业的劳动生产率、减轻麻农的劳动强度、降低农业生产成本，并为种麻大户和农户扩大种植面积创造条件，为麻农增产和增收做出贡献。同时借此机会，培育一支苎麻机械化生产研发领军队伍，培养一批苎麻产业骨干科技人才，开发适宜于中小企业生产的苎麻自动化收割装备。

五、工业大麻收割机械

在解决了最迫切的苎麻田间收获问题，实现有机可用之后，团队随即将目光转向了工业大麻。我国工业大麻的改良育种、种植技术已经成熟，机械化剥麻技术也大幅提高，后期的机械化脱胶技术和纤维开发利用技术更是处于国际领先水平。在工业大麻的整个产业链中，只有机械化收割技术在国内尚处于空白的状态。国外有高水平的工业大麻收割技术，如德国 CLASS4000 系列大麻收获机，功能强大，其分层切割方式可以将大麻茎秆切割成 2～3 段收获或者打碎收集；还有双层割台机型，上层收获麻籽经传送带装车，麻秆打碎收集，打碎后的茎秆用于纤维和复合材料的生产。但这些机型结构复杂、价格昂贵，且不适合我国农艺的要求，很难在我国大范围推广使用。

工业大麻生存能力强、适应性广，我国多数省（区）都具有适宜大麻的种植条件，特别是松嫩平原和黄淮海流域，云南也有部分种植区域。种植模式，则平作、垄作都可以，条行播，行距 15～30 cm，株距 4～10 cm。根据地区生态条件和品种特性，植株差异很大，高度在 120～500 cm 之间，茎粗在 0.6～4.5 cm 之间。因为工业大麻需要一个沤麻过程，所以东北地区为一季种植，收割后可直接铺放田间；在黄淮海流域和云南则将收割后的工业大麻运至场上进行集中沤麻。

根据工业大麻的这些特性以及种植的地域条件，体系决定研制两种适应不同种植区域的收割机械。先研究适合黄淮海流域的自走式收割机械，再研究适合云南山坡地的小微型收割机械。东北地区都是大田块种植，已经有部分国外机型可以作业。而我们又是第一次研制工业大麻收割机械，黄淮海流域离样机生产企业近，可进行性能试验，试验改进方便；待性能稳定之后，再到东北做适应性改进试验，完善功能。

定好研究方向，团队立马投入紧张的研究工作。首先当然是到工业大麻种植区域进行实地详细调研。这个工作得到六安大麻试验站的大力支持和配合，试验机型也以六安地区工业大麻为研究对象。当地的工业大麻，茎秆粗壮，茎高基本都在 3～4 m，种植田块规模小，但地势平坦，适宜自走式机型作业，但割幅不宜过大。

研究设计的工业大麻收割机割幅为 1.6 m，可一次性完成切割、输送、铺放功能，配备 40kW 的专用履带动力底盘，液压传动，其工作部件主要由扶禾装置、切割装置、三组上中下水平布置的横向链条式输送装置组成（图5-3、图5-4）。

图5-3　配套式工业大麻收割机在大庆进行的大麻收割田间试验

图5-4　配套式工业大麻收割机在六安进行的大麻收割田间试验

2015年和2016年，研制的4LM-160型轮式自走式工业大麻收割机在安徽省六安市先后进行了4次试验。试验品种均为皖大麻1号，种植形式均为5行垄作，行距和株距并不规则，行距15～25 cm、株距4～10 cm不等（图5-5）。

因受地块限制，第1次试验，割幅为1 m，没有满幅收割。发现切割后的麻秆容易往前倾倒，仔细观察，原来是因麻秆太高（4 m多）、顶端又有叶子和花絮，造成了麻秆头重脚轻。分析计算后，将收割机最上面一层横向输送提高了一定距离，相当于把扶持的位置提高了，上面就能站得稳，果然奏效。但没多久，链条频繁地从导轨里面掉出来了，发现链条的出入口开度过大，导致包容性不够。解决之后，终于能够较顺畅地收割了。

第 2 次试验开始满幅收割，结果与第一次相去甚远，切割后的麻秆送至机器左侧的输送过程一直不太顺畅，而导致割台堵塞。因为所有的机构都在电脑上三维建模分析，仿真结果都是可行的，那为什么就是送不过去呢？经过仔细琢磨，原来将麻秆压制靠在输送链上的钢丝，按要求应该是特定材料的弹簧钢丝，这样，不管麻秆粗细多少都能按照预先计算出来的力压在输送链上，保证它们跟着链条一起往左侧移动，越往左侧，麻秆越多，对压制钢丝的弹性要求越高，一旦压不住，麻秆就不随链条移动，因此造成拥堵。检查发现，钢丝竟然只是普通的钢丝，一点弹性都没有。这也提醒了研制团队，在试制过程中，必须要注意到每个细节，试验时受非技术因素的干扰越少，试验效果越好，越能得到准确的实验数据，有利于机具的提高和改进。

后面几次的试验，均运行平稳、工作安全可靠，在切割机构和输送机构的作用下，能够较好地完成工业大麻茎秆的切割和输送过程，漏割率在 5.8% ～ 6.4%。但雨天试验时部分麻秆倒伏，倒伏麻秆不易被扶禾进入切割装置，无法完成正常的切割输送。种植的规范性和植株的差异性对麻秆漏割率影响很大，直线度好、麻秆茎秆不倒伏、个体差异小会降低麻秆的漏割率。

试验还发现，工业大麻平均茎秆直径对收割机输送成功率影响较大，茎秆越粗收获效果总体越好。秆茎粗壮，不易弯折，增强了扶禾装置的扶禾效果，有利于茎秆切割、夹持输送，并减少茎秆折断导致输送堵塞。作业速度对收割机作业性能也有一定影响，在平均秆径接近时，一定范围内作业速度越快总体效果越好，主要原因是速度越快割断的麻秆越易形成"作物墙"便于横向输送，从而提高输送成功率。

图 5-5　4LM-160 型轮式自走式工业大麻收割机在六安进行田间试验

田间试验结果表明：该工业大麻收割机设计方案可行，已初步具备工业大麻的机械化收获能力，具体工作参数的优化有待建立相关的工业大麻机械化收获试验标准，并做进一步的试验分析。同时，工业大麻收获机械化的实现更需要工业大麻种植农艺上的配合。

后期开展的 4LMZ-60 型工业大麻小型收割机研制比较顺利。这类收割机主要用于云南等丘陵山区小地块的工业大麻收割。单行收割，割幅 600 mm，整机重仅 200 kg（2 ～ 3 人即可抬着上坡），生产率为 1 ～ 2 亩/h。该机为手扶式自走收割机，可作为丘陵山地等小型地块种植的工业大麻的收获机械。该机一共有上下三层横向输送装置，平时把最上面一层去掉，还能兼收稻、麦等作物（图 5-6）。

图 5-6　4LMZ-60 型工业大麻小型收割机在云南进行田间试验

传统工业大麻收割方式主要靠人工，劳动强度大、效率低。高效率的大麻收割机不仅可以降低麻农的劳动强度，减轻农民负担，而且可以实现大麻规模化种植，统一收获和加工，保证麻纺企业获得优质原麻供应，提高农民收入，提升大麻产品的附加值。大麻收割技术的研究将为大麻产业的发展提供强有力的支持，提高大麻机械化收获水平将促进相关大麻的各个行业加快发展。大麻机械化的推广可以促进大麻生产向规模化、标准化、产业化方向发展。

六、剑麻施药喷雾机

剑麻的病虫害在我国华南地区约有十几种。随着剑麻大面积的栽培，在高温多雨的季节相继发生了斑马纹病和茎腐病等。传统的施药技术已不能满足于规模化的种植需要，施药过程中"跑、冒、滴、漏"问题严重，人身中毒事故时有发生。现有的手动喷雾器已不能适应不同生长时期和不同高度的剑麻施药需要。因此，迫切需要一种新型的施药机械，以满足剑麻规模化的种植。

团体队根据湛江剑麻园的种植模式，研究开发出 3WSJ-650 型悬挂式剑麻施药喷雾机。该机与 36.8 kW（50 马力）以上带动力输出轴的轮式拖拉机配套，可为剑麻等旱地作物喷洒化学除草剂、杀虫剂、杀菌剂、生长调节剂和液态肥料等，带有升降式喷杆，也可配用喷枪进行水平宽幅喷雾和垂直喷雾作业，降低了剑麻田间管理的综合成本，提高了作业效率，还可用喷枪对农机具、车辆及禽、畜舍、道路等进行冲洗和消毒，以及大田和园林绿化等方面（图 5-7）。

图 5-7　3WSJ-650 型悬挂式剑麻施药喷雾机在湛江进行田间试验

第二节　麻类剥制装备研发

麻类机械装备的研发水平是制约麻类产业发展的重要瓶颈。2009 年以来，随着麻类多用途研究的不断深入，麻类产业发展持续向好，对麻类机械化水平提出新的要求。在国家麻类产业技术体系的支持下，麻类作物机械装备研究进入"高产"阶段，初加工机械化岗位克服人才短缺、经费有限等不利因素，先后研制 4BM-260 型苎麻剥麻机、横向喂入式大型苎麻剥麻机、4HB-480 型黄/红麻剥皮机、4BM-780 型黄/红麻剥皮机、4BD-400 型大麻鲜茎剥皮机等麻类机械。"苎麻、黄/红麻剥麻机械的研制与应用" 2012 年获得中国农业科学院科学技术成果奖二等奖，"苎麻剥麻机的研制与应用" 2014 年获得湖南省科技进步奖三等奖。

麻类作物的收获加工过程不同于一般作物，而不同的麻类作物对机械的设计要求也不一样，另外麻类作物的作业过程多、流程长，各个环节需要的机械集成度低，成为困扰麻类机械化水平的重要难题。十年来，围绕不同麻类作物的不同作业过程，根据麻类产业体系的重点研发任务，初加工机械化岗位开展了一系列卓有成效的工作，为麻类产业发展提供有力的技术支撑。

十年来，初加工机械化岗位人员最少的时候仅剩下三位研究人员，但是，即使在最困难的时候，也没有放弃这个岗位，为保持麻类学科的系统性、完整性和可持续性做出了重要贡献。

一、苎麻剥麻机械的研究进展

苎麻的剥制加工研究是我国苎麻生产机械化研究的重点，苎麻剥麻机的研制具有深厚的研究基础。一直以来，由于机械化水平低，苎麻生产过程中的人工比例一直居高不下，严重制约苎麻产业的发展。为进一步改进技术，提高工作效率和原麻质量，十年来，初加工机械化岗位根据体系重点研发任务要求，调研了苎麻主要生产地——江西省宜春市、湖北省咸宁市及周边地区的市场情况，围绕市场需求开展了大型苎麻剥制装备研发、小型剥制机具研发与推广以及苎麻棉型纤维加工设备的研发工作，先后研发出横向喂入式大型苎麻剥麻装备 6BMH-180 型苎麻剥麻生产线、4BM-260 型苎麻剥麻机和苎麻干茎棉型纤维加工装备。

1. 国内第一台大型苎麻剥制装备

大型苎麻剥麻机的研制艰辛曲折。苎麻剥制效率低、劳动强度大是苎麻剥制加工的突出问题。随着我国苎麻种植从个体化、小面积分散种植向良种化、规模化方向发展，小型苎麻剥制机械由于剥麻功效问题，无法满足苎麻大规模种植的机械化收割要求，研制大型苎麻剥麻机势在必行。2010 年，经过广泛调研，初加工机械化岗位研究人员开始对大型苎麻剥制装备开展研发工作，并与生产企业合作，研制、试制大型苎麻剥制装备即横向喂入式苎麻剥麻机。虽然小型苎麻剥制机械的研究已经积累了丰富的经验，但是，对于大型苎麻剥制装备在我国的研究尚属首次。"世上无难事，只怕有心人"，在团队成员的共同努力下，仅仅用了几个月的时间，就完成了样机的设计工作。为了证明设计的可行性，2011 年开始委托企业开展样机的试制工作，由于该样机体积庞大，试制工作难度很大，但是研究人员没有退缩，通过与生产企业的多次沟通、现场考察与指导，历时将近一年，最终按照合同要求完成了样机的试制工作。

接下来便是紧张的安装调试过程。为了趁热打铁，2012 年，团队开始着手样机的安装与调试工作（图 5-8）。2012 年 2 月，在湖南省长沙市望城农业经济开发区建成建筑面积 260 m² 左右的配套剥麻车间；2012 年 3 月 6 日，大型剥麻设备试制完成运抵长沙；同年 4 月 7 日开始进行设备安装，至 4 月 12 日设备安装完毕，并进行空车运转调试；6 月 5—8 日，进行设备调试并进行剥麻试验。

图 5-8　剥麻样机安装与调试

第一台样机的研制成功来之不易。2013—2014 年，样机安装调试完成后，在熊和平首席的支持下，科研人员、企业技术人员长期住在试验基地的简易房间，克服基地生活困难和交通不便的问题，加班加点搞试验、不畏艰难抓改进。由于该机是与过去小型剥麻机完全不同的大型苎麻剥制加工设备，且为第一台试验样机，在苎麻剥制加工过程中还存在一些不足。团队人员发现问题后，及时总结与分析，针对问题和困难迎难而上，科研人员查阅大量资料，并到广东及东北各省等相关企业调研，与生产企业人员一道先后进行 8 次改进设计和无数次试验工作。通过采取加长接麻绳、增加导麻板、改进压麻轮等措施，解决了样机试验过程中存在的滚筒缠麻、出麻不畅、麻渣堵塞等问题，完成了大型剥麻机整个生产线的改进与试验工作，实现了我国大型苎麻加工装备零的突破，并获得国家发明专利和 2014 年度湖南省科技进步奖三等奖。

该机器对 1.8 m 以下的去梢、叶鲜茎的原麻出麻率为 4.78%、原麻含杂率 1.09%、剥麻工效 131 kg/h，是现有小型苎麻剥麻机工效的 10 倍左右，满足了大型苎麻基地纤维剥制需求（图 5-9）。

图 5-9　运行中的大型苎麻剥麻装备样机

2．小型苎麻剥麻机不断完善与推广

（1）优化参数，适应新要求

由于目前我国苎麻种植方式以小规模农户种植为主，因此小型苎麻剥麻机市场需求旺盛，市场潜力很大。小型苎麻剥麻机的研究由来已久，但是由于工效不高、性能不稳定等，在生产上的推广有限。2009 年开始，以苎麻分散种植的个体农户为目标群体，以操作灵活、移动方便、剥麻质量好为目的，研究人员先后开展了双滚筒小型苎麻剥麻机参数优化设计与试验、样机设计与试验、样机性能试验与示范推广等工作，研制出 4BM-260 型小型苎麻剥麻机，并在生产上推广应用，取得了一定的社会效益和经济效益。

样机设计前，团队成员邀请种植与收获团队岗位专家李显旺研究员等探讨交流，并调研了广西南宁连升工贸公司、江西分宜以及江苏洪泽纺织有限公司生产的大中型苎麻剥麻机和剑麻剥麻机，对比了湖南、湖北、四川、重庆等省（市）生产的小型苎麻剥麻机，确定小型苎麻剥麻机样机基本结构为反拉式剥麻机，双滚筒剥麻部件，配套小型柴油机或电动机为动力，方便农户移动使用。

同时，科研人员还进行了样机结构参数的优化设计，以对剥麻质量和操作劳动强度等影响较大的重要参数为内容，研究人员优化了滚筒直径、滚筒转速、滚筒啮合间隙、滚筒打板数量、打板偏角等。通过样机结构设计、参数优化设计与试验、传动设计及动力配套，研制出 4BM-260 型苎麻剥麻机，并设计出配套电动机和柴油机为动力的两种样机。小型苎麻剥麻机生产率达到 13 ～ 18 kg/h，鲜茎出麻率 5% 左右，工效提高了 30% 以上（图 5-10）。

图 5-10　4BM-260 型苎麻剥麻机性能试验

（2）小型苎麻剥麻机得到市场认可

2010 年，初加工机械化岗位团队根据样机设计中存在的一些问题进行了改进设计，确定了 4BM-260 型苎麻剥麻机机型，对该样机图纸进行了详细的检查和修正，委托企业进行样机生产。2010 年二麻和三麻收获期间，分别进行了样机的性能试验。试验结果表明，4BM-260 型苎麻剥麻机鲜茎出麻率较高（5.91% ～ 5.93%）、原麻含杂率较低（0.24% ～ 0.52%）、原麻生产率较高（13.15 ～ 18.06 kg/h），剥麻质量完全达到国标标准，4BM-260 型苎麻剥麻机整机的性能指标全部超过了设计指标。

4BM-260 型苎麻剥麻机先后在湖南沅江、湖北咸宁、湖南张家界、四川大竹、重庆涪陵、江西宜春等地苎麻主产区推广应用（图 5-11）。获得 2014

年度湖南省科技进步奖三等奖。

图5-11　4BM-260型苎麻剥麻机示范现场

3．高效轻简化苎麻剥制机研发取得初步成效

随着苎麻多用途利用技术的发展，对机械化水平的要求不断提高。针对苎麻剥麻机喂麻劳动强度大、剥麻工效低、自动化程度低等问题，苎麻轻简化剥制技术这一议题被提上日程。目的是研究一种剥麻效率高、操作劳动强度低，喂麻、打麻与麻屑梳理能够实现有效衔接的自动喂入、剥制与纤维输出的苎麻剥装备，解决苎麻产业发展过程中的瓶颈问题。2017年8月18日，麻类体系在太原召开专题会议，确定研究任务，有关专家和团队便开始着手制订苎麻轻简化剥麻技术研究的实施方案。苎麻轻简化剥制装备研究将重点提高剥麻工效、减轻劳动强度。考虑到时间紧（3年）、任务重，方案一开始拟借鉴国内外现有麻类纤维剥制成熟机械，再根据苎麻特点进行改进、组装与完善。

新机型的研究难度是可想而知的，没有成功的经验可以借鉴，也没有成熟机型作参数，只能白手起家，艰苦奋斗。但年轻科研人员干劲十足，对创新工作充满期待。根据国内外麻类机械的机型现状，团队经过反复讨论后决定，以苎麻鲜茎为原料研制轻简化剥制装备有两种机型可以参考，第一是亚麻打麻机械和横向喂入苎麻机械，第二是直喂式剑麻剥麻机械。先利用现有机型开展探索性试验，根据试验结果再确定设计方案。

2017 年 9 月，团队利用亚麻打麻机进行了大麻鲜茎和苎麻鲜茎剥麻试验，考证该机器纤维夹持可靠性和打麻可行性与质量。

为了验证亚麻干茎剥麻机剥制大麻鲜茎的夹持输送稳定性及剥麻效果，团队成员赴黑龙江省青冈县，在当地农业局和黑龙江省农业作物研究院经济所的支持下，利用移动式亚麻打麻机剥制大麻鲜茎。大麻鲜茎为黑龙江省青冈县当地种植，当日收割，切断长度 80 ～ 100 cm。

为解决苎麻纤维轻简化剥麻技术难题，2017 年 11 月，在黑龙江省青冈县利用移动式亚麻设备开展了苎麻鲜茎剥麻试验，主要考证苎麻鲜茎夹持输送的可靠性和剥麻质量。苎麻样品是从长沙带去的苎麻资源圃收集的三麻鲜秆，茎秆生产长度只有 1 m 左右，苎麻鲜茎数量约 6 kg，含水率约 79%。初步试验结果表明，该设备的夹持装置能够完成苎麻夹持与剥麻过程，剥出的纤维没有碎骨；鲜茎碎茎无法完成，茎秆经过第三组碎茎辊后缠绕在碎茎辊四周、无法通过全部碎茎辊；夹持带容易掉带和停转。分析上述原因可能是苎麻茎秆含水率较高，使得纤维容易缠绕、皮带容易打滑，故障率较高。剥麻样品经农业部麻类产品监督检验测试中心检测，纤维强力 32.92 cN，含胶率 27.20%，含杂率 2.4%。

高效轻简化剥麻实施方案向前推进。采用亚麻打麻设备进行苎麻鲜茎剥制碎茎缠麻、打麻工作一段时间后故障率较高，可能与麻茎含水率太高有关。考虑试验结果，在此基础上提出苎麻轻简化剥麻装备设计方案，结合南方苎麻丘陵山区种植特点，决定在剑麻剥麻机基础上进行改进，以中小型剥麻机为目的开展轻简化剥麻装备的研究。

4．苎麻棉型纤维剥制设备研发进展顺利

在国家麻类产业技术体系经费资助下，麻育秧膜的研发与应用在东北地区取得较大成功，并大规模推广应用。为解决麻育秧膜生产所需麻类原料问题，2017 年 10 月，体系办提出拟采取"苎麻密植矮化种植→机械化分段收割→机械打捆→机械裹包包膜→青贮→干燥→剥麻→棉型纤维"的技术路线获得麻纤维膜用苎麻所需的棉型纤维。

根据体系办的技术方案，结合本团队大麻干茎碎茎试验、大麻鲜茎剥麻试验和苎麻鲜茎剥麻试验初步结果，采用目前亚麻干茎的加工工艺或剑麻鲜茎的加工工艺剥制苎麻纤维均存在以下问题：一是用亚麻设备加工苎麻或大麻鲜茎碎茎辊缠绕较严重，二是北方大麻干茎加工设备在南方地区使用容易缠麻。分析原因，这可能与南方地区空气湿度较高、苎麻鲜茎含水率高有关。另外，苎麻每年收获 3～4 次，当季麻收获后苎麻不易在田间堆放和作业，会影响下季麻的生长；南方地区高温高湿，对苎麻的干燥和贮存都有较大影响。

为解决上述问题，采取引进消化的方法，团队购置、改进、配套了麻类干茎棉型纤维加工设备，包括碎茎机、梳理机，自行设计了纤维打麻机，并开展了初步试验研究，以获得乱纤为目的的麻类干茎加工设备可以满足麻纤维膜等膜用苎麻纤维的加工要求，目前研究进展顺利。

二、黄／红麻剥制机械研究进展

我国黄／红麻剥制机械研究始于 20 世纪 70 年代，到 80 年代先后研制成功 HB-500 型碎骨式剥皮机，4BM-27 型、6BM-3 型和 6HZB-150 型等整骨式黄／红麻剥皮机用于生产，后来随着红麻种植面积下滑，红麻剥制机械研究处于停滞阶段。20 世纪后期以来，黄／红麻除了用作传统包装材料，开始以合成纤维或复合纤维的形式在汽车、家具、床上用品以及装修等领域广泛使用，原料需求不断上升。但是，黄／红麻收获难的问题成为制约其产业化发展的瓶颈。

1．双滚筒黄／红麻剥皮机

反复改进样机设计。为了解决黄／红麻剥皮这一难题，研制出高效、安全、工作性能稳定的黄／红麻收获机械，研究人员开始冥思苦想，跃跃欲试。2008 年，麻类机械研究进入麻类产业技术体系，团队首先着手解决黄／红麻剥皮机械问题，科研人员结合黄／红麻的生长性能，做了大量的市场调研，提出了样机的设计方案。2009 年，通过对麻类生产的调研和分析比较原有红麻剥皮机存在的问题进行总结，麻类产业技术体系剥制机械岗位与湖南省农业机械鉴定站合作，从完成黄／红麻剥皮的主要工作部件设计着手，研究确定采用一对压辊与 2 对剥皮辊及输送节的设计方案，通过试验确定了压辊和剥皮辊的结构参数。

样机结构及主要设计参数确定后，样机的设计与试制需要花费大量精力和经费，通过图纸的设计、修改、审核、讨论等工作，2009 年 9 月研究人员完成了 4HB-480 型黄／红麻剥皮机第一代样机试制，并于 9 月 23 日和 10 月 13 日分别进行了红麻、黄麻以及大麻的剥皮试验。该机具有以下特点：①与原有剥皮机相比，新研制的红麻剥皮机的剥皮质量好，不伤麻皮，梢部剥制较干净。②工效更高，剥皮工效达 700 kg/h（鲜皮）以上。③机型紧凑，结构更趋合理。问题是，该样机存在行走装置和输送带支架设计不合理、梢部剥净率有待提高等问题，需要进一步改进。

2010 年继续对黄/红麻剥皮机图纸进行改进，设计出第二代黄/红麻剥皮机。先后设计不同剥皮滚筒和压辊对数的黄/红麻剥皮机型式共 3 种：其中 1 对压辊、2 对剥皮滚及输送带配电动机，2 对压辊、2 对剥皮滚及输送带配电动机，2 对压辊与 1 对剥皮滚及输送带配电动机作动力。试验样机分别在湖南沅江苎麻试验站、浙江萧山红麻试验站和河南信阳红麻试验站进行试验与示范。

2011 年，针对 2010 年样机设计、试制、生产示范中所存在的问题，开展了研究改进设计工作。

为满足不同直径的黄/红麻茎秆的充分碾压要求，将小压辊的啮合间隙设计为可调装置，即设计一套上压辊可沿固定滑槽上下滑动的支撑装置。在麻茎喂入压辊碾压后送入小压辊时，在压力弹簧的作用下，上下小压辊处于啮合状态，麻茎始终被上下小压辊充分碾压实现皮骨分离，同时压辊又不会将麻皮压断，保证了剥麻质量，提高了剥净率。

考虑 4HB-480 型黄/红麻剥皮机移动要求，对其行走装置重新进行了设计，增大行走轮直径，并选择充气胶轮方便样机行走和田间移动。

根据样机在试验中反映出的输送带转速较低、已剥麻皮输出发生堵塞现象，重新改进设计皮带轮，提高了输送带的输送速度。

2011 年分别对 2 对压辊和两对剥皮滚（4HB-480 型）和 2 对压辊与 1 对剥皮滚（4HB-480A 型）两种样机设计的图纸进行了修改，重点对样机结构参数优化设计，完善了部分零、部件的结构。在样机试制过程中，又针对出现的问题进行了修改和完善，使 4HB-480 型和 4HB-480A 型两种样机设计图纸基本完善。

样机试制质量的好坏关系到样机的工作性能，2009 年和 2010 年受合作企业加工技术条件的限制（图 5-12），导致黄/红麻剥皮机制造质量出现问题，造成工作性能不稳定。2011 年通过考察相关厂家与洽谈，与长沙桑铼特农业机械设备有限公司达成样机试制协议，共试制黄/红麻剥皮机样机 5 台，分别为 4HB-480 型和 4HB-480A 型，其中为生产单位和植麻农户提供 4HB-480 型

3 台。样机制造质量得到明显提高，并根据合作企业的建议，对样机行走机构进行改进，根据生产需求考虑设计自走式黄/红麻剥皮机。

图 5-12　4HB-480 型（左）和 4HB-480A 型（右）黄/红麻剥皮机

样机工作性能达到预期效果。2011 年 10 月 11 日和 10 月 20 日，分别在本所沅江试验站和望城试验基地对 4HB-480 型和 4HB-480A 型黄/红麻剥皮机进行了样机性能测定。2012 年 10 月，由湖南省农业机械鉴定站在中国农科院麻类研究所望城试验基地，对我所研究设计的 4HB-480 型黄/红麻剥皮机样机进行了全面技术检测（图 5-13）。测定的剥净率、鲜皮含骨率、样机噪声、鲜皮生产率等技术指标均满足计划任务书要求。该机剥净率≥90%，鲜皮含骨率 7.22%，鲜皮生产率可达 1 000 kg/h 以上，空载噪声 88.7 dB。

图 5-13　4HB-480 型黄/红麻剥皮机样机性能测定与检测

为了验证改进后的黄/红麻剥皮机工作性能的稳定性和剥麻质量情况，2011 年 11 月，在沅江试验站进行了红麻剥皮试验示范。结果表明，该样机工作性能稳定，工效较高，红麻收割放置一段时间后剥皮，去叶效果较好。

2012 年 9 月下旬，在我国红麻主产区福建省漳州市开展了 4HB-480A 型黄/红麻剥皮机的生产试用与示范（图 5-14），培训操作手 10 余人，剥红麻

20 余亩，当地农户对该机剥麻工效及质量非常满意。该成果 2012 年获得中国农业科学院科技成果二等奖。

图 5-14　4HB-480A 型黄/红麻剥皮机试验示范

2．国内第一台大型黄/红麻鲜茎剥皮机研制成功

从需求着手。对于种麻大户来说，小型红麻剥皮机由于剥麻效率较低，显然不能满足一定生产规模的需要，为了解决红麻种植大户规模化剥麻问题，从 2012 年开始，根据我国盐碱地、荒漠地大规模种植红麻的需求，开展大型红麻鲜茎分离机械的集成研究，重点解决红麻大面积种植收获后的剥制加工问题。

大型红麻鲜茎皮骨分离机械关键技术包括红麻鲜茎的皮骨分离技术，红麻韧皮的碎骨梳理技术，以及红麻鲜茎剥皮机的传动机构等；红麻皮骨的分离程度及韧皮碎骨的梳理质量决定了样机的剥麻效果，传动方式及传动参数等影响红麻韧皮的工作稳定性。本研究主要是与大麻鲜茎剥皮机研究相结合，首次采用了茎秆揉搓机构和麻骨梳理机构二级分离，开展了大型红麻鲜茎皮骨分离机械关键部件的研究工作。样机主要由揉搓机构、梳理分离机构、茎秆喂入装置、纤维输出装置、传动系统、机架、动力系统等组成。

搞好结构设计。根据前期研究，设计的主要皮骨分离工作部件是由 6 对主要工作机构组成的，前面 2 对是直齿压辊，中间 2 对是螺旋形碎茎辊，后边 1 对是斜齿剥皮滚筒和 1 对直齿剥皮滚筒，以期得到较好的碾压、揉搓和分离效果，尤其是使茎秆的梢部在出口的位置也能得到充分的分离，这样就能使纤维的含杂率更低，出麻率更高，茎秆的皮骨分离效果更加好。

把关样机质量。2014 年和 2015 年围绕关键技术及结构开展相关研究及样机的设计改进工作。经过多次的试验和改进设计，研制出 4BM-780 型大型红麻剥皮机样机（图 5-15），该机性能可基本满足红麻、大麻纤维剥制的需求。

图 5-15 4BM-780 型红麻剥皮机样机

2015 年 5 月 14 日和 6 月 23 日，开展了 4BM-780 型剥麻机的苎麻鲜茎剥麻试验，确定剥制苎麻合适速度为 v_1=305rpm，v_2=320rpm 时，机器剥制苎麻工效较高，达到 1 149.78 kg/h（鲜皮）。

2015 年 8 月下旬和 9 月上旬，先后两次进行了 4BM-780 型大型剥皮机剥制大麻鲜茎的试验，结果表明，前后剥麻滚筒转速分别为 v_1=340rpm，v_2=350rpm 时，大麻剥麻工效为 300 ~ 400 kg/h（鲜皮）。

2015 年 10 月下旬和 11 月上旬，先后两次进行了红麻剥皮试验，剥皮工效达到 1 000 kg/h（鲜皮）以上。

三、大麻剥制机械研究进展

工业大麻是一种多用途的经济作物。其茎高约 1 ~ 4 m，茎中心木质化，周围包裹着一层韧皮，其中含有的纤维长而坚韧，是重要纺织品原料。近年来，随着人们环境意识的增强和对天然产品的喜爱，以及工业大麻多功能多用途的开发，其在造纸、纺织、食品、饲料、建筑和装饰材料等领域的应用日益广泛。在岗位专家的带领下，团队根据"十三五"期间整体工作计划，聚焦农业科技前沿，在研究工业大麻茎秆力学的特性的基础上，开展了工业大麻剥制机械的相关研究，解决产业发展需求，为麻类产业可持续的发展贡献一分力量。

1. 大麻鲜茎剥皮机

工业大麻收获机械产业需求很大，目前国内外鲜有特别成熟的工业大麻剥制机械。团队根据大麻茎秆分枝多、皮骨结合紧密等特点，首先开展了工业大麻鲜茎剥皮机的前瞻性研究，提出了碎茎辊参数设计方案、剥麻滚筒参数设计方案、剥麻滚筒和碎茎辊转速设计方案等，试验研究改进，先后设计出了三代样机，并在安徽六安大麻产区进行了生产示范。

在样机设计之初，团队成员充分讨论，集思广益，畅所欲言，根据产业需求，方便剥皮机在麻类作物种植区的大面积推广使用，在结构和传动部分设计时尽量考虑选材和制造的通用性和方便性，以便降低生产、使用和维护的费用；为了使茎秆的基部梢部均能得到充分的碾压，设计出了4对碎茎辊，2对直齿形碎茎辊，2对螺旋形碎茎辊，并对比了碎茎辊用8个弹性装置和2个弹性装置的差异，结果显示仅用2个弹性装置的碎茎辊，就能起到很好的效果且能保证碾压均匀；为达到好的皮骨分离能力又不增加整机重量，团队成员发挥创造力，在试验的基础上，提出减少了一对剥麻滚筒，在另一剥皮滚筒底部增加凹形护板的方案，这相当于增加了一个剥皮滚筒，使碎茎后的麻皮在通过上剥皮滚筒和凹形护板的过程中被再次揉搓，加大皮骨分离能力。后续生产试验证明了这个方案是切实可行的。

第二代样机试验过程中，我们遇到了剥麻不净和移动不灵活的问题，岗位专家吕江南研究员根据斜齿碾压可以分解大麻茎秆的作用力的思路，提出了采取揉搓分离与梳理分离相结合的皮骨分离方法，改进设计了由茎秆揉搓机构和麻骨梳理机构组成的第三代大麻鲜茎剥皮机。改进后的新一代大麻剥皮机重量有所下降、移动较为灵活、传动装置速度级差进行了新的配置。定型的大麻鲜茎剥皮机整机重量530 kg，配套动力为5.5kW电机，喂入量为1.42 kg/次，鲜茎出皮率≥5%，生产率≥100 kg/h（图5-16）。该研究成果发表在《农业工程学报》上，促进了工业大麻剥麻机械的研究和产业化应用。

图5-16 4BD-400型大麻鲜茎剥皮机测试样机

2．工业大麻打麻机及智能碾压技术

工业大麻鲜茎剥皮机研制成功，解决了我国小规模大麻种植农户的纤维剥制需求；团队成员开始思考如何解决工业大麻大规模产业化种植中对高效干茎剥制机械的需求。

前期的工业大麻鲜茎剥皮机研制成功，给团队成员很大鼓舞和信心。我们先从工业大麻干茎秆的机械物理特性入手，遵循农业机械研究规律，先试制出了大麻茎秆碎茎机构试验台架，探索大麻干茎剥制机理。通过单因素预试验的方法确定了碎茎机构关键部件参数值。开展了大麻茎秆不同喂入形式、不同压辊形式、不同压辊转速的三因素四水平正交试验。通过正交试验，确定了达到较佳碎茎效果时的压辊转速、压辊的对数以及喂入方式的参数组合。

最终在工业大麻力学性能测试及大麻碎茎试验基础上，提出工业大麻碾压与剥制机械设计技术路线。根据麻类茎秆的长度及重量，选用工业输送链，配备变频调速电机作为动力源，可根据物料状态调整喂入输送速度，达到最佳效果。为提高样机的自动化程度，提出了利用光电传感器和重量传感器控制额定喂入量的智能调节技术，应用于大麻茎秆额定喂入量的自动控制，设计出了喂料机构。

采用创新的品字形压辊布置方式，减少碎茎装置长度，使得该部件结构紧凑，又没有减少碾压齿数，从而可以达到较好碾压碎茎效果，设计出了茎秆碎茎机构。在皮骨分离机构的设计上，我们采用弯折滚筒去掉较大较容易去掉的麻骨，然后进入下一级去掉碎屑及杂质，最后经抛甩滚筒，输出纤维。样机研发过程中，团队克服了工业大麻试验物料短缺、项目任务繁重、试验的季节性要求强等困难，充分发挥主观能动性，研制出了工业大麻干茎打麻机（图5-17），并取得1项国家发明专利。

图5-17 工业大麻干茎打麻机

四、麻类饲料加工机械研究进展

在"麻改饲"的研究与推广应用中，科研人员深刻认识到实现麻类作物全程全面机械化收获与加工是产业发展的唯一出路。在与企业合作的研究过程中，尝试种植了几百亩苎麻。大家发现，苎麻从田间茎秆到青贮喂养，中间工序繁杂，需要耗费大量的人工且劳动强度大，企业成本高。他们首先尝试用自动化程度非常高的玉米联合收获机进行收获，这样可以省很多工，而且不管刮风下雨或者烈日当空，农民不需要进行高强度的手工田间收获，刚开始非常顺利，可是机器师傅收了半天就不愿意再下地了，因为机器零部件被苎麻纤维给缠住了，采用其他作物收获机来进行苎麻田间收获的路子被堵住了，行不通！因为苎麻与其他作物特性不同，苎麻茎秆的内部含有韧皮纤维，团队临危受命，一定要研发专用的麻类作物机械化收获装备及加工装备。

1．饲用苎麻专用切碎机

饲用苎麻嫩茎叶中富含丰富的营养物质，是一种优质牧草作物。为了解决饲用苎麻在青贮加工过程中，切碎装置刀具易被苎麻纤维缠绕问题及探究饲用苎麻青贮最佳切碎方式，提高饲用苎麻加工效率和青贮品质，开展饲用苎麻切碎机的研制。

通过对饲用苎麻不同切碎方式与打包青贮后青贮饲料品质关系试验研究，对不同的切碎方式（揉丝、切碎、切揉）进行了多组平行重复试验，并对加工后的青贮饲料进行品质检测。试验结果表明：采用切揉处理青贮原料，乳酸含量占总酸总量达到84.7%，且乙酸与丁酸含量极低，灰分含量为7.52%，为最低，为三种切碎方式中的最理想切碎加工方式。在此基础上，我们开展切碎刀具及整机结构设计。为了减少切割阻力及减小切碎滚筒的转动惯性，因此在切碎滚筒刀具设计时，经多次模拟实验与分析，最后决定采用"人"字形双叶切碎辊刀。切碎机整机主要包含喂入装置、机架、一级上拨送辊、一级下拨送辊、二级上压辊、二级下压辊、切碎装置、纵向输送装置和水平输送装置这9个部分。就这样，第一代饲用苎麻切碎机于2018年5月份完成了试制工作。

2018年6月13日，在湖南农业大学进行性能测试实验，在试验之前，我们检查了改进之后切碎机样机各部件的装配情况，确保装配准确，各部件之间连接紧固。机器空载运行后，机器总体运行平稳，噪音低。为了验证切碎机的总体性能及切碎效果，我们进行了不同喂入量、不同转速试验。总体情况如下：切碎机总体工作正常，切碎高效，且能满足不同喂入量喂料。切碎后物料形态，呈碎茎状，这些碎茎包含短茎和长茎秆两个部分。短茎碎茎平均长约 3.75 cm，短茎占总碎茎的比例为 88.6%；长茎秆平均长约 9 cm，占比为 11.4%。切碎辊筒转速为 1 200 r/min 时，切碎效果最好（图 5-18）。

图 5-18 第一代饲用苎麻切碎机及效果

机器总体运行状态良好，切碎高效，能满足不同喂入量喂入。切碎后主要碎茎长度为 3.75 cm 与设计切碎长度 3～5 cm 吻合，符合设计要求。

为了获得更好的切碎效果，减少切碎加工后长茎秆占总碎茎秆比率，同时提升机器灵活性及纤维防缠绕特性，进行了第二代饲用苎麻切碎机的研究。新一代样机采用了行星链轮间隙调整装置专利技术，增强了喂入夹持辊之间的加持力；机器各旋转辊筒部件均配置防纤维缠绕装置，减少纤维缠绕概率；同时优化整机结构设计，在保证机器整体运行安全性与平稳性的前提下，机器重量大幅下降。

2．饲用苎麻联合收获机

自 2016 年起，国家麻类产业技术体系初加工机械化团队为解决饲用苎麻青贮收获难的问题，开展了饲用苎麻收割机的研究工作。2016 年改装研发出饲用苎麻割晒机，2017 年研发出第一代饲料苎麻联合收割机样机，一次性在田间完成收割、切碎与物料收集工序，满足饲用苎麻推广过程中的机械化收获问题。

4GM-185 型饲用苎麻收割机。2016 年中国农业科学院联合佳木斯东华收获机制造有限公司，在现有茎秆收割机基础上，研制改装了 4GM-185 型饲用苎麻收割机（图 5-19）。该机配套 XJ-502LT 型轻型履带式拖拉机作动力，行走速度范围 0～12 km/h，工作幅宽 1.8 m，动力输出曲柄转速为 720 r/min 或

540 r/min 可调，割台高度可自由调节。2016 年 12 月 5 日在长沙苎麻基地进行收割试验。试验表明，样机采用履带式拖拉机为动力，田间通过性较好；当机械动力输出速度为 540 r/min 时，茎秆切口质量不理想，当动力输出速度为 720 r/min、样机行走速度大于 1.5 m/s 时，茎秆切口质量较好。

图 5-19　4GM-185 型饲用苎麻收割机

4QM-4.0 型饲料苎麻联合收割机。2017 年，为解决南方饲料发展过程中机械化收获与切碎一体化的问题，开展了饲用苎麻联合收割机的研究工作。针对苎麻作物纤维含量高、切割难度大等特点，课题组考察了中联重机亳州有限公司等国内青秆饲料联合收割机的研发情况，参观了"谷王 3000A 青饲料收割机"生产工艺流程、产品加工零、部件及组装生产线，详细了解了青秆饲料联合收割机的技术特点。在此基础上，邀请国内收获机械专家对饲用苎麻联合收割机的研究方法进行了论证，就饲用苎麻联合收获机械作业方式、切割方式、喂入量的设计、刀片的选择等方面展开了讨论。会议初步确定，采取成熟的谷物收获机底盘，根据苎麻茎秆叶多、水分含量高、植株比谷物高大等特点，确定饲用苎麻收获机设计方案为：往复式切割器→刮板式茎秆输送器纵向输送→搅龙输送器横向输送→提升器输送茎秆到切割装置→人字形滚刀切割→刮板式提升器→物料厢。

根据饲料苎麻联合收割设计方案，研究了国内现有谷物联合收割机现状，决定采用湖南水稻收割机企业的底盘开展饲料苎麻收割机的改进与设计工作。团队成员考察了湖南龙舟农机股份有限公司现有的多种型号收割机械，针对企业已有的收割机型结合饲用苎麻收割的农艺要求商议解决收割机的整体布局、重心配置等相关问题，并着手试制底盘及割台部件。2017 年完成了底盘改进设计与试制，设计完成切碎装置，并试制出切碎机。

第一代样机进行了两次田间试验，该机田间地块适应性强，能连续完成田间收割、茎秆输送、物料切碎、料片输出等工作过程；收割割茬整齐，撕裂和重割少，有利于苎麻生长。同时在试验过程中也发现一些问题：收割机在茎秆高于 1 m 后拨禾轮发挥不了作用。这是由于我们是基于饲用苎麻理论高度为1 m 左右进行的设计，而我们试验物料的平均高度为 1.5 m，最高的甚至达到2 m 多，这是我们起初没有想到的；当收割机行走速度快、满幅收割时茎秆输送量大，容易发生堵塞；切料传动系统中一处皮带容易发生松动，导致停机影响正常作业；料箱过小，且没有配置液压系统，卸料不便。

根据多次田间试验掌握的基本情况，课题组拟开展联合收获机的改进设计工作，主要包括液压提升式翻转料箱的改进与试制、拨禾装置的改进与试制、割台茎秆辅助输送装置的试制、喂入辊传动装置的改进与试制等内容（图5-20）。改进后的样机可完成料箱自动翻转，并解决堵塞问题。

图 5-20　4QM-4.0 型饲料苎麻联合收割机样机及测试

第六章 麻类作物加工技术

第一节 生物脱胶与初加工

一、产业发展遭遇脱胶技术瓶颈

麻类是人类最早种植利用的纤维植物之一，在天然纤维中地位仅次于棉花，以其防霉抗菌、吸湿透气、抗紫外线和无静电等天然本质及独特功能，广泛应用于服装、家用和产业用纺织品等领域。随着全球对生态环境保护的日益重视，麻类纤维因具有生态、环保等优良特性而备受消费者的青睐，并已成为高档时尚产品的象征。但我国麻类产业并没有因为这些绿色发展特征而持续发展，而是在 20 世纪 90 年代初期达到高峰期后迅速下跌。特别是苎麻，原苎麻主产区环洞庭湖地区 2/3 以上生产企业关停倒闭，全国种植面积也大幅下降至不足 20 万亩，究其原因是麻类产业涉及种植、加工、纺织等诸多环节，产业链长，而其中脱胶技术是限制麻类产业发展的关键技术瓶颈之一。

脱胶是连接工业和农业的桥梁或纽带——体现麻类种植产业效益最大化的既基础又关键的生产环节，在麻类产业链中具有举足轻重的作用。20 世纪 90 年代至 21 世纪初，国内外麻类加工生产上采用的脱胶方法主要为三种：①天然水体沤制（沤麻），用于黄麻、红麻、亚麻、工业大麻（部分）脱胶；②化学脱胶，苎麻、大麻、罗布麻以及亚麻（深加工过程中的第二次脱胶）；③生物-化学联合脱胶，苎麻以及黄麻和红麻（深加工过程中的第二次脱胶）。

天然水体沤麻是我国最为传统的粗放型脱胶技术，由于操作简单，易被农户接受，但存在劳动强度大、生产环境恶劣、产品质量不稳定等明显问题，不适宜工业化生产。随着苎麻加工业的发展，化学脱胶逐渐成为麻类企业普遍采用的技术，然而该技术却存在消耗大量化学试剂和能源以及对环境污染严重等弊端，企业仅在污水处理上就需要一笔不菲的费用。为达到节能减排的效果，被称为"生物预处理"的生物-化学联合脱胶应运而生，然而，这种技术仍未将"菌发酵"和"酶降解"作为剥离非纤维素的主体，也存在工艺技术复杂、菌剂制备流程长、酶制剂成本高、不能摆脱化学方法的副作用等问题。与此同时，一些专家参考天然水体沤麻原理，开始利用微生物进行脱胶，即利用微生物分泌的复合酶专一性裂解胞间层，并切断纤维素连接非纤维素的化学键，从而剥离麻类纤维原料中非纤维素，实现纤维的初加工。生物脱胶技术虽污染大大降低，但研发进展缓慢，未能突破大规模生产应用。

随着国家对环保的日益重视，以化学脱胶为主的麻类纤维提取技术难以为继，而靠此技术进行生产加工的大量企业因环境污染问题而被关停，导致整个产业面临着日益萎缩的危机，因此，研发新型清洁化的脱胶技术成为保证这个传统产业持续发展的首要任务。

二、坚持生物脱胶技术研发

20 世纪 90 年代我国麻类产业尚未出现衰退之际，刘正初研究团队便意识到化学脱胶所带来的严重污染会导致产业的不可持续发展，就开始逐步探索生物脱胶技术的研发。然而，麻类产业的萎缩和种植面积的急剧下降，以及随着麻类产业经济比重下降，政府对脱胶技术研发的投入也急剧萎缩。与此同时，国家为了出口创汇的需要，转而从国际上进口了大量麻原料，特别是亚麻进口比重超过 80%，形成原料和市场都依靠国际市场的被动局面，更是加剧了对整个麻类产业的冲击。在没有市场也没有科研项目支持的情况下，许多原来从事麻类科研的专家纷纷转行进入其他研究领域，进一步造成了脱胶技术发展滞后。刘正初研究团队面对一系列困难，为推动我国麻类这一传统行业持续发展，同时打破我国麻类产业在国际上"代工厂"的尴尬角色，团队上下一心、迎难而上，坚持生物脱胶技术的研发。因为他和团队始终认为，真正能够实现苎麻等麻类产业绿色化的关键技术还是生物脱胶，也只有生物脱胶技术不会污染环境，达到环保的要求，实现麻类产业的可持续发展。为此，他带领研究团队积极向政府相关部门汇报，努力争取项目资金，先后承担农业农村部重点项目"苎麻纤维生物加工技术研究"、国家 863 计划目标导向课题"天然可降解草本纤维生物提取及其新产品开发技术研究"等多项科研任务，基本保证了团队的研发工作能够正常开展。2009 年，国家麻类产业技术体系成立，刘正初研究团队正式被纳入体系脱胶岗位，这一研究领域也获得了持续稳定的经费投入，标志着生物脱胶技术研发进入了新的发展时期。

三、生物脱胶技术研发取得重要进展

生物脱胶技术研发不是一蹴而就的。在客观分析当时生物脱胶技术存在的问题和发展现状的基础上，经过深入研讨和经验总结，结合生产工艺实际情况，刘正初研究团队首先阐明了生物脱胶研发过程中必须要解决的三个关键问题：①寻找功能齐全的脱胶菌株；②查明生物脱胶的作用机理；③研制工厂化生产工艺。其中找到适合脱胶的功能齐全的脱胶菌株是关键。为此，研究团队历经十年的技术攻关，在可规模化应用的生物脱胶技术的研发方面取得重要进展。

1．寻找功能齐全的脱胶菌株

研究团队首先从寻找功能齐全的脱胶菌株入手。为加快进度，团队从两个方面同时推进：一方面从全国麻类资源分布区搜集脱胶微生物资源，筛选适合菌株；另一方面充分利用现代生物科技，通过基因工程等手段进行改造从而获得目的菌种。

在资源搜集方面，团队成员先后奔赴全国各地，包括从烟台草本腐殖质、东台盐碱麻田地、海南试验基地、吉林长春市郊以及西双版纳、大理、新疆伊犁等极端生境或特异生境中采集获取特色微生物基质样品，筛选出功能微生物256株，其中具有较强麻类非纤维素降解功能微生物65株，并最终在国际上首次选育到广谱性麻类脱胶高效菌株（Dickeya dadantii，保藏号CGMCC5522）。该菌株具备繁殖速度快、胞外分泌脱胶关键酶、嗜好甘露糖、工艺成熟标志明显等特点，具有快速剥离7科8种麻类农产品中非纤维素的能力，从而解决了现代生物脱胶技术研究中缺乏功能齐全的脱胶菌株的关键科学问题。与此同时，为更好地使该菌株适宜工业化生产应用，对菌株进行了全基因组精确测序，基因组全长5.04Mb，并克隆到14个果胶酶基因、1个甘露聚糖酶基因和1个木聚糖酶基因，构建果胶酶、甘露聚糖酶高效表达基因工程菌株4个。这些工作为最终构建工程菌株奠定了基础。

2．率先阐明生物脱胶机理

为加快研发速度，研究团队在筛选出模式菌株后，短短数年内开展了大量的生物脱胶实验，并在生产上推广应用，获得了大量数据，包括脱胶过程中纤维形态变化、反应底物和产物变化、酶活性变化、电镜照片等大批数据，在此

基础上，率先阐明复合酶催化非纤维素块状崩溃的生物脱胶技术原理：高效菌株利用麻类农产品中水溶性物质及部分降解产物为营养而生长繁殖→胞外表达果胶酶、甘露聚糖酶和木聚糖酶（关键酶专一性裂解作用）→非纤维素发生块状崩溃而脱落。为实现麻类脱胶生产方式由粗犷型沤麻向工厂化脱胶转变、由化学脱胶向生物脱胶跨越奠定了理论基础。在此基础上，相继研发了苎麻、大麻、黄麻、红麻、罗布麻等麻类的工厂化生物脱胶技术。2014 年 10 月，"高效节能清洁型麻类工厂化生物脱胶技术"在长沙通过农业部科技发展中心组织的成果评价。众多国内知名专家认为，该成果在生物脱胶技术原理、工艺流程、技术参数以及工艺装备等方面均取得了重要突破。

3．研发快速化工厂化生物脱胶技术

为加快生物脱胶技术的应用，研究团队整体发明麻类工厂化生物脱胶工艺关键设备，在工厂化可控条件下，用预处理机组对农产品进行预处理，将高效菌剂活化并扩增至蓝绿色菌液→地表水稀释菌液并接种到麻类产品上发酵至蓝色→灭活→洗麻机组洗麻→（漂白），获得保留固有形态结构和优良特性的天然纤维；采用固液分流、生物氧化等综合措施，实现工业废水达标排放。该发明解决了沤麻方法存在的规模化生产难、与水产养殖业争夺水源、环境污染严重、产品质量不稳定，化学脱胶方法存在的消耗大量化学试剂和能源、环境污染严重、强酸强碱对纤维产生"淬火"变性，以及生物 - 化学联合脱胶技术存在的两种作用机制并存导致工艺技术复杂等一系列问题。

四、积极推动成果转化

团队研发的生物脱胶技术实现了麻类初加工方式的重大转变，解决了产业发展的技术难题，对于我国以草本纤维为原料的纺织、造纸、生物质材料等产业具有重大推动或借鉴作用。这项技术具有节能、减排、降耗、资源高效利用等特点，总能耗节省 66%，无机和有机污染物处理负荷减轻 96% 和 95%，废气废渣排放量减少 70%，生产成本降低 21%，纤维资源利用率提高 47%。 为加速该成果的推广，研究团队积极宣传，并深入合作企业驻点，指导企业开展工作，为企业培训人才，推动了成长的快速转化。目前已在 13 家企业推广应用，建成示范工程 5 个，应用规模占全国麻类工厂化脱胶产能 36%。

成果转化的典型案例有：①苎麻生物脱胶成果转化与示范。分别与湖南广源麻业有限公司和湖北精华纺织有限公司签订了"苎麻生物脱胶许可实施合同"，并进行了"高效节能清洁型苎麻生物脱胶"工厂化示范，完成了苎麻生物脱胶技术的设备安装、工艺改造、脱胶生产以及技术培训等工作内容。②黄/红麻生物脱胶成果转化与示范。与浙江志成工艺墙纸有限公司合作进行红麻工厂化生物脱胶试验，随后在中国农业科学院麻类加工酶制剂车间进一步完善菌剂应用工艺，设计试制红麻韧皮软化处理机械、洗麻机械等关键设备，规模化稳定性试验，建成红麻工厂化生物脱胶示范生产线。③大麻生物脱胶成果转化与示范。与大庆天之草生物新材料有限公司就"新型汉麻工厂化生物脱胶工艺技术"达成技术转让协议，合同经费 600 万元。该项目实施后，将建立年产 4 000 吨韧皮纤维脱胶处理生产线。目前已经完成工艺设计报告、技术人员培训、主体厂房建设以及部分设备安装。

五、科技成果与人才培养双丰收

近十年来，研究团队围绕生物脱胶技术开展了大量工作，取得一批重要的科技成果。获得授权发明专利 7 项（其中 2 项获中国专利优秀奖）、实用新型专利 2 项、鉴定成果 1 项，发表论文 80 篇；2016 年获得了中国农业科学院杰出贡献奖。

为使生物脱胶研究领域后继有人，同时不断为产业输送新鲜血液，促进产业的可持续发展，研究团队不仅自身培养了 3 名博士、3 名硕士，还为湖南农业大学、新疆大学培养了一批硕士、博士。同时研究团队逐步形成了一支结构合理的人才队伍，十年间，研究团队中 4 人晋升为高级职称，2 人晋升中级职称。团队也顺利实现了新老更替，随着原岗位专家刘正初研究员的退休，段盛文副研究员成为新的岗位专家。

六、延伸与拓展

虽然生物脱胶技术取得了重要的阶段性进展，但围绕这个领域仍有诸多亟待解决的问题。近年来，研究团队不断深入基础研究领域，采用宏基因技术、蛋白组 iTRAQ 技术等新的技术，分析脱胶过程中酶的活性变化规律以及有机物大分子等产物动态变化，不断从分子水平上揭示生物脱胶机理；研究工作先后成功获得 2 项国家自然科学基金项目资助，2 项湖南省自然科学基金项目资助。

在技术应用方面，目前还存在脱胶工艺不完全匹配、脱胶不稳定、残胶高等问题。为不断满足企业生产的需求，实现企业的标准化生产，团队研发了利用高效菌株纯培养液的菌体和胞外酶分别制备成高效菌剂和酶制剂，高效菌剂用作功能稳定的脱胶剂，能有效防止菌种多次转接引起的功能退化，降低用户的技术风险和生产成本；进一步完善、熟化工艺，扩大工艺技术的适应性、可生产性；同时进一步拓展了生物脱胶技术的应用范围，包括应用于构树、饲料、果胶等领域的研发。

第二节　纤维性能改良

在农业农村部、国家麻类产业技术体系和首席科学家的指导、关怀下，纤维性能改良岗位团队与体系同仁一起度过了"事业为麻、体系为家"的十年光阴，在麻类体系这个大家庭里，与大家一道相互学习，勤勉工作，共同成长，留下了许多美好和难忘的记忆。也让一直从事麻类纺织加工的我们与麻的种植专家有了更密切深入的合作，共同为振兴我国的麻类产业而携手贡献各自的力量。

2008 年，纤维性能改良岗位团队刚加入麻类体系，有幸与全国各主要麻产区科研院所和试验站的专家学者走在了一起，团队成员们内心都充满着憧憬和忐忑。带着本岗位团队如何才能在麻类体系这个大家庭里有所作为的思考，经岗位科学家郁崇文教授的提议组织，我们开展了思想和业务学习及工作研讨。团队成员认真学习农业农村部和麻类体系建设的有关文件精神，进一步明确麻类体系建设的重大意义和任务，重点研讨了怎样把东华大学纺织科学与工程这个世界一流学科的麻纺织科学与技术的人才队伍、检测仪器与加工设备等与麻类体系建设的工作任务——麻纤维评价、改性及纺织加工特色研究紧密结合、相互促进、融为一体。我们再一次地重温了麻类领域酆云鹤和李宗道两位杰出科学家一生为麻的感人事迹。

苎麻纤维专家酆云鹤教授 1931 年获得美国俄亥俄州大学化工博士学位，1938 年开始转向麻类纤维的研究，于 20 世纪四五十年代研究成功了苎麻化学脱胶法和苎麻纤维化学改性工艺，由此与麻类纤维结下了不解之缘，将全部心血倾注在麻类事业。她作风深入踏实，重实干，不空谈。1985 年至 1988 年，已是耄耋之年的酆云鹤教授为了开发我国的大麻、胡麻和罗布麻纤维生产，发展我国的麻类事业，曾三下湖北、两进江西，深入四川，远走新疆和广西南宁等省市。

湖南农大的麻作专家李宗道教授深入麻乡，向麻农学习，总结长期积累的实践经验，同时开展系列的科学研究，撰写了众多的论文著作，为全国培养了麻作专业人才近千人，将毕生精力献给了我国的麻类产业。早在1980年代，李宗道教授就和我们学科组建立了深入的交流联系，希望能在麻的种植和加工学科之间加强交叉渗透，合作攻克科研难关。为此，他不顾年老体弱，几次来到我们学校，共同商讨可行方案，并联合培养研究生。

伴随着麻类体系建设的十年，我们更是感受到两位科学家的身影是那样近，我们就是要继承他们有一颗热爱麻类事业的心和他们兢兢业业的工作作风以及创新开拓的实干精神。

十年间，在麻类体系的领导下，纤维性能改良岗位团队实地走访我国主要麻区一线，深入各试验站的田间地头、贫困麻区了解"麻"情，"事业为麻，体系为家"的团队精神始终如一。我们坚持以产学研合作的技术服务模式开展面向麻纺织加工企业的技术服务工作，累计为100余家麻纺织加工企业提供了技术咨询和技术服务，累计培训麻纺织加工企业技术人员600余人次，积极推广麻纺织加工新技术和新产品，积极拓展麻类纤维的纺织加工应用新途径。同时，岗位专家郁崇文教授充分发挥担任中国纺织工程学会麻纺织专业委员会主任，与麻纺织加工企业密切合作的平台优势，进一步密切了以国家麻类产业技术体系为核心的"农"与"工"的密切交流与合作，积极促进麻类产业的农工融合。在亚麻纺织加工领域，纤维性能改良岗位团队与江苏春龙亚麻等21家亚麻纺织加工企业合作共建《江苏省亚麻产业技术创新战略联盟》，历经三年的努力，在2018年获得江苏省第四批省级农业产业技术创新战略联盟启动建设，岗位专家郁崇文教授被聘为联盟技术委员会主任。在黄麻纤维新用途应用推广上，纤维性能改良岗位与湖南鑫泰麻业有限公司合作共建的湖南省麻类纤维非织造材料工程技术研究中心于2018年获得批准建设，岗位专家郁崇文教授被聘为中心技术委员会主任。这两个麻纤维开发利用新平台的建立，有力地促进了亚麻、黄/红麻产品开发和加工技术水平的提高，为拓宽亚麻、黄/红麻的应用和提升附加值起到了引领示范作用。

纤维性能改良岗位团队于2016年5月在上海组织召开了"2016全国麻纺织技术交流会"，100余位来自体系和全国麻纺织加工企业的技术人员与科研院所的学者与会交流；2018 年 5 月在湖南省长沙市组织召开的"2018 全国麻纺织技术交流会"，麻类产业技术体系的首席科学家熊和平研究员作了"变革原料生产方式，奠定绿色麻纺基础"的特邀主题报告，120 余位来自体系和全国麻纺织加工企业的技术人员和科研院所的学者与会交流。麻产业链的上游与下游，工业与农业的技术人员充分交流，为麻类产业共同繁荣的局面打开了一条通道。

在麻类体系的领导和各岗位、综合试验站的大力支持下，纤维性能改良岗位团队也充分结合自己的特长和优势，开展广泛的麻类纤维性能测试与评价的技术服务、培训与交流工作。根据国家麻类产业技术体系的要求，2011 年 11 月在东华大学松江校区成功举办"麻类纤维性能测试与评价"培训班，并为培训编撰了《麻类纤维性能及测试》的专门教材，来自体系 28 个岗位和综合试验站的 31 名代表参加了培训。通过培训，使从事麻类种植的专家们进一步深入了解了纺织产品与加工对麻原料性能的要求和关注点。

得益于麻类体系建设的平台，使我们团队承担的麻类纤维研究方向的本科生、研究生等人才培养工作上了一个新的台阶。开展麻类纤维性能改性、检测评价、麻纺织加工新技术和麻类纤维多用途开发等课题研究的学生，可以根据课题不同的需要选择到体系有关岗位和综合试验站。在参加麻类体系的工作和研究中，向体系其他岗位的专家和在第一线的工作人员学习请教。同时，本岗位成员也组织学生无偿为其他岗位和试验站开展麻纤维的纺织性能测试分析，不仅帮助其他岗位对麻的纺织性能有所了解和掌握，也使本岗位成员及学生更进一步认识了不同品种和栽培等农作方法对麻纤维性能的影响，深入了解纺织加工对麻纤维质量考核的新需求。在这些合作中，我们各取所长、相得益彰。

十年来，纤维性能改良团队紧紧围绕麻类体系重点研究任务的开展，累计培养博士研究生（已毕业）12 人，硕士研究生（已毕业）28 人。其中，博士研究生丁若垚等的"年产 3 万吨级麻类纤维生物脱胶技术的产业化应用"获第十二届（2011 年）全国大学生"挑战杯"课外学术科技作品竞赛一等奖；东华大学麻类纤维生物脱胶技术产业化集成研发团队获"共青团中央小平科技创新团队"（2014 年）；"高品质麻类纤维产品生物脱胶技术产业化应用"获第十三届（2013 年）"挑战杯"全国大学生课外学术科技作品竞赛累进创新金奖；博士生刘国亮等的汉普生物科技有限责任公司获第八届（2012 年）"挑战杯"中国大学生创业计划大赛金奖；博士生李召岭的学位论文《苎麻氧化脱胶机理分析及自驱动脱胶废水处理》被评为纺织工程学会的首批优秀博士论文（2017 年）；博士生孟超然的论文《丹蒽醌在氧化脱胶中对苎麻纤维理化性能的调控》被评为纺织工程学会"陈维稷优秀论文"（2017 年）；"麻纤维氧化脱胶技术开发及产业化应用实践"获上海市"科技创业杯"二等奖（2016 年）等。在麻类体系的培养和支持下，岗位专家郁崇文教授于 2009 年入选上海市"领军人才"计划，2015 年入选国家"万人计划"，2018 年获聘教育部高等学校纺织类专业 2018--2022 教学指导委员会主任；团队成员张斌副教授 2010 年入选江苏省"企业博士集聚"计划；裴泽光副教授 2013 年入选"香江学者"计划，2016 年入选"上海市浦江人才"计划。

十年树木，百年树人，伴随着体系的第一个十年，我们开展的麻类科学与技术领域的育人工作有了一个良好的开端。2018 年 12 月，"体系"建设十年之际，在纤维性能改良岗位依托单位——东华大学顺利召开了"国家麻类产业技术体系 2018 年度工作总结暨学术交流会议"。新时代，新征程，未来的新的十年，我们纤维性能改良岗位团队在体系的领导下，将更加积极开拓创新，努力工作，为麻类产业的体系建设贡献新成绩！

第三节　环保型农用麻纤维膜产品及应用技术研究

近十五年来，随着劳动力成本的不断提高，开发麻类新产品、寻找麻类纤维新用途、提高麻类产品附加值是解决麻类产业萎缩的重要途径。

地膜覆盖栽培是一项重要的农业增产措施，2014 年，我国的地膜覆盖面积达到了 1 814 万 hm^2，大量残留于田间的地膜造成了严重的"白色污染"，制约了我国农业的可持续发展。开发环境友好的可降解地膜是解决这一问题的根本途径。2001 年开始，中国农业科学院麻类研究所在国家科技攻关计划的支持下研发出环保型麻地膜生产工艺技术和产品，并于 2007 年获得了国家发明专利，但是产品单一且生产成本居高不下，在推广应用过程中困难重重，举步维艰，同时配套应用技术也有待进一步完善。

在麻类产业技术体系的支持下，麻纤维膜生产岗位持续研究，通过改良产品配方、优化制造工艺技术、改进制造设备、拓展新用途、开发新产品、区域布局开展应用试验和生产示范等方式，经多年连续创新与完善，在环保型农用麻纤维膜研制及其配套应用技术研究与推广应用上取得了重大进展。

一、研制出环保型麻地膜产品、生产工艺技术及配套应用技术

在原麻地膜生产技术的基础上，通过改良产品配方、优化制造工艺技术、改进制造设备等手段，研制出具有拒水、渗水、防草和防虫等不同功能环保型麻地膜系列产品，产品使用后在土壤中可降解，不仅无污染，而且还有培肥土壤作用。与国外纸地膜和可降解地膜等同类产品相比，该产品具有以下优势：①麻地膜强度明显优于同类产品的纸地膜，使用破损率较低。不同原料组成的麻地膜的纵向拉伸断裂强度在 1 000 N/m 左右，远大于一般农用塑料地膜的强度（400 ～ 600 N/m），完全满足了农用地膜的强度要求，并且具有较好的柔韧性和延伸率，使用时不易破裂，适宜机械铺膜，有较强的抗风雨性能。②麻地膜生产成本明显低于其他可降解地膜。麻地膜以麻纺工业副产品落麻为主要原料，也可以采用更廉价的红/黄麻，同时，在保证了膜面均匀和高强度的同时，控制了原料消耗量，制造成本仅为国外同类产品纸地膜或植物纤维地膜的1/3 左右。

1. 麻地膜生产工艺技术

通过改装设计和选型配套首次形成了麻地膜制造生产线。环保型麻地膜制备装置包括两台喂料机、混料机、粗干松机、精开松机、振动气压给麻箱、梳理机、机械交叉铺网机、气流成网机、浸渍机、烘筒型预烘燥机、气压式双辊轧光机、表面喷洒涂层机、烘筒型烘干定型机、牵伸切边成卷机等作业单元，组成完整的生产线，可生产出具有各种不同规格的麻纤维膜产品。

这套制造设备具有以下几个技术要点：①梳理机采用了单锡林双道夫梳理机，气流成网机采用杂乱提升罗拉式气流成网机，以减少纤维损伤，增加麻地膜强力。②各单元机都设置有变频调速器进行调速，方便设备的调试和使用；整套装置设有对各单元机的运行速度进行调控的同步控制器，既可以使各单元机单独高速运行，又可以使整套装置联动运行。③麻类纤维在粗开松机、精开松机和梳理机之间用气流管道输送，使开松后的麻纤维足量地输送到振动气压给麻箱，确保一旦开松机因故障停机时，不会发生梳理机原料供应不连续的现象。④采用机械交叉铺网和气流杂乱成网这种二次组合成网方法，能形成面密度较小、强力均匀、质量稳定的麻纤维网，麻地膜仅靠纤维上的层折点、节和纹痕来维持一定的抱合力，解决了成网难度较大的技术问题。⑤采用饱和浸渍

压榨法进行黏合。黏合成膜后先进行烘干，再进行热轧表面整理，使产品抗拉强力、平整度和防水性能有了较大提高。⑥表面喷洒涂层机采用无气喷涂泵对麻地膜双面喷涂各种不同试剂，使麻地膜两面同时均匀涂层，控制涂层厚度。

另外，还设计了一种环保型麻地膜涂层装置（实用新型专利，专利号ZL200720065410.X），作为本发明专利的补充。该装置的作用是改变麻地膜表面喷涂的配方以改变环保型麻地膜的表面机械性能，可以增加麻地膜的用途。如超市包装袋、环保型墙布等包装装饰材料以及可降解营养钵、可降解花盆等。

2. 环保型麻地膜覆盖栽培技术

麻地膜与塑料地膜具有不同的特性，因此采用适宜于麻地膜的配套覆盖栽培技术，才能充分发挥麻地膜的增产作用。环保型麻地膜具有保温、保水、抑制杂草生长等功能；覆盖农作物升温平稳，透气、保湿不结露，减少病害发生，增产显著。不会出现塑料地膜因升温过高而引起的烧苗和因膜下结露局部潮湿引发病害。大田覆盖，在不同土壤条件下，麻地膜在地面经 3 ～ 6 个月后即开始破裂降解，埋入土壤后 2 ～ 4 个月完全降解。降解物无污染，可增加土壤有机质，改善土壤理化性状。

合理使用麻地膜，可收到较好的效果。一般而言，在气温 10℃ 以上时使用麻地膜覆盖栽培效果更佳，在夏末和秋季时使用和在大棚内用于作物覆盖栽培增产增效更为显著。麻地膜覆盖应选择土壤通气性好、不易积水的耕地，细整土地，使膜面紧贴土面，可有效抑制杂草发生。膜边不要全部压土，一般每隔 50 ～ 70 cm 在膜边压上一堆土即可，未压土的膜边可在压土部分降解后再次压膜时用。麻地膜较难破膜，需采用打孔移栽或播种的方法，孔的大小和播种深度根据植物种子的大小和品种特性而定，移栽时也要根据育苗盘孔大小和深度而定。

麻地膜覆盖栽培主要效果表现为：①增加农作物产量。在大棚条件下，麻地膜覆盖蔬菜能够促进其早发快长，提早上市。与塑料地膜相比，麻地膜覆盖小番茄能增产约 20%；覆盖辣椒的增产幅度为 12.4% ～ 50%；覆盖秋番茄、秋花菜和黄瓜等蔬菜，比塑料地膜覆盖分别增产 15.3%、16.5% 和 14%。在露天覆盖栽培中，麻地膜冬季覆盖白菜比不覆盖的白菜增产 46.26% ～ 50.28%，与塑料地膜覆盖产量基本相当。而春季使用麻地膜覆盖白菜，其产量比不覆盖增加 31.45% ～ 40.88%，比塑料地膜覆盖增加 13.59% ～ 21.74%。麻地膜覆盖红麻，比不覆盖增产 36.48％～ 47.13％，与塑料地膜覆盖产量基本相当。②麻地膜透气性能好，在大棚内覆盖时能避免发生病毒病。③麻地膜在冬春季使用的防草效果达到 40%～ 97.3%。

二、研制出麻育秧膜产品、生产工艺技术及配套应用技术

团队本着在生产中发现问题、研究解决问题的宗旨。2009 年在调研中发现水稻机插育秧易散秧的问题后，有意识地研究利用麻纤维膜来育秧辅助盘根，解决散秧的问题，从而开发出麻纤维膜的新用途。用于机插水稻育秧的专用麻育秧膜产品是国内外首创，其主要创新有：①创造性地将麻纤维膜用于水稻机插育秧，有效解决了秧盘育秧易散秧、秧苗素质差等制约水稻种植机械化发展的瓶颈问题；②在麻地膜研究的基础上，针对机插育秧的特点改进了原料配方和制造工艺。选用苎麻落麻短纤维或黄麻、大麻及亚麻等植物纤维，采用变性淀粉胶或变性淀粉胶与聚乙烯醇组合浆料为纤网固结剂，使麻育秧膜在秧苗育好时其黏结剂降解，而麻纤维与秧苗根系相互盘结，增强盘根强度，促进秧苗生长，提高工效和机插质量，插秧后麻纤维进一步完全降解；③研究优化了麻育秧膜以克重为 40～ 45 g/m² 为最佳。

麻育秧膜生产工艺技术：通过研究确定了麻育秧膜生产工艺技术。根据麻育秧膜产品品质要求和原料配方采用变性淀粉胶或变性淀粉胶与聚乙烯醇组合浆料的不同特点，在麻地膜生产工艺流程基础上，调整工艺参数，保证麻育秧膜克重在 40～ 45 g/m²，减去表面拒水处理环节，使得麻育秧膜生物降解速度更快，同时具有更好的吸水透气性、水肥传导能力，更有利于机插水稻育秧。另外进一步发明了"水稻机插育秧种膜片及其制造方法"。使用淀粉胶将育秧用肥料和药剂固载在麻育秧膜面上，制成水稻种肥药一体化的麻育秧膜产品，促进实现精准、高效、环保的工厂化水稻机插育秧，获得更好的育秧效果。

麻育秧膜水稻机插育秧技术：麻育秧膜水稻机插育秧技术要点主要包括育秧膜的使用和配套肥料施用技术。将麻育秧膜平铺于育秧盘底面，将部分或全部育秧肥均匀撒施或固载于膜面上而相应减少育秧土中的施肥量，或者将壮秧剂混入育秧土中，复合肥料均匀散施于麻育秧膜上，然后按照常规育秧规程装入育秧土播种育秧。所垫铺的麻育秧膜可辅助盘根，并具有吸水透气性，可在育秧泥土底面形成一层适宜于秧苗根系生长发育的水–气–肥平衡体，从而促进秧苗根系生长发育，提高秧苗素质，解决了机插中的散秧散盘问题，提高了

水稻机插效率和质量，水稻产量显著提高。相比常规的育秧土混施育秧肥，将部分或全部育秧肥均匀撒施于育秧膜上而相应减少育秧土中的施肥量，有利于培育高素质秧苗，显著改善了育秧效果并增加了水稻产量，该研究成果对改进水稻机插育秧技术具有普遍指导意义。

通过多年的研究发现，秧盘垫铺麻育秧膜育秧带来的根本益处在于改善了秧苗根系生长环境，促进了秧苗根系生长发育，提高了根系活力，这一方面增强了秧苗根系盘结密度和质量，改善机插性能，提高了机插效率，降低了漏蔸率，保证了基本苗数；另一方面则提高了秧苗植株营养物质储备，改善了秧苗素质，秧苗移植田间后返青快、分蘖早、成穗率高，上述效果综合起来则表现为显著提高了水稻有效穗数，从而具有更高的稻谷产量。

与现行水稻机插育秧技术相比，麻育秧膜水稻机插育秧具有以下优点：①秧苗出苗整齐，成毯快，早稻可提早 3～5 d 进入适插期；②秧苗根系盘结力高，不易散秧，便于取秧、运秧、装秧，解决了稻农在机插中经常面临的散秧散盘问题，节省了起秧运秧劳动力，每亩可节约 3～5 盘秧苗，并可减少漏插，提高机插效率 20%～30%；③秧苗壮实，根系活力高，机插后返青快、分蘖早、有效穗多，产量显著提高。南方早稻平均增产 13.2%、中稻 9.0%、晚稻 5.5%，黑龙江一季稻平均增产 8.6%；④麻育秧膜可降解，无污染，有利于水稻绿色增产。

三、取得的成果和专利

自 2010 年以来，在麻类产业技术体系和其他各类项目的支持下，团队共获得各级奖励 9 项，其中获中国农业科学院杰出科技创新奖 1 项，获中国农业科学院科学技术成果二等奖 1 项，获神农中华农业科技奖三等奖 1 项，获湖南省技术发明三等奖 1 项，获得中国专利优秀专利奖 2 项，获中国国际高新技术成果交易会优秀产品奖 3 项。

2010 年至今，团队共获得授权专利 17 项，其中发明专利 5 项，实用新型专利 12 项，发表论文 52 篇。

2014 年由农业部科技发展中心组织专家对"麻育秧膜研制及其在水稻机插育秧中的应用"进行了科技成果评价，以刘旭院士、罗锡文院士领衔的专家组一致认为：该成果为国内外本领域独创，整体技术达到国际先进水平，对促进水稻生产全程机械化和提高水稻产量具有重大作用，同时将有效带动麻类产业的发展。

四、推广应用

2009 年在国家发改委产业项目支持下，企业建成了年产万吨环保型麻地膜生产线，批量生产麻地膜。麻地膜覆盖栽培技术在全国多地推广应用效益显著，2008—2015 年，累计推广 30 万亩，增产收益达 11 275 万元。

2011 年起，麻育秧膜试制产品在多地开展水稻机插育秧试验示范，2014 年，麻育秧膜技术以专利实施许可费 1 400 万元转让给企业大规模产业化生产和在全国销售，近四年新增销售额 57 100 万元，新增利润 10 180 万元。据在全国多地应用调查，实施麻育秧膜水稻机插育秧增加投入成本 10 元/亩左右，但可带来 25 ~ 50 kg/亩的稻谷增产量，加上省工、节约秧盘、减少漏插以及提高机插效率等综合效益，纯收益达到了 100 ~ 160 元/亩，经济效益显著。2013—2018 年，全国累计应用面积 5 094.6 万亩，农民累计增收 54.1 亿元。

自环保型农用麻纤维膜产品及其配套应用技术推广应用以来，农民、生产厂家以及完成单位获得的累计经济效益达到了 55.1 亿元。

第四节　副产品综合利用

一、麻类资源存在极大浪费

我国是世界麻纤维生产和纺织大国，根据联合国粮农组织统计资料表明，我国的麻纺纤维生产量约占全球的 12%，其中，亚麻和苎麻纺织的生产和贸易总量均居世界首位。近年来，由于麻传统加工环节污染严重、生产成本大幅上涨、机械化程度有限、产品利用效率低等诸多原因，使得麻产业急剧萎缩，种植面积和产量显著下降。然而随着环保意识及可持续发展观念的不断加强，采用天然纤维替代合成纤维越来越受到重视，天然纤维的刚性需求逐年增加。麻作为一种重要的纺织原料，其纤维特性及性能与棉、丝、毛各有不同，具有不可替代的重要性。因此发展麻类产业是弥补我国天然纤维巨大缺口的重要途径。为了维护麻产业的持续发展，积极寻求麻类产业发展所面临的诸多问题的解决方法也成为目前的研究重点。

长期以来，麻类作物的传统用途仅以收获纤维为目的，麻叶、麻骨等占总生物量 80% 以上的副产物未能得到有效利用，不仅造成资源的严重浪费，甚至还产生了大量垃圾给环境造成污染，也成为麻农收益小的重要原因。研究表明，麻类作物在营养成分、物质结构等方面较其他常规作物有不可比拟的优势。因此，促进麻类副产品的综合利用研究与推广，实现麻产品的多用途、多产品、高效益生产，对减小麻纺市场波动风险、提高麻农直接收益、推动麻类产业的蓬勃发展具有十分重要的意义。

二、麻类副产品综合利用取得重要进展

为促进麻产业的长足稳定发展，自 2008 年以来，彭源德研究团队在国家科技支撑计划、麻类产业技术体系、国家 948 项目、创新工程和长沙市重点项目等的资助下开始探索麻类副产品的综合利用技术。在深入研究了麻类副产品发展现状、结合生产工艺实际情况、利用自身团队专业优势的条件下，通过多年扎实的积累和艰难的探索，分别在食用菌基质化利用、麻类纤维及菌渣生产乙醇、微生物发酵法提取剑麻皂素三个方面取得了重要进展。

1．麻类副产品食用菌基质化利用

近年来，我国食用菌产业发展迅速，2016 年我国食用菌总产量为 3 596.66 万 t，产值为 2 741.78 亿元。食用菌产业的发展，需要消耗大量木屑，在加强森林资源和生态环境保护的今天，食用菌栽培原料均面临着价格上涨、资源短缺的困境，亟须寻找生产成本低廉的栽培原料替代品。

2010—2018 年，在国家麻类产业技术体系的资助下，团队开展了麻类副产品工厂化栽培珍稀食用药菌技术研究，取得良好效果。通过广泛收集和精心的培育，目前已筛选出多种能够高效利用麻类副产物的珍稀食用、药用菌类，包括杏鲍菇、金针菇、猴头菇、榆黄蘑、羊肚菌、秀珍菇、茶树菇、真姬菇和灵芝等等。随后通过原料预处理研究、栽培配方改良、出菇管理措施优化等一系列探究，确立了麻类副产物栽培不同珍稀食药用菌的最佳技术参数。经鉴定，利用该技术栽培的食用菌子实体品质优良，呈现高蛋白、低脂肪、高氨基酸含量的特点。同时与常规培养基相比，具有缩短栽培周期、增加生物学产量等优点。在这项技术成熟稳定的基础上，体系通过与湖南忠食农业生物科技有限公司的合作，进行了应用推广，获得成果转化收入 70 万元，为促进麻农增收提供了良好的先例。

基础研究是产业技术有效推广应月的重要支撑。鉴此，团队在做好应用研究的同时对麻类副产品栽培食用菌的基质降解分子机制进行了剖析。通过对苎麻副产物栽培的杏鲍菇原基期分泌蛋白提取方式以及表达谱的分析，共鉴定出胞外分泌蛋白 221 个，主要为纤维素酶、半纤维素酶、木质素降解酶、蛋白酶和磷酸酶。同时基于苎麻副产物、红麻副产物、棉籽壳以及芦苇秆栽培杏鲍菇胞外酶表达、活性与产量关系的分析，证实了木质素降解酶表达量、活性与产量呈正相关。最后通过转录组测序研究进一步证实了蓝光可影响杏鲍菇原基分化，其诱导表达的差异基因主要是 *CAZymes* 和漆酶基因。

2. 麻类纤维及菌渣生产乙醇技术

燃料乙醇是重要的生物质能源，我国以及美国、巴西等多个国家都加快了燃料乙醇发展的力度。现阶段生产燃料乙醇的主要原料是甘蔗、玉米等糖料作物或粮食作物。而我国《可再生能源中长期发展规划》中要求开发可再生能源必须坚持"不与人争粮、不与粮争地"的原则，因此近年来利用农作物秸秆纤维质转化生产燃料乙醇成为研究热点。十几年来，纤维质乙醇的研究得到一定程度的发展，但是生产成本仍然居高不下，制约纤维质乙醇发展的瓶颈主要是预处理技术、纤维素酶成本及木糖发酵技术。麻类副产物中含有丰富的纤维素，因此可望用于转化生产燃料乙醇。

2008—2017 年，团队开始利用麻类纤维和栽培食用菌后的菌渣为原料研究乙醇生产技术。通过对红麻、苎麻和芦苇等纤维质原料的预处理研究，确定并优化了适于燃料乙醇生产的稀硫酸-蒸汽爆破联合预处理技术工艺。发现平菇预处理 21 d 后结合碱处理的菌渣在纤维素酶用量为 50FPU/g 时预处理效果最好，酶解糖化效率达到 71.5%，同时筛选出可耐受 40℃ 高温和 16%（v/v）乙醇的酒精酵母 1 株（S132）。酶解糖化是进行酒精发酵的基础，而纤维素酶和木聚糖酶则分别是纤维素和半纤维素酶解糖化的主要功能酶。为进一步提高乙醇发酵技术，团队通过广泛的筛选，分别获得了能够高产纤维素酶菌株 2 株和高产木聚糖酶菌株 1 株。半纤维素在木聚糖酶的催化下可降解产生木糖，木糖属于戊糖，常规酵母的戊糖发酵效率普遍不高。为解决这一问题，团队成员通过基因工程技术对酵母 S132 进行了改良，成功获得新的戊糖发酵菌株 2 株——PAP16 和 C5D-W；其中 C5D-W 菌株在纤维质糖化的发酵液中，木糖利用率可达 52.3%。在此基础上，通过一系列研究，形成了一套较为高效的戊糖己糖共发酵技术，使其能在 48h 内快速完成 10% 木糖葡萄糖混合液的发酵含量，获得最大乙醇产量。基于以上研究，成功形成了一套麻类纤维及副产品发酵生产燃料乙醇技术。

然而，该技术工艺中木糖发酵是影响乙醇转化效率最重要的影响因子。基于转录组学分析的木糖发酵酵母菌株CBS6 054木糖代谢调控特性研究以及表达模式分析，成功证实了Ng68、XYL2、XYL2（p）和TKL为木糖途径中4个关键基因。

3. 微生物发酵法提取剑麻皂素

剑麻是热作地区主要产业之一，我国现有剑麻种植面积约30万亩，叶片的产量约150万t。剑麻汁液副产物富含各种生物活性物质，如皂素类物质、蛋白质等，这些活性物质如不利用而废弃，将产生农业污染。

通过微生物发酵法降解麻渣，降低提取难度，使含有丰富皂苷资源的废弃物变废为宝并可以实现规模生产。传统工艺以强酸作催化剂提取皂苷，产生大量废水、废渣，对环境污染极其严重，同时，在工业提取时，强酸的使用对设备和管道有腐蚀作用，且反应过程需要加热甚至加压，反应条件比较苛刻。因此，微生物发酵法为剑麻皂素的提取提供了一种更清洁的方案。

2015—2017年，团队对剑麻皂素提取菌株进行了筛选和发酵实验，成功筛选获得了三个能转化剑麻皂苷的菌株：嗜乙醇假丝酵母菌、黑曲霉和哈茨木霉。并以发酵效果最理想的哈茨木霉为研究对象，进一步优化了其发酵条件，形成了一套成熟的发酵工艺，其皂素提取率最高可达73 mg/g，为微生物发酵提取剑麻皂素奠定了理论基础。

三、产生众多科技成果

十年间，团队致力于麻类副产品综合利用水平的提高，围绕食用菌基质化、燃料乙醇生产、剑麻皂素提取等方面开展了大量研究，取得一批重要科技成果。相关技术共申请国家知识产权23项，其中，授权国家知识产权13项（发明专利6项、实用新型专利3项、软件著作权4项）；进入实质审查的发明专利10项。公开发表论文11篇，其中，SCI收录6篇。

同时，相关成果在2014年获得湖南省科技进步奖一等奖（参与）。2018年，在李玉院士的主持下，"麻类副产品梯次利用技术及灵芝化妆品原料新工艺研发与应用"通过湖南省农学会组织的审定，专家一致认为，成果达到国际领先水平。

四、相关成果得到广泛推广应用

为了使产业技术得到有效运用，并进一步检验所形成技术工艺的可靠性，团队借助于麻类产业技术体系平台，进行了麻类副产物高值化利用技术培训推广。参加培训人员有麻类产业技术体系张家界市农业科学技术研究所、江西宜春苎麻试验站、广西壮族自治区亚热带作物研究所、咸宁市农业科学院、河南省信阳市农业科学研究所以及湖南大学等相关单位技术研发专家、技术推广专家和生产一线技术人员等。培训工作取得了圆满成功，达到了预期目标。

同时，麻类副产品综合利用相关技术在湖南忠食农业生物科技有限公司、农业部剑麻及制品质量监督检验测试中心得到应用。值得一提的是，利用麻类副产品栽培秀珍菇、茶树菇、真姬菇、羊肚菌等食用菌累积推广 6 564 万袋（瓶），推广面积 200 亩，覆盖湖南省涟源市、沅江市，湖北省武汉新洲区等地，共节约原料、人力投入成本 671.6 万元，增收节支 3 006.0 万元。预计未来三年推广规模至少达到 2 亿袋，预计产生直接经济效益 9 000 万元以上。

第七章　产业经济与政策建议

第一节　麻类产业经济岗位的发展

一、麻类产业困境中的探索

一直以来，麻类研究主要集中于麻类生产技术研究，例如培育抗病抗逆麻类新品种，不断完善和优化麻园管理等。但是，随着社会主义市场经济体制的不断完善，市场需求也呈现多样化的特点，一些问题就凸显出来了，例如麻类种植收获成本高，产成品单一，比较效益低，麻类机械化程度偏低，脱胶存在环境污染以及产品创新不足等问题，这些问题成为麻类产业前进路上的"拦路虎"，严重制约着麻类产业的健康发展。

面对麻类产业面临的困境，麻类产业体系探索设立麻类产业经济岗位，旨在更好地促进麻类产业发展，创新体制机制，尝试通过对麻类全产业链分析，发现麻类产业规律，将麻类市场需求与技术研发、产品和服务融为一体。

2009 年 1 月对于麻类产业技术体系来说是一个特别的日子，一个全新的岗位正式被设立。麻类产业技术体系依托湖南大学筹建完成了国家麻类产业技术体系产业经济实验室，下设麻类产业经济战略研究实验室、数据收集分析实验室和产量价格预测预警实验室。作为国家麻类产业技术体系重点支持建设岗位，产业经济实验室致力于提出合理可行的麻类产业创新发展战略，解决麻类产业技术经济关键问题。

从 2009 年到 2018 年，从"十一五"到"十三五"，麻类产业经济研究从无到有，从小到全，一年一台阶，紧紧围绕麻类产业经济研究，撰写出版了系列麻类产业经济分析报告，向海关总署、农业农村部、财政部、湖南省等相关部门提交政策建议和应急性报告，为实现麻业产业科技创新、战略发展、农户增收、产业增效的目标做出了较为突出的贡献。

二、麻类产业经济研究工作中的大胆尝试

在麻类产业经济岗位设立之初，麻类产业经济岗位团队就确立了麻类多用途的工作重点，积极开展麻类用途产品市场需求分析，推进麻类多用途技术和产品的产业化推广与应用。结合麻类文化内涵充分挖掘了苎麻的经济价值。麻类产业岗位与企业合作，将麻类产业体系的技术研发与市场有机结合起来，通过案例研究，为企业制定差异化的发展战略。

在这一工作重点的指引下，麻类产业经济岗位团队敏锐地觉察到，以往开展的麻类经济分析工作主要从单一的种植层面，围绕麻类纤维市场销售进行分析，忽视了从"田间到餐桌"、从"地头到家庭"全产业链的分析。因此，麻类产业经济岗位的研究工作从设立之初就坚持围绕"产业链+价值链"开展研究，通过对"种植农户、加工企业、市场消费者"开展投入产出分析，了解把握整个产业的发展。通过对麻类多用途的研究，提升麻类产品附加价值，不断增加产业链中种植农户、加工企业和市场消费者价值，不断推进麻类产业的结构调整、绿色发展和产业升级。产业经济岗位围绕"产业链+价值链"开展的成本效益分析在历年的"麻类产业经济分析报告"中得到较好的体现，填补了麻类产业经济研究的部分空白，受到了农户、企业、市场和政府管理部门的赞誉。

在"产业链+价值链"背景下，麻类产业经济岗位团队对苎麻、亚麻、红/黄麻、工业大麻、剑麻进行了完整的产业经济分析，形成每年的麻类产业报告以及多份咨询建议报告（图7-1），并从以下三个方面突出了研究的有效性：第一，通过收集整理麻类基础数据信息，有效进行产量和价格的预测预警，为麻类种植、加工和进出口贸易提供有效的参考。第二，针对麻类的技术现状以及脱胶和机械化瓶颈问题展开深入研究。围绕麻类技术加工过程中面临的具体问题，从成本效益的角度提出如何提高产出效益和劳动生产率，实现产业推广应用的对策建议。第三，从世界贸易和国内消费的角度分析麻类市场情况，为麻类的合理种植、麻纺织企业生产加工和进出口贸易提供决策参考，并向有关部门提交了多份对策建议。

图 7-1　历年出版的产业经济分析和研究成果

三、麻类多用途战略新思路助力麻类产业新发展

麻类经济研究为麻类体系机制的完善与发展注入了新鲜血液，麻类产业经济团队在麻类产业经济研究的道路上取得阶段性成绩的同时，始终站在国家需求与国家战略的高度，创新思维，助力麻类产业新的发展。

麻类产业经济岗位团队围绕"一控两减三基本"的农业面源污染防治目标，结合麻类产业技术体系的重点任务，开展可降解麻纤维膜部分替代农业用塑料地膜的产业经济分析，从经济效益、社会效益、环境效益三方面分析了麻纤维膜部分替代农业用塑料地膜的可行性方案，提出了麻纤维膜市场定位、价格策略和多主体成本投入以及收益共享机制设计，促进可降解麻纤维膜良性发展。围绕绿色发展、可持续发展目标，从固水保土、重金属治理、盐碱地石漠化土地利用等方面，提出了麻类多用途综合利用的发展战略。

在国家精准扶贫的战略部署下，结合麻类多用途的产品和技术，依托企业开展扶贫攻坚。麻类产业经济岗位团队在罗霄山区周边的县市、湘西地区、湘南地区，调研特色农业产业发展状况、产业问题、市场需求和产业扶贫现状，探索麻类产品在贫困地区应用推广的前景和可行性，提出麻类多用途产品和技术产业化推广应用的对策建议，撰写提交了《罗霄山区连片特困区产业扶贫调研报告》。产业经济与政策团队和麻类副产物加工团队一起在湘西地区、湘南地区进行扶贫调研，共同撰写了《湖南农村社会化综合服务体系建设》《湖南乡村振兴战略中的政府服务体系建设》等报告，提交政府相关部门。

四、跨体系联动机制焕发麻类产业经济研究新活力

以往的农业产业经济研究主要集中于某一产业来开展，忽略了多产业的联合研究。而农产品市场所具有的较强的关联性，使得这一研究模式所获得的结果具有较大局限性。例如，棉麻丝毛作为具有相当替代性的天然纤维，其产量价格具有较强的相互影响。

产业经济岗位团队重视跨系统研究的重要性与必要性，创新性地提出"递进联动模式"的麻类产业经济研究思路。首先，与棉花体系、蚕桑体系产业经济岗位团队联动开展"棉麻丝毛天然纤维产量价格预警预测"研究，探索了棉麻丝毛产量价格内在影响机制，为棉麻丝毛产业发展战略制定提供了依据。在此基础上，由农业农村部科教司主导，多位产业经济岗位专家组成"农业推广转化与应用"跨体系研究小组，在全国范围内继续对农业关键技术与成果的推广应用开展经济分析，为农户提供实用技术信息与咨询，帮助农户在有限资源和信息条件下快速有效地选择、应用农业新技术和新成果。撰写提交了《新型粮棉麻农业经营主体研究》，从不同时期农业经营主体的演化入手，阐述现阶段农业经营主体的发展模式和路径，为新时代农业经营主体建设与发展提供对策建议。

五、麻类产业经济研究多样化成果

产业经济岗位团队把持续发布《麻类产业发展动态》作为"十三五"麻类产业经济岗位的工作重点和机制创新，利用公开数据库、企业网站、实地调研、产业技术体系等资料来源，就麻类的种植、机械、纺织加工、市场需求、技术专利、科研项目等进行归纳整理，供麻类产业各主体了解和借鉴，使研究成果更加及时便捷地呈现，不断助力麻类产业研发、种植、加工、贸易环节的

跨越式发展，助推麻类产业提质增效。

同时，麻类产业经济岗位团队借鉴企业案例研究的理论和方法，围绕麻类产业技术体系重点任务，通过案例分析发掘麻类产业发展新思路和新模式，也通过案例展现麻类产业发展经济的最新状况与最新研究成果。例如，广西平果县剑麻产业面临产供销脱节的瓶颈问题，经过实地调研，麻类产业体系提出了"企业＋政府＋合作社＋农户"合作框架，促进了平果县剑麻产业的良性运行。开展了咸宁富园牧业、香泉牧业的肉牛羊麻饲料化养殖和常德德人牧业的案例研究，从成本效益上分析了企业麻饲料化养殖的经济效益和市场前景。

六、麻类产业经济分析助推麻类产业走向更加美好的未来

通过十年的探索尝试，麻类产业经济岗位除了探索出麻类研究的一般规律、研究范式外，还建立起了多渠道、多层次稳定数据来源机制，高效收集整理麻类产业基础数据，开展麻类产业经济分析。

为获取麻类作物种植、加工、销售、进出口环节的第一手基础资料，形成了数据定期收集、整理和汇总制度，保证数据采集的持续性和稳定性。麻类产业经济岗位依托麻类产业技术体系功能研究室、综合试验站、示范县以及跨体系岗位构建了第一层次的麻类产业基础数据来源渠道；依托世界粮农组织、国家统计局、农业农村部种植司、麻纺协会等公开数据源网站构建了第二层次的麻类产业基础数据来源渠道；依托海关、进出口企业等构建起了第三层次的麻类产业基础数据来源渠道。自2009年起，麻类产业经济岗位与体系内多个岗位、综合试验站以及相关研究院所、海关签订了苎麻、亚麻、黄/红麻、剑麻数据采集协议，获取麻类作物种植、收获、病虫害、纤维品质以及生产企业产量、成本、进出口贸易等方面的基础数据；通过与长沙海关合作，获得了苎麻、黄麻、大麻以及亚麻的原麻、机织物、纱线的进出口数据。多渠道、多层次稳定数据来源机制保证了麻类基础数据长效、稳定采集，为麻类产业经济分析工作打下了坚实的基础。

十年栉风沐雨，十年砥砺奋进，麻类产业经济岗位团队紧紧围绕服务麻类体系这一重点，不断创新体制机制，不断推出新的研究成果。尤其是党的十八大以来，麻类产业经济岗位团队更是将服务国家战略为重点，在精准扶贫方面精准发力，成果丰硕。新麻类产业经济岗位团队全体成员将不断为麻类产业体系健康发展贡献智慧与力量。

第二节　产业政策建议案例

例一：

关于弘扬农耕文化建立湖南省苎麻博物馆的建议

〔湖南省人大（政协）代表大会代表提案〕

2016 年 1 月 22 日

（一）湖南省苎麻产业发展现状

苎麻产业是我国传统农业产业，苎麻种植面积占全世界种植面积的 90%，苎麻常年产量占世界的 95%。世界苎麻在中国，中国苎麻在湖南。湖南苎麻的种植面积、产量以及销售价格对我国苎麻产业的发展起着举足轻重的作用。

我国苎麻产业的发展对国际贸易的依存度很高，产品出口国家和产品种类较为单一，抗风险能力不强。国际市场需求波动和国际金融危机，直接影响苎麻产业的种植、价格和对外贸易。目前国内外苎麻市场需求逐步萎缩，经济下行压力增大，导致苎麻价格近年来持续走低，苎麻种植面积锐减，苎麻纺织加工企业出现减产、关停与甚至倒闭，产业发展面临较大困难。

面对湖南苎麻产业萎靡不振的现状，需要出台一整套行之有效的产业发展促进政策，加强对苎麻产品、苎麻文化的宣传力度，让消费者对苎麻透气舒爽、防腐抑菌等特点深入了解，形成购买、使用苎麻产品的消费习惯。政府、科研、企业和种植户形成合力，从资金扶持、科研攻关和文化推广多个方面促进湖南省苎麻产业的发展。

（二）建立苎麻博物馆弘扬农耕文化重振湖南苎麻产业的必要性与可行性

湖南省农业人口超过 4 000 万，拥有土地资源 878.3 万公顷，是一个农业大省。湖湘历史上"神农创耒"的传说被认为是中华农耕文明的标志，在湖南地区出土的城头山古文化遗址是中国最古老的城市、道县玉蟾岩出土的稻谷被认为是世界上最早的水稻田遗迹，集中体现了湖湘农耕文化的独特历史地位。早在唐代，湖南已成为"九州粮仓"，曾有"今天下江淮为国命"之局面。直到今天，以杂交水稻为代表的现代农业文明成就依然昭示着湖湘农耕文化的重要意义。由此可见，湖南农耕文化作为典型的湖湘地域文化具有极大的开发价值。

借力湖南农耕文明的历史资源和苎麻种植的独特地位，建立湖南苎麻博物馆。通过各种展示方式和手段，让参观者接触、体验、了解和喜爱湖南的苎麻文化、苎麻历史和苎麻产品。湖南苎麻博物馆的建立能够实现既满足人们对苎麻历史和文化的认识，又提高了对苎麻产品的了解，达到传承了湖湘农耕文明、推介苎麻产品与提升产业发展的"三赢"局面。

（三）建立苎麻博物馆弘扬农耕文化重振湖南苎麻产业的政策建议

可以通过"政府主导，企业参与"的形式建立湖南苎麻博物馆，通过"文化旅游＋工业旅游"的形式，以弘扬湖湘农耕文明为载体，将湖南省苎麻产业做大做强。苎麻博物馆的建立不仅能够凸显湖南浓烈的农耕文明气息和厚重的湖湘文化底蕴，还可以充分发挥科普宣传基地、优秀农业文化传播窗口的作用，通过实物、图片和影像等形式生动直观展示，让参观者感受湖湘传统文化的博大精深，体验农耕文明的无穷魅力，进而激发广大干部群众加快推进社会主义先进文化建设的责任感和使命感。

同时，通过文化旅游和工业旅游的有机结合，让广大群众走进苎麻博物馆，了解苎麻所蕴含的深厚文化和历史渊源，引导、组织消费者参观工厂，展示苎麻产品生产基地，取得消费者的认同和信赖，扩大品牌的影响力，有效促进消费者对苎麻产品的需求，从而为国内特别是湖南省的苎麻产业发展创造有利条件。

例二：

我国苎麻纺织加工企业调研报告及政策建议

（呈报：农业部）

2007 年以来，我国苎麻种植情况急剧恶化，种植面积锐减，至 2010 年全国种植面积仅为 8 万公顷。种植情况恶化的背后是加工企业的关停或转产和市场的萎缩。为进一步了解我国苎麻纺织加工企业及市场现状，国家麻类产业技术体系产业经济研究室赴湖北、湖南、江西三省主要苎麻纺织加工企业进行实地走访调研。通过此次实地调研，对苎麻产业的加工、市场环节有了更为深入的了解；通过与各企业负责人的交谈，进一步从企业角度了解现阶段我国苎麻产业发展的现状、困境及主要发展瓶颈。

（一）苎麻产业发展现状

国际市场需求的不断下降造成我国麻类作物种植面积总体锐减，苎麻种植面积在 2007 年开始出现下降趋势，连续两年降幅均超过 10%。本研究室在湖南苎麻主产区调研发现益阳地区 2006 年苎麻种植面积为 3.94 万公顷，2007 年种植面积下降为 3.38 万公顷，2008 年急剧下降到 2.37 万公顷，到 2009 年苎麻种植面积仅剩 1.68 万公顷，2011 年已几无种植，仅保留一些种麻及示范田。

苎麻种植恶化的背后，苎麻纺织加工企业也出现了倒闭潮，大批苎麻纺织加工企业由于市场及环保压力纷纷倒闭或转产。以湖北咸宁为例，湖北咸宁是我国苎麻种植加工主要区域，其苎麻纺织加工更是全国苎麻纺织加工的主要地区，拥有多家苎麻纺织加工企业。然而近年来，随着整个苎麻产业发展进入低谷，一些小型苎麻纺织加工企业纷纷停产，一些知名企业也纷纷转向其他纺织领域。如湖北维新纺织股份有限公司已将其主要生产产品由苎麻纺织转为色纺，麻纺仅占其 10%。目前我国仅拥有麻纺设备麻布产能 40 万锭，其中目前在用产能仅占 50% 不到，全年生产能力少于 20 万锭。麻纺占整个纺织市场的 3%，苎麻纺织所占比例不到 1%。

（二）困境的原因

根据此次调研发现，造成我国目前苎麻产业发展困境的主要原因在于市场的萎缩低迷、麻纺设备落后、脱胶技术制约。

市场低迷表现在于国外市场萎缩，国内市场打不开。随着我国加入世贸组织，棉纺制品出口配额政策取消，使得主要依赖出口的苎麻产业受到严重的冲击，加之 2007 年以来的世界金融危机，国际市场苎麻需求锐减。同时，人民币近年来升值不断，在一定程度上加大了出口成本，影响了苎麻产业的发展。至 2010 年统计显示，苎麻纺制品仅占纺织品出口的 5%，亚麻 8%，而其他均为棉纺制品。

麻纺设备落后主要表现为麻纺设备研发投入欠缺，麻纺设备几无更新，设备远远落后于棉纺。麻纺设备的落后大大地限制了苎麻纺织加工企业的发展，也是限制苎麻产业发展的一大主要瓶颈。目前我国用于长麻纺的主要设备由于国家研发投入欠缺，设备更新缓慢，大多是基于 20 世纪二三十年代设备进行改造而来，从而使得其设备陈旧落后。加工设备的落后一方面使得加工产品质量低下，无法取得高质量的高端产品，产品竞争力不足；另一方面，设备落后导致劳动力需求大，从而加大劳动力用工成本，增加企业成本。

长麻纺设备的落后使得部分企业转型，由纯麻纺转型为棉麻混纺，从而利用较为先进的棉纺设备，提高机械化水平，降低劳动力成本。如湖北咸宁天化麻业股份有限公司在苎麻产业萎靡的情况下，对企业生产进行调整，成功由纯麻纺转型为棉麻混纺，目前拥有年生产棉麻混纺纱线能力2万锭。但由于棉麻混纺后续工序研究欠缺，棉麻混纺中提高麻成分后，加工难度增大，技术要求增高，使得产品成本加大。湖北精华纺织集团有限公司引进国外先进苎麻纺织设备，大大提高了产品质量，为其生产高端产品提供了前提，其苎麻纯麻纺纱可达100支，120支，甚至150支。产品品质的提高也增加了产品价格，其坯布价格为23元/米。而湖北阳新远东麻业有限公司采用目前国内"先进"设备，可纺36支苎麻纱，最高仅为60支，均用于生产中低端坯布、纱锭等，产品缺乏市场竞争力，加之行业恶性竞争，其坯布价格仅为9元/米，甚至低于其生产成本。

苎麻脱胶一直以来是制约苎麻产业发展的主要瓶颈之一。目前主要采用的是化学脱胶方法，此方法的主要缺点在于环境污染大，环境治理成本高，同时对苎麻纤维质量造成一定的影响。而生物脱胶、酶脱胶技术仍待改进，其脱胶不均匀，使得后续产业出现色点，影响产品质量。在环境治理要求提高后，大多数苎麻初加工企业纷纷停产倒闭。目前实现生物脱胶技术产业化的苎麻加工企业有湖北精华纺织集团有限公司和江西恩达家纺有限公司。

湖北精华纺织集团有限公司与华中科技大学等单位合作，经过2-3年的研发，成功将苎麻微生物脱胶技术应用于企业生产并实现产业化生产。得益于此项技术，加之其从国外引进先进苎麻长纺设备，湖北精华纺织集团有限公司发展迅速，其企业综合竞争力排名全国前五，年生产能力10万锭，其中纯苎麻1.5万锭，亚麻1.5万锭，棉麻混纺4万锭，气流纺3万锭，主要生产纱锭、坯布、色布，并出口中东及欧洲等高端市场。

（三）对苎麻种植的影响

苎麻市场的低迷导致了苎麻原麻需求下降，苎麻原麻价格降低，从而大大降低了麻农种植收益，使得苎麻种植大面积锐减。目前苎麻原麻收购价格仅为7 000元/吨，折算仅为1.75元/公斤。苎麻割麻、打麻机械化程度低，劳动力需求大，而随着劳动力成本增大，按目前1.75元/公斤的原麻价格还不够支付劳动力成本。

根据此次麻纺企业调研，湖北咸宁天化麻业股份有限公司目前拥有棉麻混纺年产 2 万锭，其中苎麻占 55%；湖北维新纺织股份有限公司已全转为色纺，几无麻纺；湖北精华纺织集团有限公司拥有苎麻长纺 1.5 万锭，棉麻混纺 4 万锭，气流纺 3 万锭；湖北阳新远东麻业有限公司拥有年产苎麻长纺 2 万锭，实际生产 1.2 万锭，4 万锭混纺生产线在建；湖南华升株洲雪松有限公司拥有苎麻长纺 1.6 万锭，短纺 1 万锭（已停产）；江西恩达家纺有限公司拥有苎麻长纺 1 万锭。

1 万锭棉麻混纺生产线一天可生产棉麻纱线 3.5 吨，年产 875 吨，折算成苎麻纱为 481.25 吨，需精干麻 1 000 吨。1 万锭苎麻纯纺生产线一年可产 36 支苎麻纱 2 500 吨，需要精干麻 5 000 吨；可产 72 支苎麻纱 1 000 吨，需要精干麻 2 000 吨。由此可推算湖北咸宁天化麻业股份有限公司等 5 家公司一年需要精干麻 2.02 万吨（1 000×2 + 1.5×2 000 + 4×1 000 + 1.2×5 000 + 1.6×2 000 + 1×2000）。按 1 吨原麻产 0.7 吨精干麻计算，总计需要原麻约 3 万吨。根据我国目前在产苎麻纺织 20 万锭，以上代表性企业占全国苎麻总产值的 40% 左右，则全国苎麻纺织年需苎麻原麻 7.5 万吨。产业经济研究室根据各主产地样本数据估算得 2010 年全国苎麻种植面积 8 万公顷，年产苎麻 16.26 万吨，大大高于苎麻企业原麻需求量。

国外市场萎缩、人民币升值、苎麻脱胶难、苎麻纺织设备落后等等问题造成苎麻加工纺织企业大量停产关闭，使得原麻需求量大大减少，苎麻原麻市场供大于求，从而导致苎麻原麻价格大大降低，麻农收益几无，对我国整个苎麻产业造成了巨大的冲击。

为解决目前我国苎麻产业存在的困境，保障麻农收益，确保苎麻这一我国特有的传统产业能健康稳定的发展，提出以下政策建议：

第一、加大苎麻种植扶持力度，对苎麻产业种植进行一定的政策补贴，从而增加麻农收益，改善麻农种植现状。

第二、加大苎麻纺织设备研发投入，研制出新型苎麻纺织设备，对企业自主创新进行一定的奖励及扶持，鼓励企业自主研发。从而加快设备更新，提高我国苎麻纺织整体水平，提升苎麻纺织产品质量，将苎麻纺织推向高端，从而增加苎麻产品竞争力。

第三、进一步鼓励苎麻脱胶创新，对生物或物理脱胶等环境污染小的脱胶企业给予政策上的扶持及奖励。

第四、推进苎麻产业多样化应用研究，改进目前苎麻产业单一化应用，提高苎麻产业抗风险能力。

例三：

广西平果县剑麻产业发展建议

（呈报：广西平果县政府）

2010 年 4 月 15 日

广西百色市平果县为国家扶贫开发重点县，在广西壮族自治区和百色市委扶贫部门的大力支持下，平果县委、县政府以"稳定增加农民收入，促进贫困村贫困农户脱贫致富"为中心，结合当地石山区特征，确定以剑麻生产为经济支柱产业。然而经过几年发展，剑麻产业遇到了瓶颈问题，如剑麻植株矮小、叶片短、产量低、以及销售渠道窄、种植收益差等，农户种麻积极性受挫。对此，国家麻类产业技术体系组织了产业经济、病虫害防治、加工企业三方面专家前往平果县进行实地调研，针对面临问题提出解决办法和应对措施。现从产业经济角度对苹果剑麻发展提出建议。

（一）平果县剑麻发展制约原因分析

1．种植不规范、缺乏规范管理

剑麻种植虽为粗放种植模式，但并不意味着其种植可以任其自生，仍需进行科学的种植和管理。目前平果县虽大量种植剑麻，全县种植面积约为 2.5 万亩。但农户缺乏科学、规范的种植与管理，剑麻间距过小、种植过密，缺乏合理施肥，造成剑麻生长缓慢、植株矮小、叶片普遍偏短，使得单位产量低下，纤维长度达不到企业收购标准，企业不愿收购。

2．纤维初加工落后

平果县大部分剑麻均为农户个体种植，规模有限，受资金和种植条件限制，其纤维初加工设备落后，加工后纤维含杂率高（超过 30%），纤维等级下降。此外，造成纤维含杂率高的另一个重要原因是由于农民缺乏市场、企业收购信息，错误地认为将杂质掺入纤维中将提高纤维重量，增加收益。然而实际是，剑麻含杂率的提高，质量下降使得剑麻纤维价格下跌，减少的收益远远超过添加的杂质重量。

3．销售渠道不畅通，收购依靠麻贩，价格偏低

农户小面积种植使得其不能形成规模效应，且缺乏相应的组织为农民服务，提供准确的市场信息，从而使得其剑麻销售主要依靠麻贩。而麻贩为了更大的赚取利润（中间价差），压低收购价格，使得收益进一步萎缩。

4．缺乏病虫害防治，存在较为严重的危害

由于缺乏科学种植管理指导和疏于管理，剑麻缺乏基本的病虫害防治观念和措施，使得病虫害危害严重，从而导致产量和质量降低。同时，麻农就地进行纤维加工，将麻渣直接回田，进一步使得其病虫害广为传播，危害加剧。

针对以上剑麻发展的问题，通过实地调研和与麻类专家、企业领导座谈，提出解决目前剑麻发展所遇问题的两步发展方案。

（二）平果县剑麻发展建议

1．当务之急是促进已种植剑麻植株的"再生长"，增加叶片长度，使加工纤维长度、质量基本达到企业收购要求。

具体做法：

①选择示范农户，同时组织示范户、剑麻种植大户、技术人员和相关政府负责人员前往山圩农场现场观摩，吸取科学种植、规范管理剑麻的经验。（鉴于作物生长季节，此项工作宜在 4 月 23 日前完成）

平果县扶贫办应在当地选择有种植意愿和积极性，且能认真种植剑麻的农户为种植示范户。同时组织示范户、剑麻种植大户、技术人员和相关政府负责人员前往山圩农场现场观摩。山圩农场为广西种植剑麻种植大农场，其种植规模达到 8 000 亩，且种植科学、管理规范，其平均单产达到每亩约 8 万吨。同时，其规模化加工，加工机械化程度较高，使得其纤维长度长，含杂率低，纤维质量高。其纤维达到广西剑麻集团有限公司质量要求，供应最低均价为 5 500 元/吨（含杂率低于 10%）。在山圩农场的带动下，其周边农户种植剑麻科学，管理规范，种植积极性高，收益高。

请山圩农场种植专家就地指导农民和技术人员种植和管理技术。同时，让山圩农场周边种植农户现场讲解，让相关人员，尤其是种植农户理解科学种植和管理，如合理株距、有效施肥、必要的田间管理产生的优势和潜在经济效益。

②在体系科技人员的技术指导下，对示范户种植过密的剑麻进行合理间伐，并有效管理其合理施肥，通过示范带动周边农户的科学、规范种植。（鉴

于作物生长季节，此项工作宜在 4 月 30 日前完成）

组织示范户进行科学种植，在剑麻所相关技术人员的指导下，合理规范植株间距，对过密剑麻种植地进行间伐。同时，扶贫办为示范户购置或补贴肥料，并确保农户将肥料用于剑麻施肥。为了提高示范户积极性和确保政策的落实，扶贫办可考虑通过奖励政策引导其科学规范种植。例如可考虑对示范户产量实行保底政策，由专家和农户共同估计出间伐前的产量，如产量低于间伐前产量时，政府给予损失补偿。为了确保示范户落实科学规范种植管理（施肥、除草），对超出间伐前产量，给予适当奖励（如奖励一定的肥料等），促进其种植积极性。

③县扶贫办工作人员可考虑立即着手发动示范农民依据科学方法改良种植。因为，四月份为剑麻生长期，错过了该时节将影响剑麻生长。鉴于剑麻生长特性与要求，对于土壤层厚小于 60 cm 的种植面积，建议不做示范推广。

④提高初加工品质，尤其是降低剑麻纤维初加工的含杂率。含杂率在 20% 以上的纤维，销售价格 2 500 元/吨；而含杂率低于 10% 的纤维，广西剑麻集团的销售价约为 5 500 元/吨，有效降低含杂率，将极大提高剑麻纤维的销售收入。建议敦促剑麻种植户剥麻时不可因小利失大利。

2．苹果县政府有关部门积极联系广西当地企业，尤其是广西剑麻集团这一区域剑麻加工的龙头企业，拓展本地销售渠道

广西剑麻加工龙头企业广西剑麻集团有限公司其年产能达到 2.5 万吨，而其目前年加工仅为 1.2 万～ 1.5 万吨，产能存在闲置。其加工纤维 60% 来源广西农垦体系，20% 进口纤维，20% 来源麻农散户。由此可见，广西本地剑麻还没有满足其生产加工需求，而主要原因为各农户种植过于粗放，缺乏管理，导致其纤维质量未能达到其质量要求。广西剑麻集团加工剑麻纤维有其最低产品质量要求，如低含杂率、低水分、超过 60 cm 纤维。如果当地农户能够通过科学管理、规范种植和有效初加工，使其剑麻纤维品质基本达到广西剑麻集团质量要求（纤维长度基本达到 80 cm，含杂率低于 10%），在政府的有效沟通下，则有极大地可能进入到广西剑麻集团的收购网络当中。从而拓宽农户剑麻销售渠道，增加农户收益，同时也满足了集团生产需要，实现双赢目的。

3．从长远来看，考虑在乡镇一级成立剑麻合作社，规范剑麻收获与加工；首先立足拓宽与本地剑麻企业合作基础上，拓展与其他区域企业的协助，如广东东方剑麻集团公司，全面打通销售渠道。在条件允许的情况下，考虑引进剑

麻纤维加工企业，带动全县剑麻产业发展。这是在前期工作实施到位的条件下，进一步为剑麻纤维的加工和销售的长远发展做准备

具体做法：

①成立剑麻合作社。当前全县剑麻种植和加工均为农户个体行为，很难形成一定的规模效应，也难以以一个法人组织形式与纤维收购企业进行价格谈判。扶贫办（或县政府）考虑组织各乡镇剑麻种植大户，成立剑麻合作社，对剑麻的收获与加工进行统一管理，规范剑麻收获与加工。剑麻当其叶片与麻茎夹角大于45°时才成熟，此时是剑麻收割的最好时机。同时，合作社对其乡镇范围的麻叶进行统一收购，统一加工，确保加工合理，降低纤维含杂率，提高剑麻纤维质量。

②首先考虑与本地企业，如广西剑麻集团协商合作，打通剑麻纤维销售渠道。扶贫办（或县政府）可考虑专门组织一次与广西剑麻集团的合作交流会，双方在互惠互利的基础上，大力促使剑麻集团能与剑麻合作社或政府达成合作协议，形成"公司＋农户"的经营模式，打通剑麻纤维销售渠道，解决麻农纤维销售难、价格低的问题。在上述基础上，拓展合作范围，努力扩大销售渠道。政府、企业、合作社、农户四方合作关系如下图：

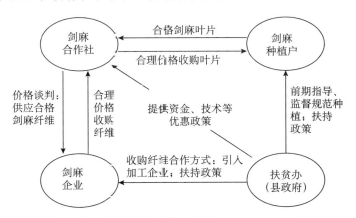

剑麻企业、政府、合作社、农户四方合作体系

③在条件进一步成熟，剑麻种植科学规范和规模扩大的情况下，可考虑引进剑麻加工企业（可以是本地加工企业、或外省加工企业），直接在当地进行剑麻初加工处理，在此基础上向初加工合理利用方向发展，如麻渣、麻渣水的综合利用。

第八章 技术服务平台的搭建

第一节 技术服务网络的建立

以服务农业农村为抓手，着力打造以麻类体系为核心，集科学研发、试验示范、技术培训、市场服务等于一体的综合服务网络，使麻类产业科研、生产、加工、流通、营销等各个环节紧密协作，环环相扣。建设农业科技技术服务网络不仅为麻类科技成果推广及科技项目实施提供了服务和保障，还能为农民提供实时的新观念、新技术。通过新品种、新技术、新产品的试验示范，将其同科技培训和技术推广有机结合，从而促进农业科技成果成功转化。

一、"岗位+试验站+示范基地"模式

工业大麻品种改良团队与西双版纳工业大麻试验站联合在云南省勐海县建立了示范基地，与大理亚麻工业大麻试验站联合在云南省宾川县建立了示范基地，联合开展新品种、新技术的示范，并对地方和企业技术人员、公安禁毒民警及种麻农户进行种植技术、政策法规、安全管理等相关培训。

工业大麻生理与栽培团队联合大庆工业大麻试验站、六安工业大麻红麻试验站、西双版纳工业大麻试验站、汾阳工业大麻试验站、大理工业大麻亚麻试验站合作开展了不同地区、不同种植模式的高产高效栽培技术研究，经过协作攻关，创建了工业大麻超高产栽培技术、轻简化栽培技术和盐碱地高产栽培技术，由相关试验站主持进行不同地区和不同栽培模式下的技术示范，取得了良好效果，达到社会、经济和生态"三效"齐增的目标，形成了以点带面、重点突破、覆盖全国主要产区的工业大麻技术研发与示范网络。

养分管理岗位先后与张家界苎麻试验站、南宁剑麻试验站、哈尔滨亚麻试验站合作，建设了中陡坡地苎麻示范基地、干热河谷剑麻示范基地等；团队成员与试验站合作，针对不同麻类作物生产上的肥料选择和施用方法进行了技术

指导和培训。

漳州黄/红麻试验站在红麻品种改良、黄麻品种改良、种质资源收集与评价、病虫害防控等岗位专家的技术指导下，辐射漳州市龙文区、长泰县、诏安县、漳浦县，龙海市，莆田市秀屿区和三明市尤溪县等黄/红麻试验示范基地，累积示范面积1 500亩，辐射带动面积30 000亩，先后形成了尤溪县洋中基地、秀屿区东庄基地、龙文区朝阳基地、长泰县陈巷基地、龙海市海澄基地、龙海市隆教基地、漳浦县前亭基地、诏安县桥东基地共8个基地，集中讲授了黄/红麻栽培技术和繁种技术等，特别对黄/红麻种子南北方流通、国际市场辐射等进行了指导。

信阳麻类综合试验站在红麻品种改良、黄麻品种改良、种质资源收集与评价、病虫草害防控等岗位专家技术指导下，在息县、固始县、光山县、潢川县、罗山县、平桥区、浉河区建立了麻类试验示范基地7个，累计示范面积14 752亩，累计辐射带动面积54万亩。建立了息县、固始县、光山县、潢川县、罗山县5个示范县，培养示范县麻类种植技术骨干20余人，培养示范基地技术人员50余人，逐步形成了以体系为核心技术指导、示范县技术骨干为技术引领、示范基地技术人员为技术落实的多层次技术服务网络。

剑麻品种改良团队依托剑麻试验站和示范县建立了技术服务信息联络方式，使农户的技术需求能快速反馈；依托湛江剑麻试验站建立了剑麻品种高产高效种植示范基地，通过不同种植材料种植示范，让麻农意识到优良种植材料对建立丰产剑麻园的重要性，促进了优质种苗的推广应用和标准化剑麻园的建设，该基地已成为近五年来广东湛江垦区每年剑麻生产技术培训的观摩现场。

麻纤维膜生产团队在麻地膜推广应用过程中先后与沅江苎麻试验站、张家界苎麻试验站、咸宁苎麻试验站、信阳红麻试验站、六安大麻试验站、萧山黄/红麻试验站、长春亚麻试验站、大庆大麻试验站、南宁黄/红麻试验站等试验站合作，通过试验站与当地农技推广部门、种植大户建立联系与合作关系，在当地建立生产示范基地，开展麻地膜及配套应用技术的推广示范，同时开展技术培训和服务。

二、"岗位+企业"模式

生物脱胶与初加工岗位于2010年9月与湖北天源纺织有限公司签订了《苎麻生物脱胶许可实施合同》，并于2010年10月—2012年12月，在该公司进行了苎麻生物脱胶技术熟化与示范；2012 年 5 月，与江西井竹生物科技股份有限公司签订了《新型汉麻生物脱胶工艺设计与实施合同》，并于 2012 年 6 月—2014 年 12 月，为该公司提供了工艺设计书，进行了技术人员培训以及苎麻生物脱胶生产试验；2017 年 3 月，与大庆天之草生物新材料科技有限公司签订了《苎麻生物脱胶工艺技术与设备专利许可实施合同》，2017 年 4 月开始为该公司提供工艺设计书，并进行技术人员培训，初步完成了汉麻生物脱胶生产示范线的设备安装。

副产物综合利用团队与湖南忠食农业生物科技有限公司就食用菌相关方面进行了合作，专门开展了食用菌菌种的资源搜集、组织分离、农艺性状鉴定、优良菌种的保存等相关知识的讲座，为公司的专业技术人员提供了培训。针对该公司生产过程中染菌率较高、产品质量不稳定等问题，团队帮助制定了工厂化生产标准，规范了工厂化生产过程中的操作与管理，显著降低了生产过程中的染菌率；此外，还就栽培配方、液体菌种发酵优化、产品分级与加工进行了技术支持，对灵芝化妆品系列产品进行了研发，丰富了企业的产品，延长了食用菌产业链；帮助忠食农业生物科技有限公司搭建了工程技术研究中心，主要进行食药用菌菌种选育、保存以及产品的研发及质量监测。团队与湖南忠食农业生物科技有限公司就生产配方、生产工艺共同申报了 10 余项国家专利，其中"一种秀珍菇栽培基质及其制备方法与应用""一种茶树菇栽培基质及其制备方法与应用"已获得授权。

工业大麻生理与栽培团队针对云南工业大麻种植业的纤维用、籽用和花叶用（大麻二酚开发原料）三大板块的现实需求，与昭通市金成亚麻有限责任公司（纤维大麻生产企业）、石屏县天木麻业农民专业合作社（籽用大麻生产企业）和沾益汉晟丰工业大麻种植有限公司（花叶用大麻生产企业）等企业长期紧密合作，开展以秆叶高产、籽秆高产和花叶高产为主旨的高产高效轻简化栽培技术系列田间试验，总结形成了适应不同种植模式的高效绿色栽培技术并在种植企业进行了推广示范，增产降耗效果显著，同时对这些企业技术人员进行了培训，使企业的科技水平大幅提升，建立了体系直接服务产业（企业）的技术研究与推广模式。

纤维性能改良团队面向麻纺织加工企业开展了技术服务工作，岗位专家郁崇文教授充分发挥任中国纺织工程学会麻纺织专业委员会主任，与麻纺织加工企业密切合作的平台优势，进一步密切了以国家麻类产业技术体系为核心的

"农"与"工"的密切交流与合作，积极促进了麻类产业的"农""工"融合，累计为100余家麻纺织加工企业提供了技术咨询和技术服务，并积极推广麻纺织加工新技术和新产品。

三、"岗位＋企业＋示范基地"模式

种质资源收集与评价团队与长沙锦农生物科技有限公司、迪睿合电子材料（苏州）有限公司、汉麻投资集团有限公司、北京暄和健康管理有限公司、娄底市娄星区慕隆红麻种植专业合作社、城步苗族自治县长安绿色蔬菜专业合作社、丹江口市盐池河中药材专业合作社等企业或农村专业合作社合作，开展了麻类优异种质与特色资源的挖掘创制与产业化应用研究，合建了5个特色资源示范展示基地。

四、"岗位＋试验站＋企业＋示范基地"模式

工业大麻品种改良团队分别在丽江市古城区、永胜县，曲靖市沾益区、寻甸县、师宗县，昆明市官渡区，楚雄彝族自治州武定县等地建立了工业大麻示范基地，重点对企业、地方农业技术人员和种麻农户进行现示范场培训。此外，团队获得云南省禁毒委员会办公室的批准，为全省工业大麻种植加工企业、公安禁毒部门提供工业大麻、大麻和罂粟的检测鉴定服务，每年可完成100～200个样品的检测鉴定工作。

萧山麻类综合试验站自成立以来在红麻的品种改良、生理与栽培、种植与收获机械、初加工机械化、纤维性能改良、生物脱胶与初加工、副产品综合利用、养分管理等岗位专家的指导帮助下，在江苏省大丰、东台两地的试验示范基地开展了新垦沿海滩涂盐碱地的土壤改良，田菁等滩涂杂草的灭茬及深翻入土处理，机械化作畦，适种品种及适种密度筛选，施肥方法、化学除草方法与药剂筛选，机械收割与皮骨分离等一系列的试验研究。边试验、边示范，已初步形成沿海滩涂新垦盐碱地红麻生产、初加工全程机械化技术规范，形成了"岗位＋试验站＋企业＋示范基地"为核心的技术服务网络。利用成熟的体系服务网络与江苏众之伟生物质科技有限公司合作，有力地支撑了企业产业化开发，为企业提供了新垦沿海滩涂盐碱地红麻全程机械化生产技术服务。建立天然麻纤维工艺墙纸优质红麻纤维原料生产技术服务网络，根据企业需求，试验站筛选出了适用品种（H368），研制出了适用栽培技术（群体结构合理，收获

株数偏高，植株上下粗细均匀），改进了机械剥制工艺（麻纤维损伤小），完善了沤制技术，尤其是低成本、无污染的就地围塘沤麻封闭式黄/红麻优质纤维沤制技术，通过岗位、相关试验站推广应用到主产区，指导生产红麻优质干皮和纤维，基本满足了企业对优质原料的需求，截至 2014 年，推广应用此项技术后所产的优质干皮、纤维已为墙纸企业新增产值 1.211 亿元、利税 3 858 万元，增收节支 159 万元。

五、"岗位 + 企业 + 示范基地 + 试验站 + 农户"模式

亚麻生理与栽培团队与相关亚麻试验站一起开展了一系列亚麻技术服务，包括：与伊犁亚麻试验站在伊犁河谷以尼勒克、昭苏、新源等地为示范基地，与昭苏金地亚麻厂、新源县新春亚麻厂等企业信息共享，开展了亚麻机械化种植、收获、雨露沤制等技术服务；与哈尔滨麻类综合试验站协作，以克山、兰西、东京城等地为示范基地，为黑河、牡丹江、齐齐哈尔、绥化等地的亚麻企业及种植大户提供了亚麻种植、收获、复种、雨露沤制等方面的技术服务；与长春亚麻试验站合作，以乾安等地为示范基地，为乾安等地提供盐碱地种植亚麻技术服务、纤籽兼用亚麻的种植技术服务等；与大理工业大麻亚麻试验站合作，为宾川、永平、祥云、弥渡、耿马等示范县的亚麻企业、种植户提供了亚麻新品种繁育示范、高产种植、免耕种植等种植技术服务。

六、"试验站 + 示范基地 + 农户"模式

涪陵苎麻试验站先后在涪陵、黔江、武隆、荣昌、南川、忠县、丰都等示范县（区）和苎麻主产区、畜牧大县累计建立核心示范基地 13 个，累计示范面积 8 265.5 亩，示范新品种 11 个、新技术 13 套、新装备 4 套，构建了以涪陵苎麻试验站为核心的重庆麻区服务网络。

咸宁苎麻试验站采用示范基地辐射县域内的村落的方式，签订了农业科技"五个一"行动之《科技服务和培训协议书》，主要开展麻育秧膜机插育秧技术、苎麻新品种、麻籽育秧技术、苎麻饲料新产品和麻园生态种养结合轮牧养羊新模式的示范推广，以苎麻产业扶贫助力村落发展。

沅江麻类综合试验站依托沅江市、汉寿县、南县、大通湖区和资阳区等 5 个环洞庭湖市（县、区）农业局经济作物站，通过开展技术示范、技术培训，建立 QQ 群和微信群等模式，为示范县苎麻种植专业合作社和农民提供技术服

务，内容包括苎麻高产高效种植与多用途利用技术、苎麻轻简化栽培技术、苎麻机械化冬培技术、麻地膜覆盖技术、麻育秧膜在水稻机插育秧中的应用技术、苎麻病虫害防治技术和苎麻饲喂肉鹅与肉牛技术等。

七、"试验站＋企业＋示范基地＋农户"模式

咸宁苎麻试验站与湖北富园牧业（闯王牧业）有限公司合作共建了150亩苎麻饲料化核心示范基地，成功召开了饲用苎麻产业扶贫启动会，以"试验站团队＋龙头企业＋贫困户"的模式探索"2113"扶贫方案；联合湖北香泉牧业有限公司共同申报了"农作物资源秸秆利用和示范"农业开发项目；联合湖北精华纺织集团有限公司共同发展苎麻原料基地，采用"纺织公司（养殖企业）＋合作社＋农户（贫困户）"模式。麻纺企业以最低保护价收购苎麻原麻，养殖企业以保护价收购苎麻饲料。合作社和农户发展苎麻种植园，获得各方利益。

湛江剑麻试验站建立了剑麻主要病虫害监测及防治技术体系，每年向湛江地区剑麻企业及有关部门发布预警及防治措施，使预警与防治有机结合，保障准确高效防控病虫害，使损失降到最低水平，防治成本大幅度降低，减少盲目防治所造成的浪费并减少农药用量；为雷州示范县（市）——东方红农场提供了剑麻多功能单沟施肥覆土机械、深松施肥覆土多功能机械、多齿深松机械、麻园粉碎绿肥及杂草回旦机械、施种麻基肥机械、新型撒施钙镁磷或石灰机械等并进行了示范推广，使剑麻生产工效提高了1～161倍，并大幅度降低了作业成本。

第二节　对地方技术人员和职业农民的培训

根据国家麻类产业技术体系的计划和部署，麻类体系以推动产业发展为宗旨，以促进农民增收为目标，针对产业发展中本学科领域存在的技术需求，积极组织体系团队成员深入生产第一线，开展形式多样、内容丰富的农技培训工作，为乡村振兴添砖加瓦，并取得了良好效果。十年间共培训人员达51 232名，其中包括基层农技人员16 189名、农民35 043名。

结合当前研发重点任务，取得了重要进展的技术成果，通过开展培训班、

技术咨询会、科技入户、实地示范指导、发放宣传资料等方式，多途径、全方位地开展了农技培训活动。培训的内容在种植环节主要有新品种、高产高效种植技术、盐碱地栽培等非耕地利用技术、逆境栽培技术、轻简化实用技术、机械收获与剥麻技术、有害生物防控技术等；在加工环节主要包括副产物青贮饲料加工技术、副产物栽培食用菌技术、可降解麻地膜生产与应用技术等；另外麻类体系将高产品种、高效种植技术、副产物多用途技术、机械化生产技术、动物养殖等单项技术整合起来，形成了循环农业技术模式，并在此基础上大力宣传培训，对麻类产业的发展思路创新与新技术的转化起到了有力的推动作用。

一、举办技术培训班及现场观摩会

经过多年攻关，麻类体系成员扎根生产第一线开展技术咨询活动，广泛宣传麻类体系服务"三农"宗旨，主要围绕麻类作物高产高效种植、麻类副产物饲料化及栽培食用菌技术、麻育秧膜机插水稻育秧等一系列轻简、高效、实用技术，组织了麻类作物多用途技术培训会、麻类作物轻简化栽培技术现场观摩会、麻类病虫草害综合防控技术会，技术培训及现场观摩会充分结合理论讲述和实际操作，深入浅出，取得了良好的效果。

二、进村入户进行科技指导

麻类试验站覆盖全国 16 个省（市），各试验站同时辐射带动周边 5 个示范县的发展，以点带面，以全国麻区麻类加工企业为桥梁，以农民专业户为纽带，在生产的关键环节深入基层。麻类体系技术干部先后深入 100 余个县（市）对麻农进行了进村入户的麻类科技指导服务，为当地农业推广部门、纺织加工企业、麻类生产专业户、种子企业及种养大户提供科技咨询服务，内容涵盖高产高效栽培、病虫草害防控、机械化收获、多用途加工等多个方面，服务形式包括咨询、座谈、讲座等。

三、科技助力乡村振兴

体系岗位专家和团队成员深入主产麻区调研，与麻农进行交流沟通，了解其存在的实际问题（品种、机械化、产品市场销路等），并将存在问题分别向体系负责岗位和当地农业主管部门反映，解除了麻农的后顾之忧，促进了麻农的种植积极性。2016 年，根据农业部科技教育司《关于现代农业产业技术体系首席科学家工作会议后续工作安非的通知》精神，组织本体系专家开展了麻类体系相关的罗霄山区、乌蒙山区、滇桂黔石漠化区、南疆四地州、秦巴山区、大兴安岭南麓山区等 10 个片区的扶贫调研工作。调研针对科技示范户、家庭农场主、农民合作组织负责人、小型企业负责人、电商业主等技术用户代表，按照产业链主线开展，全面掌握了特困连片区农业产业扶贫现状、生物资源优势、生态环境优势、政策环境及产业带动基础并提出了对策。2013 年，苎麻育种岗位团队赴湖南永州调研当地苎麻养牛情况，并提供了种苗帮助当地筹建大面积麻园，对麻园生产管理进行了指导，现永州新晃已形成了规模化的苎麻养牛产业。

四、提供多渠道科技服务

为了扩大科技服务覆盖面、提高科技服务效率，国家麻类产业技术体系充分利用现代科技手段开展科技服务工作，新颖的科技服务形式多样、内容丰富、影响面广、方便快捷、可操作性强，如媒体报道、拍摄宣传片、网络答疑等等，为麻农提供最新麻业动态信息，介绍麻类新品种、新技术，解决麻农在生产中遇到的问题。体系组织拍摄了苎麻高产高效种植技术与多用途关键技术宣传片，并刻印了光盘 1 000 份，分发给示范基地技术骨干和麻农，为麻农提供了"活"的教科书。

五、提供应急指导

麻类体系健全了即时反馈的立急管理机制，若主产麻区或示范基地发生突发状况，能在第一时间反馈至相关岗位及首席科学家办公室，体系也将在最短的时间内制定应急措施。如 2013 年福建漳州地区发生了由"天兔""康妮"和"潭美"造成的台风和暴雨灾害，给该区域的黄/红麻生产造成了影响，漳州黄/红试验站团队成员第一时间赶到各受灾地区，共对 5 个示范县的示范基地和种植大户进行了排水、扶麻等现场指导，指导人数达 150 人次，将灾害天气造成的损失降至最低；湛江剑麻试验站建立了剑麻主要病虫害监测及防治技术体系，平均每年向湛江地区剑麻企业及有关部门发布预警及防治措施 7 次左右。

第九章　主要科技成果与贡献

第一节　重大科技奖励

国家麻类产业技术体系自 2008 年成立以来，体系专家和团队成员对麻类产业发展中的重大问题开展研发、集成和试验示范，积极培育科研成果，共获得了国家奖 2 项，省部级奖 41 项（表 9-1）。

表 9-1　国家麻类产业技术体系国家及省部级奖励（2008—2017）

序号	项目名称	奖项名称及等级	获奖年份	第一完成人	所在岗位/试验站名称
国家奖					
1	水田杂草安全高效防控技术与应用	国家科学技术进步奖二等奖	2013	柏连阳	杂草防控
2	苎麻生态高效纺织加工关键技术及产业化	国家科学技术进步奖二等奖	2016	郁崇文	纤维性能改良
部委奖					
3	黑龙江省院县共建创新团队优秀创新团队奖	中华农业科技奖一等奖	2009	关凤芝	亚麻育种
4	主要麻类作物专用品种选育与推广应用	中华农业科技奖一等奖	2010	熊和平	苎麻育种
5	有一种环保型麻地膜的制造工艺及用其制备的麻地膜	中国专利优秀奖二等奖	2010	王朝云	可降解麻地膜生产
6	欧文氏杆菌工厂化发酵快速提取苎麻纤维工艺	中国专利优秀奖二等奖	2013	刘正初	脱胶技术与工艺
7	环保型农用麻纤维膜产品及应用技术	中华农业科技进步奖三等奖	2017	王朝云	麻纤维膜生产

（续）

序号	项目名称	奖项名称及等级	获奖年份	第一完成人	所在岗位/试验站名称
		省（市、区）奖			
8	育苗基布及其制造方法	中国专利优秀奖二等奖	2015	王朝云	可降解麻地膜生产
9	苎麻高支面料关键技术开发及产业化	上海市科技进步奖一等奖	2009	郁崇文	纤维性能改良
10	高效清洁型苎麻生物脱胶技术	湖南省科技发明奖三等奖	2009	刘正初	脱胶技术与工艺
11	黑龙江省农业科技成果转化工程	黑龙江省省长特别奖一等奖	2010	关凤芝	亚麻育种
12	超高产优质光钝感红麻新品和的选育推广与良种繁育基地建设	福建省科学技术奖奖一等奖	2010	祁建民	黄麻育种
13	环保型麻地膜及其制造技术	湖南省技术发明奖三等奖	2010	王朝云	可降解麻地膜生产
14	多用途工业大麻品种云麻1号选育及配套栽培技术应用	云南省科技进步奖三等奖	2010	杨明	工业大麻育种
15	苎麻牵切纺技术	湖南省科技进步奖三等奖	2010	郁崇文	纤维性能改良
16	亚麻种子带菌检测及苗期病害防治技术	黑龙江省农业科技进步奖一等奖	2011	吴广文	哈尔滨亚麻试验站
17	苎麻雄性不育两系杂交种选育与应用	四川省科技进步奖二等奖	2011	魏刚	达州苎麻试验站
18	剑麻斑马纹病病原生物学、遗传多态性及防治技术研究	海南省科技进步奖二等奖	2011	易克贤	剑麻栽培
19	重金属超标土壤的农业安全利用关键技术研究与示范	湖南省科技进步奖二等奖	2012	黄道友	土壤与水土保持
20	优质、高产亚麻新品种黑亚15的选育及推广	黑龙江省政府奖三等奖	2012	关凤芝	亚麻育种
21	苎麻饲料化与多用途研究和应用	湖南省科技进步奖一等奖	2013	熊和平	苎麻育种
22	优质、高产亚麻新品种黑亚20的选育及推广	黑龙江省农业科技进步奖二等奖	2013	关凤芝	亚麻育种
23	光合细菌菌剂在农田土壤污染治理中的研究及其产业化应用	湖南省科技进步奖二等奖	2013	张德咏	线虫与病毒病害防控

（续）

序号	项目名称	奖项名称及等级	获奖年份	第一完成人	所在岗位/试验站名称
24	优质、高产亚麻新品种黑亚19的选育及推广	黑龙江省政府奖三等奖	2013	关凤芝	亚麻育种
25	获得无融合生殖亚麻种子的方法的研究及应用	黑龙江省农业科技进步奖一等奖	2014	康庆华	亚麻品种改良
26	镉铅污染农田原位钝化修复与安全生产技术体系创建与应用	湖南省技术发明奖一等奖	2014	黄道友	土壤与水土保持
27	镉铅污染农田原位钝化修复与安全生产技术体系创建及应用	湖南省技术发明奖一等奖	2014	黄道友	土壤与水土保持
28	黄/红麻种质创新与光钝感强优势杂交红麻选育及多用途研究和应用	福建省科技进步奖二等奖	2014	祁建民	黄麻育种
29	苎麻剥麻机的研制与应用	湖南省科技进步奖三等奖	2014	龙超海	初加工机械与设备
30	中俄亚麻特异资源的创新利用	黑龙江省农业科技进步奖一等奖	2015	康庆华	亚麻品种改良
31	优质、高产亚麻新品种黑亚21的选育及推广	黑龙江省农业科学技术奖一等奖	2015	吴广文	哈尔滨亚麻试验站
32	中俄亚麻特异资源的创新利用	黑龙江省省政府科技进步奖二等奖	2016	关凤芝	亚麻育种
33	大麻安全性评估监测技术研发及应用	云南省科技进步奖三等奖	2016	杨明	工业大麻育种
34	麻育秧膜研制及其在水稻机插育秧中的应用	湖南省科技进步奖三等奖	2016	王朝云	可降解麻地膜生产
35	苎麻转录组基因研究	湖南省自然科学奖三等奖	2016	刘头明	苎麻栽培
36	优质、高产亚麻新品种黑亚17的选育及推广	黑龙江农业科学技术奖二等奖	2016	吴广文	哈尔滨亚麻试验站
37	早稻麻地膜机插秧育秧技术集成创新与示范	咸宁市科技进步奖二等奖	2016	汪红武	咸宁苎麻试验站
38	红壤区农田镉砷污染阻控关键技术	广东省技术发明奖一等奖	2017	黄道友	生态与土壤管理
39	防治作物重要线虫病害的新型微生物农药与应用	湖南省科学技术进步奖一等奖	2017	张德咏	病毒与线虫防控

（续）

序号	项目名称	奖项名称及等级	获奖年份	第一完成人	所在岗位/试验站名称
40	大麻安全性评估监测技术研发及应用	云南省科技进步奖三等奖	2017	杨明	工业大麻品种改良
41	亚麻耐盐碱品种筛选及种质资源创新	黑龙江省农业科技进步奖二等奖	2017	康庆华	亚麻品种改良
42	优质、高产亚麻新品种黑亚18的选育及推广	黑龙江省农业科技进步奖二等奖	2017	康庆华	亚麻品种改良
43	湖北省水稻机插育秧技术示范及推广	湖北省成果推广奖三等奖	2017	汪红武	咸宁苎麻试验站

第二节　技术成果与创新

一、主要技术成果

（一）品种创新

十年间育成了86个麻类作物新品种，包括苎麻、亚麻、黄麻、红麻、工业大麻及剑麻六种麻类作物，覆盖了全国所有产麻区。通过国家审定的品种有15个，包括中苎3号、湘苎7号、华苎7号、中杂红328、中红麻16、红优4号、福黄麻1号、闽黄麻1号等。省级审定品种有71个，包括中亚麻5号、华亚2号、H1501、中红麻17、红综3号、中黄麻7号、中黄麻8号、庆大麻1号、汾麻3号、中大麻2号、中大麻3号、福黄麻10号等。

（二）专利发明

麻类体系重视创新发展，也注重知识产权的保护。十年间获批专利165项，包括麻类育种方面，一种红麻雄性不育细胞质的分子鉴定方法、无融合生殖亚麻种子的方法、一种工业大麻扦插繁殖的方法等；麻类栽培方面，一种坡耕地苎麻栽培方法、一种西南干旱地区亚麻少免耕种植方法、一种在重金属重度污染土壤上种植苎麻的方法等；麻类加工方面，一种苎麻的毛型纺纱加工方法、一种肉鹅用苎麻饲料及其制备方法、一种麻类纤维解离装置、一种利用苏云金芽孢杆菌DY4菌株沤麻制备黄麻纤维的方法等；麻类机械方面，一种工业大麻立姿输送收割机、往复式双动刀切割试验装置、用于处理苎麻茎秆的分离设备等。

专利的获批使得科研人员具有创造的积极性，并且让相关的科技成果得到推广应用，为集成更大的科研成果做好储备。

（三）技术标准

在充分总结科学技术和实践经验的基础上，纤维性能改良团队制定了 2 项国家标准，分别为《苎麻纤维细度的测定 气流法》（GB/T 34783-2017）、《精细亚麻》（GB/T 34784-2017）。展现了科学、技术和实践经验规范化的综合结果，为麻纺织加工行业提供了科学性、权威性、适用性的标准参考。

制定了符合地方特色的 19 项地方标准，包括云南、广西、湖南、湖北等多个省份，如《籽用工业大麻旱作高产栽培技术规程》《早稻麻地膜机插秧育秧技术规程》，都是在充分了解当地自然条件前提下，反复进行试验后制定，为当地提供了技术咨询和指导，促进了当地产业的发展。

二、技术支撑与产业升级

（一）苎麻饲料化与多用途应用，联合多行业共同发展

我国南方地区，优质蛋白牧草非常匮乏，成为制约"节粮型"畜牧业发展的瓶颈问题。苎麻嫩茎叶具有蛋白含量高等优点，而且适合南方地区生长，可以作为南方的蛋白牧草，生产草食动物饲料。通过青贮等方式，将苎麻麻骨、麻叶不经分离，直接转化为优质蛋白饲料，资源利用率从 20% 增加到 80% 以上。根据对饲料的营养和生产要求，选育出饲料专用苎麻品种中饲苎 1 号、中苎 2 号，并通过新品种登记。开发了"369"模式（指苎麻亩产 300 kg 纤维、600 kg 嫩茎叶、900 kg 麻骨），改变了传统的单一苎麻纤维经济效益分析，从多维度、全方面认识苎麻的属性和经济价值，将极大促进麻类产业发展。

随着我国经济水平的发展，人们生活水平不断地改善，人们对高蛋白低脂肪的食用菌需求量剧增。同时食用菌工厂化栽培的普及，适合工厂化生产的高档食用菌培养基供需矛盾日益突出。苎麻副产物生物产量大、氮源含量丰富、物理性能好，可以作为高档食用菌培养基原料。

此项技术带动了种植业、畜牧业、食用菌加工行业的合力发展，开辟了南方植物蛋白饲料与食用菌基质来源，实现了苎麻生物资源高效利用。"苎麻副

产物饲料化与食用菌基质化高效利用技术"通过农业部科技成果鉴定，并获得了湖南省科技进步一等奖。

（二）麻纤维膜成功研制，提供国家战略物资保障

农用膜是保障现代农业生产提质增效的战略物资。然而农用膜应用也是农业农村环境污染的主要因素。《全国农业可持续发展规划（2015—2030年)》《土壤污染防治行动计划》均将农用膜污染作为战略问题对待，然而回收利用无法解决长期残膜累积和散布带来的严重后果，麻类体系研制的麻地膜、麻育秧膜作为可生物完全降解的植物纤维膜，为破解"白色污染"的难题提供了思路和措施。麻地膜产品强度高，保温保湿效果好，使用后在土壤中可完全生物降解、无污染，长期使用有培肥和改良土壤作用。在应用技术研究和推广示范中，麻地膜在蔬菜作物覆盖栽培和水稻机插秧苗育秧方面有很好的应用效果和前景。麻育秧膜在水稻机插育秧中的成功应用，将麻类纤维的地位从区域特色经济作物，提升到保障国家粮食安全的战略层次。利用麻类等植物纤维，研制出了一种麻育秧膜产品；研究出了一套麻育秧膜生产工艺；探索出了一套麻育秧膜水稻机插育秧技术，有效解决了我国水稻机插中遇到的难起秧、易散秧、秧苗素质不稳定的瓶颈问题，并可显著提高稻谷产量，该技术的推广应用具有巨大的经济、社会效益，促进了水稻机插秧技术的发展，是促进水稻生产全程机械化的一项重大突破。

2017年"环保型农用麻纤维膜产品及应用技术"获神农中华农业科技奖三等奖。

（三）苎麻嫩梢工厂化育苗，助力苎麻产业升级

机械化程度低是限制苎麻产业发展的瓶颈。种苗数量不足、成活率偏低、育苗移栽工序繁杂且成本高昂是苎麻种植难以机械化的主要因素。苎麻主要以扦插繁殖为主，传统育苗方式是用工多、劳动强度大的环节，主要依靠人工作业，操作程序烦琐，并且占地面积大，容易发生土传病，对土壤生态的威胁日益加重；严重受环境因素影响，降低成活率。同时，取苗环节更需人工操作，效率低下，成本昂贵。

工厂化育苗是指在人为创造的最佳环境条件下，采用科学化、机械化、自动化技术，进行规模化生产优质种苗的一种先进育苗方式，具有技术高度密集特征。工厂化育苗是随着现代农业的发展，农业规模化、经营专业化、生产机械化和自动化程度不断提高而出现的一项先进农业技术，是现代化农业的重要

组成部分。与传统的育苗方式相比具有用种量减少，育苗周期短，土地利用率高，减少土传病害，避免破坏土壤生态，适于机械化操作，省工省力，规模化生产，人为控制环境，不受外界条件干扰，病虫害轻，苗壮且成苗率高等优点，并且工厂化育苗能够实现机械化种植。因此，实现苎麻种苗现代化、规模化和工厂化生产，对满足苎麻的市场需求以及推动苎麻产业快速发展，具有重要意义。

第三节　人才培养与服务体系

一、科研杰出人才

国家麻类产业技术体系重视人才培育工作，2010年12月发布《关于召开国家麻类产业技术体系后备人才遴选会议的通知》，旨在纳入青年人才在培养规划中，通过承担各种科技项目，在科研实践中重点加强培养。自体系成立来，共2人获得国家级人才称号，8人获得省部级人才称号（表9-2）。

表9-2　国家麻类产业技术体系科技人才

序号	年份	专家	岗位	类型
国家级				
1	2015	郁崇文	纤维性能改良	国家万人计划
2	2017	周小毛	杂草与综合防控	国家百千万人才工程
省部级				
3	2009	郁崇文	纤维性能改良	上海市领军人才
4	2010	张斌	纤维性能改良	江苏省企业博士集聚计划
5	2013	裴泽光	纤维性能改良	香江学者
6	2014	陈绵才	病害防控	海南省优秀科技工作者
7	2017	彭源德	副产品综合利用	全国农业科研杰出人才
8	2017	杨明	工业大麻品种改良	云岭产业技术领军人才
9	2017	朱炫	大理工业大麻亚麻试验站	云南省技术创新人才
10	2017	朱奇宏	生态与土壤管理	湖湘英才

（续）

序号	年份	专家	岗位	类型
11	2017	黄文功	亚麻品种改良	黑龙江省省级领军人才学科后备带头人
12	2017	陈　璇	工业大麻品种改良	云南省中青年学术和技术带头人后备人才培养对象
13	2017	杨　燕	达州麻类综合试验站	四川省"十二五"以来农业科技创新先进个人

二、服务体系建设

构建科技创新服务体系，以实现服务内容全面化、服务体系网络化，精准发力，为麻类产业发展注入创新活力。十年间除体系内形成科技创新合作网络外，还形成了其他多种服务体系，如岗位+试验站+示范基地、岗位+企业+示范基地、试验站+企业+农户、试验站+企业+试验基地等模式。

研究开发服务方面。统筹高校、科研院所科技研发资源，面向国家重大需求开展专业研发服务。依托中国农业科学院麻类研究所建立产业技术研发中心，集聚创新资源开展技术研发服务活动。培育新品种、构建高产高效栽培模式、新型绿色脱胶技术、拓展利用麻类副产物及多用途等，积极利用麻类"特色"优势，开发创新服务。

科技资源共享服务方面。打破了长期的机构之间资源高度竞争与封锁状态，形成多学科、多区域联合协作发展的网络，科研任务实现了资源共享、信息交流，形成了组织有序、效率高效，有学术共同体、知识共同体的组织。建立了麻类平台基础数据库，包括有各种麻类作物主栽品种种植面积及分布、农艺性状、转录组数据、SSR 数据、生理与栽培技术、耕作方式、病虫草害、收获及初加工机械等数据库、麻纤维膜产品及应用数据库、麻类多用途加工技术数据库、麻纤维性能改良数据库等，实现基础数据统一管理、实时更新的服务平台。

技术服务合作方面。积极与龙头企业、合作社、农户等开展针对性的合作，将麻产业的前中后端有机结合起来，支持并实现了各团队科技成果转移转化。体系成果麻纤维膜产品与公司、合作社、农户合作，截至 2017 年累计推广 6 000 多万亩；"麻改饲"与肉牛、鹅养殖业合作，实现种植业与畜牧业产业对接，提供优质蛋白饲料，弥补南方优质牧草短缺。

第四节　机制创新发展

一、机制创新协作发展

麻类体系积极响应国家创新驱动发展战略，对以国家需求为主攻目标的科研问题进行研究，完成从科学研究、实验开发、推广应用的衔接和融合，形成有利于产出创新成果、有利于创新成果产业化的新机制，在体系内、体系间及体系外开展了科技联合协作，从而真正释放创新活力。

2017年10月组建膜用苎麻协同创新与示范工作组。为研究出具有竞争力的地膜用苎麻、棉型麻，简化生产技术过程，从种植、收获、初加工与成膜技术方面进行改善，研制出全新的地膜用苎麻，以供农用膜生产使用，特此联合体系内苎麻相关专家组建了膜用苎麻协同创新与示范工作组，率先突破技术瓶颈，为破解我国农业生产"白色污染"问题提供技术支撑。

积极开展跨体系合作，"麻改饲"项目与肉牛、牦牛体系牵头的跨体系任务"青绿秸秆饲料化利用技术"合作，研究苎麻及其副产物饲料化技术并推广示范；麻育秧膜技术与水稻产业体系六安水稻综合试验站合作，开展麻纤维基膜水稻育秧、机插秧技术的试验示范；与大豆产业技术体系合作，筛选适合与大豆间套作的麻类作物品种；与玉米产业技术体系开展了玉米-火麻间套种种植试验；与食用菌产业技术体系开展草菇新型基质研究；与特色蔬菜产业技术体系合作实施了冬闲田榨菜种植技术示范。

坚持实施以产业为导向的科研任务，与公司开展合作促进创新成果产业化，与湖南福鹅产业开发有限公司签订苎麻种植与肉鹅放牧技术推广合作协议，与罗霄山区产业扶贫项目对接，带动当地贫困户脱贫致富；联合湖北富园牧业有限公司共建饲用苎麻基地，创建"苎麻"品牌羊肉，提出"专家团队+龙头企业+贫困户"的模式；与泰安市金飞虹织造有限公司合作建设了泰安市麻类作物科学试验基地；与哈尔滨井竹农业科技有限公司合作推广麻育秧膜。

二、助力脱贫攻坚

脱贫攻坚作为实现第一个百年奋斗目标的重点任务，国家麻类产业技术体系时刻紧扣中央扶贫工作相关规划战略。2016 年以来，按照农业部统一部署，依据连片特困区特色农业产业链科技支撑方案的精神，以集中连片特困区为重点，采取就近扶贫原则，在充分发挥传统产业种植优势的基础上，主要围绕麻类作物高产种植模式、轻简化高效栽培技术、麻纤维膜在水稻育秧中应用、麻类副产物饲料化及食用菌栽培等技术与产品示范、培训工作开展，力图结合企业，采用互联网等创新方式促进农民脱贫致富。

在大兴安岭南麓山区、大别山区等 10 个特困连片区开展了产业扶贫工作，涉及镇赉县、霍邱县等 30 余个县市区。在当地农业部门、相关企业、种植大户及农民的配合下，采用产业咨询、试验示范、技能培训、渠道开拓、协作组织等方式，开展了麻类作物高产高效种植技术试验示范、麻纤维膜产品应用技术培训与推广、主产区麻类作物科研与产业发展规划咨询等活动，以完善产业链为导向，吸引资金投入，利用产业发展带动农民脱贫。三年来共示范 80 万余亩，向当地政府、企业、农民等提供建议 170 余次，举办 520 余场培训会，培训了 9 600 余人，产生经济效益 8 500 余万元，脱贫人数达到 9 000 余人。

下 编
技术推广与技术服务

一株苎麻的供给侧改革突围

咸宁苎麻试验站

曾经辉煌一时的咸宁苎麻，受到市场的影响和冲击，种植面积锐减，农民大量毁麻，咸宁的苎麻产业从高处跌落。直至 2016 年，随着世界经济回暖，麻纺织品需求转旺，苎麻原料短缺，苎麻种植恢复性增长重现良机。从 2017 年开始，咸宁苎麻试验站顺势而为，与县级政府对接，在咸安、阳新两地率先以产业扶贫为契机，采取政府引导、市场运作、企业主导、农民参与，适当支持、部分服务的办法，积极引导农户种植苎麻，并在苎麻生产操作技术、麻苗良种繁育和苎麻基地建设上提供强有力的技术支撑。2017 年幕阜山区苎麻种植面积 6 000 余亩，2018 年新发展 3 万余亩，为幕阜山区苎麻产业发展、苎麻产业扶贫提供科技服务。如今，咸宁苎麻产业的腰杆又"挺"起来了……应对市场需求，实施政策奖励，促进技术升级，延长产业链条，咸宁苎麻产业正在从供给侧端发力，实现突围，苎麻之乡有望再次实现辉煌。

一、政策发力，重振苎麻产业

咸宁是中国苎麻之乡。20 世纪 90 年代，当地苎麻种植面积达 40 万亩，创下历史之最。依托当地优质原料，咸宁还培育出一批龙头企业，这些企业的麻纺织品主要出口国外。其中，仅咸安区苎麻纺织集群规模以上企业超过 30 家，年产值稳定在 65 亿元左右。因受全球经济波动等因素影响，一些麻纺企业出口受阻，先后停产，苎麻原料需求量下降，干麻价格从 24 元/公斤下跌至 6 元/公斤，农民大量毁麻。目前，咸宁市苎麻种植面积仅 4 万余亩，其中咸安区 1.4 万亩。同时，湖北省外的苎麻多种植在偏远山区，劳动力便宜，导致苎麻售价较低；而湖北省工价高，农业成本高，苎麻售价没有优势，咸宁麻纺企业多从外省采购原料。湖北精华纺织集团公司也曾以"公司+基地+农户"模式，在咸宁培育原料基地，但终究抵抗不了市场规律，只得放弃。

2016 年开始，随世界经济回暖，麻纺织品需求转旺，苎麻原料短缺，干麻价格从 6 元/公斤回升至 16 元/公斤，苎麻种植恢复性增长重现良机。苎麻作为一种原生态的健康纺织原料，近几年在"一带一路"沿线国家颇为畅销，促进了原麻价格的回暖。为了重振苎麻产业，推动苎麻产业链健康发展，咸安区、阳新县于2017年开始提供财政资金支持，以奖代补鼓励农民发展苎麻，已经新发展苎麻种植面积3万亩。此外，苎麻产业作为幕阜山区的发家致富产业，原来的传统种植区域嘉鱼、赤壁等种植大户也掀起了新一轮的种植热潮。

二、体系给力，推动成果落"地"

咸宁地理位置优越，气候、土壤条件适宜，苎麻种植历史悠久，原麻丰富，纺织工业规模较大，产品质量较优，但苎麻品种和剥制质量不良，导致纺织品成本加大、种植面积缩小，因此，要实现咸宁苎麻产业化仍存在着严重的制约因素，首先必须解决原麻高产优质问题。

咸宁苎麻试验站围绕体系重点任务开展试验示范工作，在苎麻高产高效及多用途研究与示范、早稻麻地膜机插育秧技术试验与示范、苎麻饲料化及牛羊养殖、苎麻轻简化栽培及机械收获技术等方面在湖北大力示范、推广、宣传，产生很好的经济效益、社会效益和生态效益，并在苎麻主产区调研苎麻产业的关键技术需求，针对产业中存在的问题积极开展培训和展示新品种、新技术、新成果、新模式，有效指导生产，加强了本区域的技术支撑。

传统扦插苗采用苎麻嫩梢扦插繁殖，从打顶、取嫩枝，到斜切、消毒，至插扦繁殖、苗床管理，程序烦琐，用工多不说，发病率也高；加之受嫩梢生长周期限制，每株麻苗成本在0.5元以上。而使用种子快繁育苗，每亩可育苗10万株以上，每株成本仅需0.07～0.08元，大大节约了苎麻的种植成本。

有农民算账，每年要集中3次割麻、剥麻。如果手工剥麻，强度太大干不了，纯手工剥麻，每亩要20个工，人工成本至少2 000元。若收购价格偏低，种麻便会亏本。剥麻技术的突破，打消了农民对用工成本高的担心。随着机械辅助剥麻效率大幅提高和苎麻收割机研发突破，每亩投工11个，加上投肥、管理，综合成本约在2 000元。按每亩产干麻200公斤，20元/公斤计算，亩产值4 000元，扣除成本，农民每亩收益约2 000元。

最近几年，咸宁苎麻试验站站长汪红武及团队一行，马不停蹄地辗转在咸宁市各苎麻育苗基地、种植基地，将轻简化育苗及栽培技术送入田间地头，确保农民掌握要领。开展苎麻高产高效栽培及收获技术试验示范，苎麻"369"率先验收通过，试验站协助体系内岗位专家及团队来咸宁指导麻籽育苗、麻园规划、机械田间行走试验，收剥试验。在麻地膜机插育秧技术方面，有效克服了机插育秧过程散秧、漏插等技术难题，每亩节本增效 100 元以上，通过在湖北的咸宁、荆州、黄冈、潜江、仙桃等，多次组织召开现场观摩会，进行示范推广产生良好的经济社会效益。

三、多方合力，延长产业链条

以前，苎麻用化学方法脱胶获取纤维，污染严重，饱受诟病，不过，这种状况已经改变。许多公司采用先进的生物酶脱胶技术，投入 6 000 多万元的环保设施，污染问题已经得到解决，排污线全程安装摄像头，环保部门 24 小时在线监测。

除了纺织用麻量增长，饲料用麻也出现拐点。因为苎麻蛋白含量高达 23%，营养丰富；属多年生植物，一年种植多年受益；一年可收获 6 次以上，生物产量大；适宜南方高温高湿气候，可利用边际土地种植。咸宁苎麻试验站已经成功申请国家牧草品种 1 个，进入国家区域试验集成适宜采收及采集、回收技术 1 套，提出成型鲜饲喂饲技术、青贮技术、颗粒料加工技术、麻园种养结合模式 4 种，不同饲料化利用技术规程 2 套。申请发明专利 4 项，发表论文 6 篇。数据表明，用苎麻饲养的羊，羊肉含多种氨基酸，超过普通羊肉。苎麻蔸栽下后，3 年进入丰产期，只要管理好，每年可收 7 次饲用苎麻，连续采收 5～8 年，与一年一播的小麦、玉米等青贮饲料相比，田间费用大幅节约。牛羊养殖公司不断扩大种植面积，打麻之后再作饲料，实现纺织、饲料两用，提升效益。饲料苎麻每亩产值达 3 000 元以上，能为畜牧养殖企业和广大养殖户降低饲养成本。目前，该技术成果与养殖企业和贫困户有效对接，利用科技力量带动贫困户脱贫增收。结合精准扶贫，在咸宁多个贫困村开展麻园种养结合养羊，形成专家团队＋养殖企业＋贫困户的可复制扶贫模式。目前，幕阜山区推行的苎麻种植养殖结合的脱贫模式，以公司（麻纺企业＋养殖企业）＋贫困户的模式助力脱贫攻坚，多管齐下，苎麻之乡有望迎来苎麻种植新一轮上升期。

从"麻盲"到"忙麻"

涪陵苎麻试验站

"我们是"混"进革命队伍的"

麻类产业技术体系涉及苎麻、工业大麻、黄麻、红麻、剑麻、亚麻共 6 种麻类作物，体系成立时，全国共设立了 6 个苎麻试验站。其中，涪陵苎麻试验站的依托单位是重庆市渝东南农业科学院，该院位于重庆市涪陵区，由原四川省涪陵地区农业科学研究所发展演变而来，是以榨菜研究为特色，包含粮食作物、经济作物等研究的区域性、综合性的地市级农业科研单位。20 世纪 80 年代曾短暂开展过苎麻引种和栽培研究工作。体系筹建布局试验站时，根据当时涪陵及周边区县苎麻种植规模大、产业规模大的实际需求，提出并上报了依托涪陵区农技推广主管部门设立试验站的设想。农业部从建设农业科技创新体系的大局出发，提出了试验站必须依托于地市级农业科研单位的设置要求，因此，我们得以加入麻类体系这个国家队的"大家庭"。2009 年，体系年终总结会上，时任站长、重庆市涪陵区农科所所长周光凡研究员，虽有自嘲而又不无自豪地说："我们是'混'进革命队伍的！"确实，在此之前，连苎麻属荨（qián）麻科植物，我们也误读成荨（xún）麻科，更不要说区分黄麻、亚麻和其他麻类作物了，是真正的"麻盲"。

"苎麻的春天即将来临"

受 2008 年国际金融危机及国庆对环境保护要求提高的影响，自 2009 年起，苎麻产能缩减、销量锐减，苎麻收购价格狂跌，最惨时跌到了 5 元/公斤，连收剥打麻的工钱都付不起。因此，麻农的积极性剧降，毁麻改种的现象普遍存在。所谓"皮之不存，毛将焉附"，产业萎缩了，服务对象"潜水"了，体系咋办？试验站咋办？在麻农失望、团队成员迷茫之时，体系首席科学家熊和平研究员来了，带着专家团队，带着问候和信心来了！

熊和平首席说："苎麻是中国特产，又叫中国草，我国的种植面积、产销量均居世界首位。苎麻纤维具有透气、抑菌、防腐的功能，是天然纤维之王，随着国际贸易形势的改善和国内市场的培育，苎麻纤维的需求量会越来越大。冬天来了，春天还会远吗？苎麻的春天即将来临，也一定会来临！"首席科学家的话鼓舞着团队成员，也鼓舞着麻农。我们在 2013 年体系征文中，以"仙女山下的苎麻守望者"为题，讲述了武隆区欣农苎麻专业合作社社长李健在麻类首席科学家的鼓励下，坚持种麻、主动为麻农服务的故事。李健是苎麻的守望者，其实，奋斗在各个岗位、团队的体系人，也都是麻类作物的守望者。

为了迎接苎麻春天的到来，在体系首席和专家的指导下，在苎麻的"冬天"里，我们重点做了两件事。一是抓住传统纤维不放，提前做好技术储备并积极创新，一旦产业形势转好，我们能拿得出品种、技术、设备，供生产示范应用。因此，试验站团队成员从认识苎麻开始，围绕用什么良种、有哪些先进实用技术、用什么机器收剥进行了技术积累、储备。二是积极开展苎麻饲料化利用技术示范，发挥苎麻富含蛋白质的特点，促进苎麻种植业和草食畜牧业的发展。这里，有两点特别的感受需要讲一讲。一是体系的公益性得到了充分体现。在请进来、走出去的学习过程中，体系专家提供了最优良的品种、最先进的设备，毫无保留地传授了最适用的技术供试验站试验示范，这在体系成立之前各自为战的效益机制下是不可想象的。正是因为有幸进入了麻类体系这个大家庭，才让我们这些"麻盲"快速充电，得以"扫盲"。二是切实感受到了生产的需要和创新来源于实践的真理。比如在饲用苎麻示范过程中，养殖户有"苎麻喂牛，越喂越瘦"的疑虑。为此，试验站开展跨专业合作，与畜牧专家联合进行了苎麻鲜草饲喂肉牛试验，分析了苎麻"瘦牛"的原因，明确了不同搭配比例的饲喂效果，找到了苎麻鲜饲的正确方法，解决了人工栽培苎麻 4 000 多年来没有实现规模化鲜饲利用的技术难题，饲喂示范效果好，还因此申请了国家发明专利。可以说，没有体系技术创新的支撑，没有生产实践的催化，是不可能产生苎麻鲜饲这项技术和专利的。因此，我们深切体会到了"论文来自田野，成果属于体系"的真谛！

"吕站长，请到荣昌来！"

荣昌，地处重庆西部，取"繁荣昌盛"之意而得名。明末清初，湖广填四川，客家人带来苎麻栽培和夏布编织技术，历经传承，逐步形成精细夏布品牌"荣昌夏布"，2008 年获批列入国家非物质文化遗产名录，2013 年成功注册国家地理商标，是荣昌四大传统产业之一，也是当地重要的支柱产业。为加强对荣昌夏布原料的技术支撑，麻类体系将荣昌列为涪陵苎麻试验站"十三五"期间的示范县。

2018 年，为促进荣昌夏布转型升级和高质量发展，当地政府和夏布重点企业引入了全国最大、专业从事纺织品生产和出口的湖南华升集团有限公司和国家级纺织行业专业服务机构国家纺织产品开发中心两家单位进行战略合作。在重庆·荣昌夏布产业项目招商引资座谈会前夕，华升集团董事长刘政建议邀请涪陵苎麻试验站派人参会，以进一步加强技术对接。在座谈会上，熊和平首席表示国家麻类产业技术体系将为荣昌夏布上档升级助推发力，并提出了荣昌夏布现代化要从原料生产的现代化入手的新理念，这既是技术引领，也成为涪陵苎麻试验站的工作指南。在这次座谈会后的两三个月时间内，涪陵苎麻试验站迅速行动，推动依托单位与荣昌夏布重点企业达成了战略合作意向，并配合当地培训机构，开展了两期新型职业农民培训，重点培训苎麻现代栽培技术和先进实用技术，为优质原料基地的扩建储备人才和技术；同时积极为当地政府出谋划策，当好技术参谋，严把品种选用和种子质量关，避免了良种种源供给严重不足情况下的"大干快上"和盲目引种带来的潜在风险。

现在几乎隔三岔五，涪陵苎麻试验站就会接到来自荣昌和其他苎麻生产区县的技术咨询电话和培训需求。

春天来了，春天是播种的季节、耕耘的季节；苎麻的春天来了，我们也更忙碌了！

"帝王菜，可能会因重庆火锅走红"

黄麻是椴树科黄麻属植物，其韧皮纤维发达，是传统的、重要的纤维作物，是麻类体系的主要研究对象之一。某些黄麻品种因口感好、营养价值高而具有较高食用品质，故称菜用黄麻。传说因古埃及帝王坚持食用、具有显著的药用效果而得名"埃及帝王菜"，现又简称"帝王菜"。在福建、广东、广西、湖南等局部地域乃至日本都有栽培食用习惯。20 世纪 90 年代重庆曾有引种报道，但再无下文。有习惯食用菜用黄麻的广东客商到重庆出差，四处打听，不得而归。我们是在加入体系后接触到黄麻的，开始是出于科普目的栽培展示，在了解到菜用黄麻的食药价值后进行了少量试种、鉴评。采用火锅红汤、清汤，即烫即食，滑润化渣，其口感明显好于空心菜、茼蒿、苕叶等常用叶类蔬菜。

综合我们的亲身体验和鉴评者的反馈信息，帝王菜确有明显的保健价值，特别是润肠滑肠功能明显，加之其仁糖、低钠，粗蛋白、粗纤维含量高，是预防"三高"的理想食材,十分契合新时代人们对美好生活的追求。因此,涪陵苎麻试验站在2018年与相关企业合作进行了示范种植。意料之外又在情理之中的是,投放市场后反响超预期,顾客真心喜欢,很多人都感慨,这帝王菜跟重庆火锅简直就是绝配!所以,我们更增添了信心,准备继续试种,助推帝王菜走向重庆市场,早日造福山城人民。当我们将菜用黄麻在重庆的热销情况和发展前景,向黄麻品种改良岗位专家、福建农林大学方平平教授反馈时,相较于在福建的消费热度,他以一贯豪爽的口吻点赞道:"帝王菜,可能会因重庆火锅走红!"

"要问我,还想啥?"

关于体系"麻"的故事,讲完了。"要问我,还想啥?"你莫笑,还真有几点想法或者感慨要说呢!一是坚持体系公益性,做好技术"储水池"、创新"增压泵"的作用。企业可以根据市场需求调节生产规模,争取效益最大化。体系的技术研发,则需针对产业化中存在的实际问题和潜在需求坚持不懈,长期攻关。不能产业萎缩,就"平时不烧香";产业兴旺了,才"及时抱佛脚"。技术研发有自身规律,"心急吃不得热豆腐"!二是固定经费要与专项经费相结合,才能更好地发挥体系攻坚克难的作用。比如,麻类体系机械加工方面的研究,因为历史欠账太多,而当前产业对机械化的要求又十分紧迫,如果不增加专项经费,可能会造成新的脱节。三是农民真想富但又差技术,面向基层,试验站责任重大。我们在荣昌培训期间了解到,农民愿意种麻,只要价格合理。但是,没技术,在栽植新麻时,部分农民把没有繁殖功能的萝卜根也当成种根栽培,这会因缺苗而减产。这还是生产中发现的一个小问题,实际中存在的问题远不止这些。因此,试验站自身技术积累、集成创新和面向基层的示范培训,任务繁重。

十年来,在"事业为麻,体系为家"的体系文化熏陶下,我们感受到了麻类体系大家庭般的温暖,也体验了麻类科学技术的乐趣。面对新的发展,我们将围绕产业技术需求,积极开展新品种、新技术、新装备的试验示范,继续为麻辛苦为麻忙!

洞庭湖畔中国草　守得云开见月明

沅江麻类综合试验站

美丽的洞庭湖畔，几千年来生长着枝繁叶茂的中国草——苎麻。每年仲春，苎麻旺长之季，洞庭湖畔一片绿色的海洋，和一湖碧水交相辉映。

南洞庭湖畔有一座美丽的小城沅江市，因湖南省第二大河沅水在此汇入洞庭湖而得名。自古以来，沅江盛产苎麻，有"无沅麻不成庄"之说。1958年，中国农业科学院麻类研究所在沅江成立，拉开了千年"中国草"由传统农耕文明向现代产业进军的序幕。2009年8月，国家麻类产业技术体系沅江苎麻试验站（2017年更名为沅江麻类综合试验站）则吹响了传统苎麻产业换代升级的号角。

沅江麻类综合试验站主要是服务洞庭湖区域苎麻产业的发展，搜集包括但不限于本体系关于苎麻种质资源、育种、栽培、病虫害防控、机械化收获、加工等领域的技术成果，在试验站开展试验和示范，推荐并指导洞庭湖区域苎麻种植大户、专业合作社以及企业在苎麻种植和加工过程中使用这些创新技术，为洞庭湖区域的苎麻产业提供科技支撑与服务。与体系岗位科学家相比，综合试验站的工作看上去没有那么高大上，但相对来说更加接地气。

沅江麻类综合试验站成立之初，由朱爱国担任站长并负责品种岗位，沅江试验站副站长陈权负责综合岗位，余永廷博士负责植保岗位、栾明宝博士负责栽培岗位。余永廷博士因为身患疾病，已于2019年3月1日不幸离世，他与我们一起见证了沅江苎麻试验站诞生与成长、失落与辉煌。他的离去不仅是中国农科院麻类研究所的损失，也是国家麻类产业技术体系的损失。我在他去世后的第二天曾写了一篇祷文，我把祷文附在这篇文章后面，以纪念他为沅江麻类综合试验站的成立和发展做出的巨大贡献。

沅江麻类试验站有5个示范县（市、区），包括沅江市、汉寿县、南县、资阳区和大通湖区，其中沅江市和汉寿县均为全国有名的苎麻之乡，苎麻种植面积都达到40万亩，加工企业20多家，汉寿县蒋家嘴镇和沅江市黄茅洲镇因为苎麻产业商贾云集，享誉全国。

由于化纤对传统天然纤维产业的冲击，加之苎麻产业机械化程度低以及脱胶存在一定污染等瓶颈问题，苎麻产业在21世纪初经历了一个小高潮后，进入了一个较长的低迷时期。沅江苎麻综合试验站刚启动之时，中国农科院副院长刘旭院士，国家麻类产业技术体系首席科学家、中国农科院麻类研究所所长熊和平研究员，湖南省农业厅李志纯副厅长和沅江市人民政府肖亮副市长等专家和领导莅临指导，给低迷期的苎麻产业注入一剂强心剂。

尽管大家都认为作为中国的传统产业，苎麻一定会焕发新的生机，重现辉煌，但我在担任沅江苎麻试验站站长所面临的现实是苎麻产业的持续低迷和萎缩。为摸清家底、找准原因，我决定深入田间地头开展调研，采集第一手数据。调研方式有国家麻类产业技术体系统一组织的大规模调研，也有沅江苎麻试验站单独组织的小范围调研。我印象中最深刻的就是对沅江市黄茅洲镇民心村的苎麻产业调研，体系首席科学家熊和平研究员和产业经济研究室主任、湖南大学陈收副校长以及沅江市农业局的相关领导都参加了调研活动。民心村可以说是除中国农科院麻类研究所外，洞庭湖畔的又一个苎麻基地。苎麻产业红火时，全村主要种植的作物就是苎麻。他们种植苎麻不仅收获纤维，还将优质品种中苎1号进行嫩梢扦插繁殖后卖到湖南、湖北和江西等地。他们介绍，2001—2005年，民心村卖出去的中苎1号扦插苗达6 000万株。2006年以后，受市场冲击，苎麻产业开始萎缩，到2009年，苎麻原麻价格只有6元/公斤左右。麻贱伤农，大片的麻园被毁，在洞庭湖区域很难找到百亩连片的麻园。在这种艰难的情况下，民心村还在继续坚守，虽然相比高峰期麻园减少很多，但民心村仍是调研以来苎麻种植面积最大的地方之一。民心村有一位叫李良佑的劳模，他用沅江方言向我们介绍，民心村对于苎麻有一种难以割舍的情怀，无论是苎麻产业的高潮期还是低谷期，每家每户都会种植苎麻。此外，他们也会在苎麻低谷期寻求地方政府的支持，比如争取一些苎麻原种基地建设的项目或者政府对苎麻种植户按面积进行的补贴。

2009—2016年，苎麻产业一直处于持续低迷的状态，种植面积一再萎缩。很多地方只是在田间地头零星种植，主要是为以后发展苎麻留作种源。汉寿县在2008—2011年曾给蒋家嘴镇一处100亩左右的中苎1号苎麻基地每年200元/亩的补贴，但从2012年开始也承受不住产业的低迷而把补贴取消了。这种局面无疑给在建站之初豪情万丈的我浇了一盆冷水，也极大地影响了各示范县的领导和技术骨干的积极性。2011 年 5 月，国家麻类产业技术体系在江西宜春召开年中工作会议，主管体系工作的农业部科教司刘艳副司长在讲话中提到：麻、丝和茶是老祖宗留下的产业，目前产业发展虽然不是很景气，但我们要保留研究队伍，做好技术储备，等到产业复苏的时候不要因为技术滞后而影响产业的发展。刘司长的讲话极大地鼓舞了我，于是我在首席科学家的指导下，与其他相关岗位专家配合，带领试验站全体团队成员，积极开展试验示范与技术储备。沅江苎麻试验站建站十二年间，对国家麻类产业技术体系的新品种和新技术进行了示范和推广。品种包括苎麻新品种中苎 1 号、中苎 2 号和中饲苎 1 号等。新技术和新产品包括苎麻嫩梢扦插快繁技术、苎麻机械化冬培技术、苎麻副产物饲料化及食用菌基质化利用技术、纤饲两用苎麻绿色生产技术、苎麻轻简化栽培技术、麻类作物固土保水及逆境种植技术、麻类作物病虫草害绿色高效防控技术、环保型麻地膜和环保型麻育秧膜等。这些新品种和新技术对后来苎麻产业复苏到一个新的高潮起到了很大的推动作用。

　　2016 年，洞庭湖区域麻农家里储存的 10 多万吨原麻即将消耗殆尽，工厂面临"无米下锅"的局面。就在大部分麻农对苎麻已经失去信心之时，一批市场嗅觉敏锐的企业家开始提前布局，流转土地种植苎麻，汉寿鑫达纺织有限公司老总朱爱君就是其中一位。她找到我和苎麻品种改良岗位专家喻春明研究员，商量建设苎麻种植基地事宜。于是沅江苎麻试验站和苎麻品种改良岗位两个团队紧密合作，为汉寿鑫达纺织有限公司的苎麻基地建设提供技术服务与支撑。一开始，朱爱君在汉寿君山铺镇流转土地 60 多亩，主要种植中苎 1 号扦插苗，但当年流转土地时间太晚，导致 6 月份才把苗全部移栽完。虽然经历多次补苗和除草，这 60 多亩苎麻基地建起来了，但三麻没有收成，且耗工太多。虽说"种麻三年穷"，但不得不说当年这 60 多亩基地建设是不成功的。在这种情况下，我劝朱爱君要提早谋划，提早育苗和移栽，保证当年就有收成。朱爱君采纳了我的建议，并成立汉寿振发苎麻专业合作社，在汉寿县文蔚、洲口、龙潭桥等乡镇以及澧县等地流转土地近 5 000 亩，并提前让我和喻春明去现场考察，规划麻园建设。2017 年春节前夕，我们就把育苗工作布置下去。功夫不负有心人，2017 年春节过后，麻苗长出来了。尽管汉寿县是老麻区，但多年没有进行苎麻种子育苗，许多人对苎麻苗不怎么认识了，后来请到我和喻春明研究员现场调查并确认出苗后，他们一颗悬着的心终于放下来了。因为提前做了很多准备工作，加上各片区主任工作热情高涨，后面的各个环节都很顺利。到 2017 年 10 月底在汉寿县文蔚乡召开苎麻机械化收获现场会时，三麻平均高度在 2.2 米以上，平均亩产原麻 40 公斤左右。2018 年，我们指导该公司合理施肥，并选用合适的机械减轻种植和收获的劳动强度，全年原麻亩产达到 220 公斤以上，2019 年头麻亩产达到了 120 公斤以上。随着产量的增加，这期间原麻价格也在不断蹿升，由 2017 年的 6 元/公斤涨至最高 15 元/公斤。更重要的是，苎麻纱线和坯布的价格都在成倍的增长，当别的纺织企业到处找米下锅之时，汉寿鑫达纺织有限公司原料充足，充分享受了市场的红利。该公司的示范效应激发了其他种植户的种麻热情，不过和以前相比，种植 3～5 亩的小户少了，多是有一定资本实力的大户，通过流转土地种植苎麻，少则几十亩，多则上百乃至上千亩。

历史再一次证明，执着而又用心地坚守总会战胜艰难，换来回报。2017 年以来，由于苎麻产业复苏，一直坚守苎麻产业的民心村再一次成为苎麻种源基地，每家每户赚得盆满钵满。2019 年 5 月，沅江苎麻试验站再去民心村调研时，李良佑劳模已经去世，村支书李春芳动情地对我说，你们在苎麻产业低谷期劝我坚持是对的，现在终于守得云开见月明。是啊，我们都在分享"守得云开见月明"的喜悦，但却少了余永廷博士。

附祷文：

深切悼念余永廷博士

在这春雨绵绵的季节，你在与病魔抗争了 5 个月之后，带着对家人和亲友的眷念，带着对麻类植保事业的不舍，安详地离开了我们。

2008 年，你博士毕业后来到麻类研究所工作，报到之后被分配到沅江苎麻试验站。尽管条件艰苦，你还是义无反顾地收拾行装，到洞庭湖畔与千年"中国草"结下不解之缘。你是第一个到试验站工作的博士，了解到试验站主要从事田间试验服务，没有实验室和基本的仪器设备，在领导和同事的支持下，你马上开展实验室的筹建工作。通过调研，你决定在试验站建设生理生化实验室、养虫实验室和土壤检测实验室，方便来试验站开展工作的科研人员对样品进行基本的检验。确定方案后，你立即打报告购买或者向所部相关实验室借用仪器设备，跑前忙后了半年，实验室初具规模，拥有土壤养分测定仪、超净工作台、生化培养箱、叶面积仪、电子天平等仪器设备，补齐了试验站没有实验室的短板。2009 年 8 月，国家麻类产业技术体系沅江苎麻试验站在沅江成立，同年 12 月，我被所党委任命为沅江试验站主持工作的副站长，成为第二个在试验站工作的博士。我被聘为站长，你是团队骨干，负责洞庭湖区域苎麻病虫害防治工作。

　　试验站三十来人，大都是工人且年龄偏大，就在我担心这个书生如何融入这个集体时，你因为之前一年的付出，已经和试验站上下打成一片。于是我决定不端着站长的架子，而是深入职工中间，与他们谈心聊天，学着说沅江话，做沅江人。试验站职工虽然文化程度不高，但待人诚恳，后来我与他们都成了很好的朋友。

　　沅江试验站由于历史原医，和周边村镇积累了一些矛盾，随着我国经济快速发展，这些矛盾逐步显现出来，特别是麻类所有重要活动或者基建投资时，矛盾显得尤为突出。我刚到试验站工作时，正值所里大力在试验站开展基建工作。我因为经常需要协调和周边的矛盾而忙得焦头烂额，根本无暇顾及科研以及其他的工作。你知道我白天工作忙，于是等晚上其他职工都下班回家后，你到我办公室劝慰我工作不能太着急，要一步步来。另外，你还谈到试验站的科研工作同样非常重要，如果没有科研工作就不能称之为试验站了。于是我把科研工作放到了与稳定工作同等位置，甚至更重要一些。明确方向后，我们决定除了做好体系试验站为洞庭湖苎麻产业服务工作外，重点开展苎麻根腐线虫病防治及抗病品种选育工作。你对科研工作非常专注，甚至达到了痴迷的程度。时至今日，我脑海里仍时常浮现你在田间弯腰钻土取样的身影、在实验室凝神注视显微镜的眼神、在办公室里指若游龙敲击键盘发出嘈嘈切切的声音。天道酬勤，几年之间，你陆续拿到了中国农科院基本科研业务费以及国家自然科学基金等项目，发现了苎麻根腐线虫新种及新的根褐腐病，相关研究成果发表在国际权威植保杂志上；同时，选育的 4 个高抗根腐线虫病苎麻品系进入区试阶段，你也因为取得这些优秀成绩在 2012 年被评为副研究员。

　　2014 年，麻类所启动第三批中国农科院科技创新工程的工作，因为你的专业和取得的成绩，所领导安排你参与筹建南方经济作物有害生物防控团队。你二话没说，立即着手前期调研、撰写材料。由于工作太忙，经常往返于长沙和沅江，你身体日渐消瘦，但南方经济作物有害生物防控团队的成功申报给你莫大的安慰。正月初八，年轻团队的博士们和我去你老家看望你。在火车上，大家的内心都在反反复复地闪念着与你相处的朝朝暮暮、点点滴滴。当看到你瘦削的身形，我感到阵阵心痛。正当我因想不出合适的话来安慰你而感到无所适从时，你淡定地对我说，你打算初十回家看望父母，半个月后再回长沙。随后你还说了关于苎麻生根基因研究的部分材料，要我安排相关人员完成基因的验证等相关工作。半个月过去了，我在等着淡定而又顽强与病魔抗争的你回来，但我却等到了你永别的噩耗。

写到这里，望着车窗外转瞬即逝的房屋和树木，内心早已翻江倒海，强忍着，泪水没流下来。回望过去，感谢一路有你，你将永远活在麻类研究所团队成员的心间。

——写于 2019 年 3 月 2 日，去余永廷老家的车上

十年坚守，不忘初心

宜春苎麻试验站

苎麻是江西省传统的特色经济作物，有着数千年的栽培历史。江西的夏布以"轻如蝉翼、薄如宣纸、软如罗娟、平如水镜"而著称，千百年来被作为贡品。在经历了 20 世纪 80—90 年代鼎盛时期的"麻风病"后，江西乃至全国的麻纺产业逐渐转入低迷，特别是到 21 世纪初，原麻价格不断触底，苎麻面积大大萎缩，整个产业意志消沉。就在这时刻，国家麻类体系成立，经过十年的发展，江西的夏布产业经济已逐渐稳步发展，夏布产区的原麻价格也呈逐步上涨趋势，成为国内较有名气的地方特色产业。目前江西的麻纺规模、纺织能力、产品销售已由过去的全国十名之外，跃居排名第三，列在湖南、湖北之后。十年的坚守、十年的奋斗书写的是一段催人奋进的经历，记录了我们苎麻人不屈不挠、永不言弃的精神。在遇到困难的时候，每每回味，总能激励着我们为苎麻事业不惧挑战，奋勇前行。

启动（2008—2010）：事业为麻，体系为家

随着二十年的苎麻产业经济的消沉和持续低迷，麻纺企业以及从事苎麻技术研究和推广人员越来越少，"一斤麻换一斤肉"的好日子也渐行渐远，麻产区的多数市县无人问津，江西省麻类科学研究所的苎麻研究曾一度陷入了深度的迷茫与彷徨，似乎只剩一种执念。终于，2008 年国家麻类产业体系成立，江西省麻类科学研究所凭长期深厚的苎麻基础研究有幸成为体系中的一分子。麻类体系一启动，宜春苎麻试验站就积极组织苎麻主产区各县农技人员配合产业技术体系岗位专家开展体系建设调研，先后走访江西省多地麻纺企业和苎麻种植农户，进行苎麻生产加工、产品销售及价格等方面的麻类产业技术体系需求调研，历经 12 天，行程 2 300 余公里，撰写了专题调研报告。

产业体系启动之后，虽然经费有了保障，目标也更明确了，工作更有成就感了，但我们深感压力更大了、任务更重了。在启动产业技术体系之前，受资金、体制、领域等诸多因素限制，我们有许多工作想做而做不成。有了产业体系这个平台，为我们提供了稳定的工作经费，建立了科学家与试验站、地方与中央研究单位、试验站与试验站之间的相互沟通、优势互补、利益共享、密切配合的关系。有了新的希望，我们也有了家的感觉，我们发自内心的喊出"事业为麻，体系为家"。

发展（2011—2015）：不忘初心，砥砺前行

2011年是"十二五"的开局之年，在江西宜春召开了国家麻类产业技术体系"十二五"任务部署与现场观摩会，这是麻类体系成立以来规模最大的会议，到会的岗位专家和团队成员、试验站站长及团队成员、示范县的技术骨干达200余人。会上，各位专家畅所欲言，献计献策，在麻类产业特别是我们的苎麻产业处于低迷、彷徨的关键时期，为今后的科研指明了方向。

面对麻价触底、苎麻产业严重萎缩，我们重振斗志，以开展苎麻高产高效种植技术示范为中心，把握农业发展趋势，不断开拓创新。在江西省区域内开展苎麻品种筛选及选育研究，并在全省范围内进行新品种及配套高产高效栽培技术示范，展示新品种3个，新品种及配套栽培技术的示范在苎麻种植生产中起到了很好的辐射带动作用，得到了农民的高度认可，极大地调动了农民种麻的积极性，对苎麻产业发展起到了积极的推动和促进作用。

2011年在分宜县苎麻示范基地开展苎麻高产高效种植技术示范，研究并集成苎麻扦插育苗技术、配方施肥、合理密植、病虫害防治、机械收麻等高产高效栽培技术，为苎麻种植提供可靠的技术支持。在袁州区示范基地开展旱地苎麻种植"268"工程，选用抗旱品种、增施有机肥、合理密植等技术措施，利用苎麻地方品种资源和野生苎麻资源，通过田间套袋杂交、测产试验筛选出赣苎5号、赣苎6号等高产优质苎麻新品种，在各示范县进行推广示范。

苎麻高产高效种植技术示范是体系首抓的"十二五"重点任务。在任务书中提出了"369"的口号，即苎麻原麻年亩产300公斤、干麻叶600公斤、干麻骨900公斤。在任务实施期间，首席科学家熊和平研究员一年三次的苎麻大田测产都亲自来现场监督，每次都是从早上6点多从长沙出发赶到宜春，然后直接到苎麻大田中顶着烈日酷暑监督现场测产，生怕出现一丝纰漏。炎炎烈日，衣衫湿尽，这位长者毫不退缩，黝黑的皮肤印出他的固执，正是在这位严谨长者的规划部署和严格要求下，宜春苎麻试验站超额完成了任务，也得到了他难得的表扬。站在试验田中，大家擦着汗水，我们笑了，老科学家也笑了。

另外，在完成体系任务的同时，宜春苎麻试验站还加强与当地政府、企业的合作。积极参与江西省农业农村厅编写《江西省农业志（麻类部分）》；向江西省工信委纺织处提出江西苎麻产业发展现状咨询意见；参与宜春市政府"宜春苎麻"地理标志申报；向江西井竹实业有限公司、江西恩达麻世纪科技有限公司提出技术建议；对分宜县苎麻产业发展提出可行方案等等，尽我们的绵薄之力，助苎麻产业发展。实施"藏粮于地、藏粮于技"战略，而对于宜春苎麻试验站而言，核心就是"藏粮于种"，坚持苎麻栽培技术的研究和新品种的选育。

拓展（2016—2018）：解放思想，终迎曙光

望着我们选育出的优质高纤的赣苎 5 号、赣苎 6 号苎麻新品种，不由得心生些许无奈！好品种推广不出去，却只能攥在手里。"十二五"期间苎麻的价格不断触底，栽培面积也大大萎缩，市场的反馈不仅伤了农户和麻纺企业的心，也凉了我们科研人员的心。既然苎麻纺织市场不好，那就只能拓展思维，开发苎麻新路子。于是，苎麻的"十三五"体系工作便顺应而生。

根据"十二五"期间取得的苎麻科技研究成果和产业进展，麻类体系结合市场的趋势，对"十三五"重点工作任务以及发展方向进行了重新规划与布局。"十三五"期间将体系苎麻工作重点从"十二五"期间的关键栽培技术等研究方向转向苎麻的多用途，包括养猪、养牛、养羊、养鹅等一系列饲用以及可降解麻地膜和麻育秧膜等方面的应用。另外针对苎麻采收的人工成本高的现状，体系也将苎麻机械化收获与配套栽培技术作为"十三五"的重点任务来抓。

随着"十三五"各个体系重点任务的不断深入研究，到 2018 年通过体系各岗位专家以及试验站的不懈努力，苎麻多用途以及机械化收割取得了一定成果，又重燃了整个体系对苎麻的希望。同时，受到苎麻长期低产量、低库存的影响，苎麻原麻市场价格终迎上涨，手打麻每公斤的价格已突破 20 元，较 2012 年前后翻了一番。苎麻产业发展似乎又迎来新的曙光。

作为我国传统纺织原料，苎麻的发展从辉煌到落寞，化纤产品从性能上几乎完全替代了苎麻，这些改变让我们无不感慨社会科技的进步。目前还残存的，是我们心底最深处那股对中华文化传承的情怀在时刻提醒我们不能忘本，要重拾传统，返璞归真。

很多麻田随着老一辈人而生，又随着他们的衰老逐渐消亡。被人遗忘的麻田，却还有几个人在守护，其实能够坚守下来的，除了履行本职工作以外，多少还是对苎麻有一种由衷的热爱。这种人，我们给他起了个形象的名字，就叫他"老麻蔸"。

当然面对市场，我们始终要秉承习总书记"不忘初心，牢记使命"的指示，砥砺前行，为苎麻事业的延续与发展倾尽全力。

十年回眸

张家界苎麻试验站

张家界苎麻试验站建站十年，紧跟体系，始终坚持以产业发展需求为导向，紧紧围绕苎麻生产的现实需求，以技术支撑武陵山片区苎麻产业持续发展。十年来，我们开展了共性技术研究，关键技术联合攻关，苎麻产品多用途研发，新品种、新技术集成示范与推广，为政府生产决策提供参谋，向社会提供信息服务，为体系收集苎麻基础数据和产业发展动态信息，开展技术培训与服务，为区域内苎麻产业生产建设做出了应有的贡献。

武陵山区的苎麻生产有着辉煌的历史，独特的气候环境，使其成为全国优质苎麻生产区。由于山区田少地多，充分利用山地资源发展苎麻生产是山区人们的必然选择，20 世纪七八十年代苎麻生产面积达到 50 余万亩，年产原麻 45万多吨。但自 20 世纪 90 年代以来，由于苎麻产品粗加工环境污染问题，生产加工产业受到限制，原麻价格一路下行，导致麻农弃麻毁麻，种植面积急剧下降。2008 年，国家麻类产业技术体系建立，成立了张家界武陵山片区试验站，为产、学、研相结合、可再生资源利用的苎麻产业建设发展注入了活力。在原麻市场价格疲软、麻农生产积极性受挫的条件下，我们积极推广新品种，推行栽培新技术研究与示范，以点带面，发挥点燃一盏灯照亮一大片的影响作用。自建站以来，以张家界市为中心，先后在湖南的桑植、永定、慈利、桃源、吉首、花垣等地建立示范基地，进行苎麻新品种、栽培新技术的集中示范展示，同时在区域内广泛进行苎麻种植生产的技术推广和产业化服务。多年来的技术示范推广和产业化服务工作取得了较大的成效，创造出了较好的生态效益和经济社会效益，带动了武陵山区苎麻产业恢复性发展。

十年来，我们一直以山地苎麻高产高效种植技术示范为中心，研究新技术，探讨生产新模式。先后进行了适宜山地栽培苎麻品种选育及新品种高产高效栽培技术示范、苎麻轻简化栽培技术、机械剥麻推广应用、麻园生产套种模式、苎麻水土保持栽培研究、苎麻产品多用途开发利用研究、苎麻副产物喂养奶牛肉牛试验示范、麻地膜生产应用等多项试验与示范。在新品种选育与推广方面，推广示范的 5 个新品种及配套栽培技术在苎麻种植生产中起到了很好的辐射带动作用，得到植麻农民高度认可，极大地调动了农民种麻积极性。在轻简化栽培与机械剥麻技术示范方面，2008 年起，在区域内各个示范基地开展苎麻轻简化栽培技术示范，结合机械剥麻技术的推广应用，极大地降低了苎麻生产劳动强度，加快收麻进度，实现了苎麻生产节本增效，使苎麻生产每亩增效 700 元以上，目前，机械化收获已被大范围推广应用。在麻园生产套种模式推广示范方面，麻园套种技术增加了栽种复种指数，使冬闲期麻园得到利用，提高了单位面积产出，提升了麻园生产效益，每亩增收 1 200～1 500 元，该项技术推广应用面积达到 1.1 万亩；在苎麻水土保持栽培方面，为山区控制水土流失问题探索出新的路径。充分展示出苎麻的生态效益成果。在苎麻产品多用途开发利用研究方面，开发了苎麻产品多用途，参与体系进行苎麻副产物加工青贮饲料研究试验成功，并进行生产加工示范与推广，现已形成年加工青贮饲料 3 000 吨的规模化生产能力，解决了区域内草食动物越冬青饲料匮乏的瓶颈问题。在苎麻副产物喂养奶牛肉牛试验示范方面，2008—2014 年，开展了苎麻种养结合生产试验示范，与肉牛、牦牛体系横向合作，利用苎麻副产物嫩茎、叶、皮加工青贮饲料喂养奶牛、肉牛，共设计试验方案 6 套，观察记载试验数据 46 份，试验产品检测报告 6 份。试验结果表明，苎麻含有较高的粗蛋白，可替代 25% 精饲料而降低饲喂成本，苎麻内含的青蒿素能使奶牛乳房炎、子宫炎明显减轻，产奶量不减，奶质营养成分不变，肉品质量略有提升。苎麻副产物的充分利用，提高了苎麻生产效益，实现了种养结合农牧增收效果，带动发展草食动物养殖企业、合作社 53 家、养殖户 213 户。在地膜推广应用生产试验示范方面，为加快体系研究成果转化，自 2015 年以来，我们进行了麻地膜在油菜、棉花、辣椒、高山反季节大白菜种植覆盖试验示范，试验结果均表明，麻地膜覆盖栽培生产有明显增产效果，累计试验示范面积 110 亩，推广生产企业、合作社应用面积 200 余亩。

十年来我们为全面促进区域内生产技术进步，始终坚持把生产需求摆在第一位，深入苎麻生产基地、企业和农户进行生产技术指导与服务。认真开展了新技术的普及传播，对基层农技人员、示范县技术骨干、企业合作社技术人员及生产大户进行技术培训，围绕山地苎麻高产高效技术栽培、病虫害综合防控、苎麻产品多用途开发利用青贮饲料加工及草食动物喂养等技术，通过理论教学、示范现场观摩学习进行关键技术培训。累计技术培训68次，培训示范县技术骨干、基层农技人员187人次，企业、合作社技术人员78人次，植麻农民5125人次，印发技术与宣传资料10000余份，培训工作的开展有效地提高了基层工作人员专业能力水平和生产能力，对促进产业发展、加快新农村建设、农业增效、农民增收起到积极有力的推动作用。通过广泛调研，全面了解掌握武陵山区苎麻种植生产情况和存在的关键问题，向各级政府提交了产业发展报告。通过网络交流，为苎麻生产者长期发布苎麻种植生产关键性新技术及苎麻产、供、销相关动态信息，及时了解苎麻生产和主要发展过程中出现的问题，为本区域内苎麻产业发展和技术支撑起到了积极作用。

张家界苎麻试验站地处武陵山区，是中央确定的14个特困连片地区之一，是"十三五"扶贫工作的重点区域。自中央实施精准扶贫以来，我们积极推动体系技术成果转化，在贫困山区建立苎麻生产基地，大力推广新品种、新技术、新装备的应用。同时，利用团队科研力量开展科技特派员工作，联系贫困村与农业经营组织，为当地产业发展提供科技支撑。试验站团队成员及示范县骨干与贫困户进行了一对一的结对帮扶，到目前结对的贫困户全部实现脱贫摘帽。

回首十年，感慨万千，"事业为麻，体系为家"，张家界苎麻试验站的团队成员走遍武陵山区，在体系首席科学家、岗位专家们的技术支持与指导下，在地方各级政府工作重视与支持下，我们齐心协力、扎实工作，虽苦犹荣。工作中我们增长了知识与才干，后备人才得到了培养，我们将与时俱进，更加努力地工作，为我们的麻类事业、为武陵山区苎麻产业发展做出新的贡献。

四川苎麻拯救了中国苎麻

达州麻类综合试验站

国家麻类产业技术体系达州麻类综合试验站，依托于达州市农业科学研究院，自 2008 年建立以来紧紧围绕苎麻产业发展需求，进行新品种选育与示范研究、苎麻栽培关键技术研究、集成和示范，收集、分析地方麻类产业及其技术发展动态与信息，为政府决策提供咨询，向社会提供信息服务，为用户开展技术示范和技术服务，为达州乃至全川苎麻产业发展提供全面系统的技术支撑。

国家麻类产业技术体系成立于苎麻产业低谷期，十年来苎麻产业行情始终在低谷徘徊，正是体系试验站的建立给予了坚强的科技支撑，在团队成员的不懈努力下，先后在达川区、大竹县、宣汉县、邻水县、隆昌市等示范基地县开展苎麻新品种、新技术试验示范，使达州苎麻种植规模稳定在 30 万亩左右，为国内优质苎麻原麻生产地。

达州苎麻历史悠久

世界苎麻产于中国，中国苎麻在川湘，川湘优势在四川，四川苎麻在达州。苎麻作为推动达州农村经济结构战略调整、提升优势产业经济、促进农民增收的特色优势产业和骨干经济产业，"达州苎麻"已成为全国乃至世界知名品牌，在达州市及县域经济的快速发展中发挥着重要作用。苎麻种植始于西周时期，兴于改革开放初期，精于 20 世纪末，苎麻产业由起伏走向稳定，用途由单一走向多元化，经过漫长的历史沉淀。2017 年 9 月国家麻类产业技术体系首席科学家熊和平研究员到四川达州苎麻产地调研时提出："中国苎麻拯救了世界苎麻，四川苎麻拯救了中国苎麻"，这也充分肯定了目前四川苎麻在国内的重要地位和价值。

十年低谷期的坚守

1. "纤维之王"——苎麻纤维

苎麻，又名"中国草"，是中国传统的优良植物纤维，素有"纤维之王"

和"纤维软黄金"的美誉。达州市农业科学研究院麻类作物研究所是四川也是西部唯一的苎麻科研院所，苎麻育种和栽培技术在全国处于先进行列，利用苎麻雄性不育特性，育成审定杂交苎麻新品种 6 个，苎麻杂种优势利用研究的理论和实践在国内外均属首创。四川所产原麻因品质优良、纤维支数高及初加工产品附加值高等原因倍受国内外麻纺企业的欢迎。

2．苎麻多用途开发与产业扶贫

达州市农业科学研究院麻类作物研究所通过多年潜心研究选育的"川饲苎"系列新品种，粗蛋白含量在 22% 以上，可作为高蛋白植物饲料。随着精准扶贫开发和农业供给侧结构改革，苎麻作为推动秦巴山区农村经济结构战略调整、提升优势产业经济、促进农民增收的特色产业，通过开展苎麻饲料化利用，改变了传统苎麻生产利用模式，拓宽苎麻生产利用途径，将苎麻生物综合利用率由不足 10% 提升到 90% 以上，成为继苎麻纤用之后又一主要开发利用方式。通过开展"饲用苎麻+N（牛、羊、鹅、兔）"的模式，构建饲用苎麻种养循环体系，种养结合，助力脱贫攻坚。

3．苎麻特色小镇建设与乡村振兴

随着乡村振兴战略的实施、城镇化水平和人均收入水平的提高，特色小镇一定会成为高端产业发展、高级人才聚集的一个重要空间载体，与大中城市形成协作互补的共生关系，这里蕴含着巨大的发展空间和投资机会。打造苎麻特色小镇，开发区域优势资源，促进、带动农村地区经济发展，缩小城乡差距，保护苎麻传统产业文化，促进农民思想意识的转变，推动苎麻产业转型和升级，提高产业发展水平。

苎麻产业复苏，展望未来

2017 年下半年以来，苎麻原麻市场行情回暖，一扫往日低迷态势，价格涨至每公斤 25 元，2018 年达州麻区的麻农们迅速捕捉到市场信号，大面积扩种苎麻并提升苎麻栽培管理水平。

十年来，在国家麻类产业技术体系的支持和引领下，苎麻产业终于再次迎来了发展期。达州麻类综合试验站将继续以体系为依托，紧紧围绕秦巴山区脱贫攻坚，推动产业发展，为资源匮乏的偏远山区、贫困区县种植户带来增产增收的好技术、好品种。

十年坚守　开展试验示范工作

信阳麻类综合试验站

坚持不懈，开展试验示范推广工作

信阳麻类综合试验站（以下简称信阳站）十年来以依托单位信阳市农科院试验基地、洋河现代农业示范园区为基础，先后在信阳市罗山县、光山县、潢川县、固始县和息县建立5个试验示范基地，对麻类体系各岗位专家研究的新品种、新技术进行集中示范展示。

信阳站2009—2010年，以中杂红305、中杂红318、福红952、福红991、福红992、红优2号、红优3号、红优4号为主推品种，在5个示范县中红麻种植面积较大的乡镇安排了大面积的红麻种植配套栽培技术的试验示范，通过试验示范来提升当地红麻种植水平，两年试验示范面积达到1 000余亩，辐射带动30 000亩。据统计，示范主推品种比当地常规种植品种增产20%以上，累计增收720万元，深受种植示范农户的欢迎。

2011年至2012年，以福红991、福红992、H318、H368、红优2号等为主导品种推介到信阳红麻产区示范推广，重点展示红麻高产高效品种筛选、病虫草害综合防控技术、红麻机械收获技术、麻骨资源化利用技术，累计示范面积520余亩，辐射带动20 000亩，累计增收480万元。

2013年至2015年，以杂红952、中杂红368、红优2号等为主导品种，进行红麻高产高效种植技术示范、非耕地麻类作物种植关键技术研究与示范以及红麻有害生物的综合防控技术试验示范，以中黄麻1号进行黄麻高产栽培示范，并在罗山县东铺乡孙店村联丰合作社建立示范基地20亩，重点展示红麻鲜茎皮骨分离机械关键技术，三年累计示范1 080亩，辐射带动40 000亩。

2016年至2018年，信阳站以H328、FH992、T17、T19、杂红952等为主导品种，进行红麻高产高效种植技术示范、纤饲两用红麻高效栽培技术示范、功能型红麻新品种高产栽培示范以及红麻有害生物的综合防控技术试验示范，同时在各县区进行麻地膜、麻育秧膜的推广示范，通过麻膜的应用示范，农户纷纷表示愿意长期使用；三年来，各项示范累计面积达 11 000 余亩。

十年来，开展了红麻高产高效种植技术示范，累计示范面积达 3 762 亩，辐射带动 12 000 亩；在潢川县隆古乡开展了红麻病虫草害防控技术示范 100 亩，辐射带动 3 000 亩；在光山县槐店乡、晏河乡开展了红麻绿色高效防治生产技术示范 100 亩，辐射带动 3 000 亩；在固始县开展信阳地区大麻—红麻一年两茬高产高效种植技术试验示范 10 亩，辐射 400 亩；同时在 5 个示范县开展麻育秧膜水稻机插育秧技术示范，示范面积 10 400 亩，辐射带动 40 万亩，累计增收 4 000 万元。

发挥国家队优势，做好产业服务

十年来，信阳站结合自身技术优势，从品种利用、高产高效栽培、病虫草害防控及机械化收获等多个专题进行系统设计、综合研究、集成研发，并以种田大户为载体，以集成技术综合运用为重点，组织开展红麻高产示范，召开技术培训会 50 次，培训农技人员、种田大户和农民共计 2 525 人次，辐射带动周边麻类生产的发展。信阳站每年运行 2 场次的麻类作物生产现状调查和市场调研会，同时上报上级部门，以供决策参考。通过到各县区企业调研，根据麻类作物加工企业对优质麻纤维需求量大及养殖户对饲料用麻作物的需求，信阳站向固始县坤源麻业有限公司、息县通利黄麻精纺织有限责任公司等提供高效、清洁脱胶技术，提高脱胶效率，改善生产环境，降低企业生产成本；向光山县致富肉牛养殖合作社提供高产优质苎麻苗，并进行技术支持；同时在息县、固始县等示范县开展了利用麻骨生产麻骨炭技术研究及示范，当地种植合作社通过该技术，增加产值近 1 000 元/亩，提高了农民种植红麻的积极性。十年来，信阳站对企业进行有效服务与指导，服务企业负责人和技术人员 580 人次以上，发放各类技术资料 10 000 余份，为麻农和企业搭建交流平台，协助企业在麻类种植、加工和麻骨资源化利用等方面节本增效，累计增加经济效益 5 400 万元。

六安麻类产业的发展

六安工业大麻红麻试验站

安徽六安，皋陶封地，处大别山之北麓，长江淮河之间，素称皖西。这里气候温润，光照充足，土地肥沃，史、淠河两岸是著名的"六安大麻"生长的极佳之地。据《六安县志》记载，唐朝时六安州就有大面积种植，距今已有1 500年种植历史。

曾经的辉煌

20世纪七八十年代，改革的春风在安徽农村大地刮起，六安人民勇赶改革浪头，在解决了温饱问题之后，纷纷寻找致富发家之路，麻类经济作物的高产出、高效益成为六安史、淠河两岸农民优先的选择，一时之间，六安的工业大麻发展到30万亩，霍邱的红麻种植高达100万亩以上。在盛夏的七八月间，走在田间地头，犹如进到"麻"的青纱帐中，透出丝丝凉意，也绽放出收获的喜乐。那个时候，六安苏埠就有1 000多专业的麻产品经纪人，将六安的麻推向全国各地，又进一步推进了本地麻产业的发展。当时，我正在霍邱县驻点扶贫，为麻农做点技术服务，麻农们自豪地对我说：种麻简便高效，病虫害少，一斤麻值三四斤稻，三四斤麻能换一斤肉。也是从那时起，扶贫结束后，我就转到经济作物研究室，开始了麻类作物栽培育种技术的研究。改革开放之初的麻类产业的快速发展，极大地提高了当时农民的生活水平，为六安市农村的改革发展做出了巨大贡献。

困境中的坚持

到了20世纪90年代末，由于国家对粮食作物的保护和粮价的补贴，麻类作物的经济效益不再显现，塑料包装袋的应用又给麻类产品的出路以巨大的大击，六安的麻产品企业纷纷倒闭关门，麻类作物的种植面积逐年减少。加之当时科研事业单位改革改制，科研项目和科研经费急剧减少，最困难时连人员工资都不能发全，麻类科研也遭受极度重创，几乎停顿。困难之时，中国农业科学院麻类研究所伸出援助之手，给了我们一些课题，虽然每个课题只有几千元的试验经费，但也让我们维持了麻类新品种区域试验、麻类作物优异种质资源鉴定评价试验的持续开展。同时，我们也积极开展横向联系，争取省、市及各高校的协作课题，完成了安徽省科技厅重点项目"纺织用工业大麻新品种的选育及应用研究""全国红麻新品种区域试验""红麻优异种质资源鉴定评价试验""云南工业大麻在安徽麻区的适应生研究""亚麻新品种在安徽麻区的适应性"等一系列研究课题，充实我们的科研力量和水平。

抓住机遇，奋力拼搏

2008 年前后，我们得知农业部要建立现代农业产业技术体系，当时的所领导非常重视，带领我们积极走访中国农科院麻类所，承担麻类项目科研，向麻类所领导汇报六安麻类生产、科研进展情况及省、市农业主管部门的支持，争取进入麻类产业技术体系。2008 年 12 月，国家麻类产业技术体系成立大会在北京召开，我们如愿成为产业体系在安徽省唯一的试验站。2009 年 2 月，迎来了中国麻类所王朝云副所长带队的调研团队，在安徽省农委、六安市政府、六安市农委的大力持支下，摸清了当时安徽麻类生产的现状和问题，提出了今后麻类产业发展的方向，写出了极具分量的《安徽省麻类产业调研报告》。

麻类产业体系成立后，我们试验站根据与产业体系签订的任务协议书，积极开展各项任务，在霍邱县，寿县，裕安区，金安区，叶集区等 5 个试验示范县区、15 个乡镇建立试验示范点和 7 个新技术示范基地。先后召开了"工业大麻高产栽培技术现场观摩会""红麻新品种高产栽培技术研讨会""麻类作物机械收获和机械剥制现场观摩会""麻纤维膜水稻育秧及机插秧技术观摩会"等。十年来，推广示范麻类新品种数一个，新技术 20 余项，在整个麻类产业不景气的大环境下，稳住了六安麻类产业下滑局面，还给麻农带来了 10% 以上的经济效益的提高。十年来，我们促进了六安市工业大麻产业协会及县区产业协会的工作开展，与安徽凯旋大麻纺织股份有限公司、安徽星星生态农业有限公司、安徽红晨麻纺织有限公司等麻纺企业加强合作，为企业建立种植基地提供技术服务和技术支撑。十年来，试验站团队培育的工业大麻新品种皖大麻 1 号推广面积累计达 50 万亩，良种覆盖率达 90% 以上，团队完成的"高产优质工业大麻新品种皖大麻 1 号的选育及其应用"获安徽省科技成果奖，并荣获六安市科技成果二等奖。

十年来，在麻类产业体系首席科学家的带领下，在六安市政府的大力支持下，六安工业大麻红麻试验站工作卓有成效。今后，我们还要继续努力、奋力拼搏，为六安的青山绿水蓝天，为六安的麻类产业健康、合法的发展，贡献我的余生。

扎实做好技术推广　有力支撑科企对接

萧山麻类综合试验站

做好试验示范　探索效果最优技术

萧山麻类综合试验站（以下简称萧山站）十年来主推科技成果示范技术 4 套，分别为：① 2009—2010 年通过试验研究形成红麻轻简化高效生产技术。技术流程是免耕或机械翻耕作畦→精量播种→化学除草剂封闭防草→一次间苗定苗→一基一追施肥→一次收获→机械剥制皮骨分离→就地围塘封闭式沤麻→洗麻、晒麻、整理入仓。至 2014 年在全国主产区已累计推广应用 15.2 万亩，增收节支 7 896.4 万元。②研制麻地膜蔬菜瓜果栽培应用技术。技术流程是筛选出适用作物（对土地通气性要求高的茄果类蔬菜）；适用栽培方式为设施内，解决麻地膜增温效果稍差、遇泥土易快速分解难题；适用的季节为秋季，解决高温季节播种移栽需盖膜而作物覆盖塑料膜易烧苗的问题。至 2014 年推广应用 2.4 万亩，增收节支 1 120.75 万元。③研制形成黄/红麻纤维薄型无纺布作为机插水稻硬盘育秧基布与壮秧营养剂等合用技术。至 2014 年推广应用 7.07 万亩，新增纯收入 593.3 万元。④研制形成的沿海滩涂盐碱地红麻全程机械化生产技术。技术流程是灭茬机灭草→二次深翻压草减少草害基数→在施用复合肥的基础上每亩增施 100 公斤颗粒型有机肥作基肥（一次施肥）→选耐密植品种（H368）精量播种（根据发芽率计算成苗 18 000 株/亩的播种量）→选择性化学除草剂封闭防草（防止麻苗封行前草害）→通用收割机（改圆盘锯式刀片）收割→麻田雨露半脱胶→机械打捆运输进加工车间→大型红麻碎茎机皮骨分离成纤维和麻骨两种半成品（分别作为麻纤维薄型无纺布、麻毡及麻骨板等原料），每亩生产成本控制在 1 000 元左右，已在示范县及江苏东台沿海经济开发区示范应用 1 000 亩/年（连片）以上。

对接麻类加工企业　提供有力技术支撑

萧山站根据服务区域麻类作物种植规模小、加工企业多、对优质麻纤维需求量大的特点，试验站的产业服务主要做了以下两个方面工作：一方面将多年研制形成的低成本、无污染就地围塘封闭式优质黄/红麻纤维沤制技术不断改进完善，形成初步规范，并在国内黄/红麻主产区及本区域示范、推广应用。推广应用后所产的优质纤维已为浙江的天然麻纤维工艺墙纸加工企业新增产值1.211亿元，利税3 858万元，增收节支159万元。另一方面为投资农业的工商企业开发沿海滩涂盐碱地红麻种植、加工产业提供技术支撑。针对沿海滩涂新垦盐碱地田菁等顽固杂草多、基数大，红麻进入旺长期后期机械施肥操作难、茎秆太粗难以进行机割等红麻全程机械化生产中的瓶颈问题，通过多年的试验、筛选，已初步形成低成本的沿海滩涂新垦盐碱地红麻全程机械化生产技术：机械灭茬；二次深翻压草，降低耕作层及表土杂草基数；在施复合肥的基础上每亩增施100公斤颗粒型有机肥作基肥，确保整个红麻生长期对养分的需求（一次施肥）；选用适于密植（收获期基部茎粗适中，便于机械收割）的高产优质红麻品种（如H368），精量播种（根据发芽率计算成苗18 000株/亩的播种量，保证收获时有效株达每亩1.2万株左右）；化学除草剂播后芽前封闭，控制麻苗封行前的杂草；通用收割机（改用圆盘锯式刀片）收割；麻田就地雨露半脱胶；机械打捆送粗加工车间；大型碎茎打麻机皮骨分离成纤维和麻骨两种半成品（分别作为麻纤维薄型无纺布、麻毡及麻骨板等原料）。每亩红麻生产成本控制在1 000元左右。目前，该项技术在江苏众之伟生物质有限公司已成功应用，获得良好的效果。麻纤维种植垫（麻毡）已研制成功，应用于无土草坪、屋顶绿化；零甲醛的红麻骨板材已试制成功，经检测，性能优于棉秆板和桑枝板材、红麻纤维乙醇的研发正在推进中。在江苏众之伟公司沿海滩涂盐碱地红麻种植开发过程中，试验站不仅提供红麻生产全程技术，还为企业提供了试验站长期积累形成的无土草坪生产技术、麻塑生产工艺等，为企业的红麻种植、产品研发提供了有力的技术支撑。

做漳州麻类产业的科技支撑者

漳州黄/红麻试验站

落实多套科技成果示范

漳州站十年来主推科技成果示范技术 8 套，分别为：集成了 1 套黄/红麻高产高效种植技术模式，推广面积 2 000 亩，辐射带动面积 33 000 亩，累计增产 0.35 万吨，按每亩增收 500 元计，累计增收 1 750 万元；集成了 1 套适合盐碱地种植黄/红麻关键技术，完成了黄麻 425 和红麻 526 盐碱地高产创建任务，推广面积 100 亩，辐射带动面积 300 亩，该技术可以起到改良土壤，保持水土的作用，有利于保护生态环境，维持生态平衡。形成 1 套麻骨栽培食用菌技术，推广面积 8 000 平方米，辐射推广面积 20 000 平方米，该技术的实施大大提高黄/红麻综合利用率，利用率达 80% 以上；形成红麻和不育系高产高效制种技术，推广面积 500 亩，辐射面积 5 000 亩以上；形成黄/红麻主要病虫害监测预警及综合防控技术 1 套，推广面积 100 亩，辐射面积 800 亩；形成红麻轻简化栽培技术 1 套，推广面积 400 亩，辐射推广 10 000 亩；成功推广红麻剥皮机和脱粒机生产示范技术，推广面积 800 亩，辐射面积 10 000 亩。应用黄/红麻轻简化栽培技术和黄/红麻剥皮与脱粒机械技术后，每亩节省劳动力成本约 490 元，累计节约成本 490 万元。2016—2018 年开展麻地膜高产栽培应用技术试验示范，分别在青椒、番茄等特色蔬菜应用，试验示范面积 5 亩，辐射推广面积 30 亩。

积极开展技术服务活动

漳州站十年来举办黄/红麻技术培训和现场观摩会 10 场，培训地点：福州、莆田和漳州，培训黄/红麻种植企业技术人员和农户近 500 人。并对福州、莆田和漳州龙海、漳浦、长泰和诏安等市县的农业企业和种植农户 600 多人次进行黄/红麻种植、田间管理、疾虫害防治、种子收获及麻骨栽培食用菌等方面的科技服务与现场指导，提高科技骨干的业务水平，提高农户的种植水平，有效地增加黄/红麻产量和种植农户的经济效益。福建地区夏季多台风、暴雨等自然灾害现象，漳州站及时进行现场救灾技术指导。通过示范黄/红麻岗位专家新品种、黄/红麻高产高效栽培技术等，服务相关企业 8 家，创造农业就业机会 3 000 人次，增加农民收入 2 700 万元。利用麻类作物重大有害生物预警及综合防控技术，节省农药使用量，对麻秆、麻叶的资源化利用，减少农业废弃物的排放，有效地减少土壤酸化板结和对环境污染物的排放，做到节能减排。利用黄/红麻麻秆栽培食用菌和花卉技术，大大提高黄/红麻综合利用率，利用率达 80% 以上。

试验示范与产业服务：两大抓手齐发力

南宁麻类综合试验站

南宁麻类综合试验站（以下简称南宁站）十年来主推科技成果示范技术12套，分别为：集成了1套黄/红麻高产高效种植技术模式，完成了体系下达的黄麻526和红麻637高产创建任务，示范种植800亩，辐射带动面积2.4万亩，按每亩增收400元，合计增收960万元。集成1套早黄/红麻-晚水稻种植关键技术，示范种植100亩，辐射带动面积1万亩，每亩增收400元，累计增收400万元；集成1套轻简化炭用红麻种植关键技术，示范面积50亩，辐射带动1000亩；集成1套旱地轻简化黄/红麻关键技术，示范面积700亩，辐射推广面积8000亩，该技术每亩节省劳动力成本450元，累计节约成本360万元；初步形成捆绑甘蔗用红麻种植技术，示范种植30亩，辐射带动推广面积200亩；初步形成加工腊味及工艺用绳红麻种植关键技术，展示示范种植10亩，辐射带动推广面积100亩。初步形成砷、镉重金属地种植技术，示范种植10亩；形成1套黄/红麻麻籽兼收种植技术，示范种植90亩，辐射推广面积200亩；形成1套迟播黄/红麻留种、红麻杂交制种技术，示范20亩，辐射推广100亩；形成红麻轻简化栽培技术1套，推广面积50亩，辐射推广100亩；形成1套菜用黄麻无公害种植关键技术，示范面积50亩，辐射推广面积1000亩；2017—2018年开展地膜用麻试验示范推广，分别在草莓、马铃薯、甜玉米、甜糯玉米以及毛节瓜等作物上应用。

十年来，南宁站累计举办黄/红麻技术培训、现场观摩和新品种推介会9场，培训地点：合浦、桂平、巴马和平果，培训黄/红麻种植企业技术人员和农户近400人，并对合浦、桂平、巴马、全州、来宾、贵港、宜州、灵山等市县的农业企业、种植户以及聘请农民工1000人次进行黄/红麻种植、田间管理、病虫害防治、种子收获等科技服务和现场指导。同时还常年还为来访、来电、来函及来邮件需要种植技术的麻农免费提供种植技术指导服务。

论文写在大地上，成果留在农民家

哈尔滨麻类综合试验站

黑龙江省是我国主要的亚麻生产基地，具有得天独厚的自然条件，20 世纪 80 年代，亚麻种植面积达到 200 多万亩。目前以大规模种植机械收获为手段，全产业发展，纺织能力占全国的 30% 以上，成为亚麻种植最具有竞争力的地区。相较全国其他亚麻种植地区相比，黑龙江产业发展成熟度比较高。产业发展的关键是如何提档升级，哈尔滨麻类综合试验站的成立，旨在瞄准解决产业发展中的关键环节问题。

黑龙江省亚麻产量尚与世界发达国家有一定的差距，除自然因素以外，病害是主要的原因之一。国外的保苗率一般都在 1 800 株/平方米，而我国在 1 400～1 700 株/平方米。哈尔滨麻类综合试验站团队通过多年对苗期亚麻田间的调查发现，伴随亚麻苗期和生长期的主要病害是亚麻炭疽病和枯萎病。我国多年来使用炭疽福美进行药剂拌种，只能防治一种病害，而种子上携带的病原菌有多种，所以病害防治始终达不到理想的效果。同时我国对种子卫生检测也没有标准规范，种子上携带病原菌过多，必然导致病害的发生，不能作为种子使用。团队科研人员通过研究，形成一套简易的方法，制作了一套病原菌彩色图谱，操作人员培养出菌落后，通过对照就可判断出种子携带病原菌的种类。进而有针对性选择拌种药剂，防治效果得到了大幅度提升。十年来通过在生产中实际应用，创造了良好的经济效益，累计推广面积超过了 20 多万亩，田间病害发生率控制在了 5%～10%，与亚麻生产发达国家的水平相近。

亚麻在种植过程中，田间管理主要工作是除草。亚麻常规除草多年来主要是采用二甲四氯和拿扑净配方，但除草效果不理想，满足不了亚麻机械收获的需要，所以必须改进亚麻除草配方以满足市场的需求。新的除草配方针对目前亚麻田间的难除杂草芦苇、洋铁叶、鸭跖草、黄蒿等，取得了理想的结果，使麻田达到了亚麻机械收获的标准。在亚麻除草期间，试验站成员都活动在田间地头，为农民提供咨询服务。针对具有代表性的地块，及时组织示范县骨干，召集种植户召开现场会20多场，进行技术培训，培训人员900多人。亚麻田做到了"远看一片黄，近看麻青塘"，为亚麻机械收获提供了有力的保障。

前茬杂草基数影响除草效果。在黑龙江省兰西县和西部盐碱地区，由于农业粗放经营，有些地块前茬杂草基数大。在春季亚麻除草季节前，杂草出苗早、生长快，常出现草欺苗现象，造成亚麻苗发育不良，影响产量。而常用的化学除草配方，达不到防治田间杂草的理想效果，严重影响了后期的机械收获，这个问题困扰当地农民多年。针对生产中的实际问题，团队成员通过筛选封闭除草药剂，形成了亚麻田专用封闭除草药剂配方，除草效果好，杂草基数降低了65%，控制了亚麻苗期草荒现象的发生。在兰西、黑河推广了2万多亩。

通过科技人员的努力，相继解决了兰西、克山多年发生的亚麻菟丝子病害。为提高麻农的收入，增加土地利用率，推广了"亚麻复种技术"，使麻农每亩增收400元左右。通过集成高产栽培技术的示范和相关技术的推广应用，使黑龙江省产量最高达到了6.1吨/公顷，纤维产量达到1.72吨/公顷。推广自走式拔麻机、配套翻麻脱粒是提升亚麻生产水平的新模式，通过在宁安、黑河、兰西召开现场会等活动，使人们充分认识到，机械的提档升级是促进产业发展的必由之路。黑龙江省目前全面实现了机械收获、雨露沤麻，生产方式与世界先进生产水平接轨。为提高产业发展的竞争能力，哈尔滨麻类综合试验站开展了横向协作，与食用菌体系联合，利用麻屑栽培食用菌。目前市场使用的锯末子为1 000元/吨，而亚麻屑400元/吨，替代量达到30%，可降低成本13.43%以上，为北方食用菌的栽培基质找到了新的替代品，对麻类与食用菌两个产业体系的发展均有很大的促进作用。哈尔滨亚麻试验站在科技示范的过程中，做到了"论文写在大地上，成果留在农民家"。

哈尔滨麻类综合试验站每年都在各示范县对黑龙江省亚麻原料生产情况进行全面调研，了解产业中存在的深层次问题、市场情况等。向黑龙江省亚麻协会和省经济作物站提供亚麻产业发展建议，并为克山金鼎亚麻纺织有限公司和云山亚麻原料厂等提供咨询服务，派出技术人员指导生产。利用黑龙江省农业科学院"院县共建"和"三区服务"平台向全省亚麻产区提供咨询服务。不定期对技术骨干和麻农进行培训，培训人数1 900多人，发放各类宣传材料5 000多份，提高了麻农的种麻技术水平。向省政府等主管部门提出亚麻、大麻产业发展建议 2 次。通过新品种、新技术的示范、技术培训和现场观摩等推广了黑亚 20、黑亚 21 等新品种，占种植面积的 70% 以上。利用亚麻集成高产栽培技术、亚麻机械收获及雨露沤麻技术等，推广应用面积 20 多万亩。

走出低谷，不做井底之蛙

长春亚麻试验站

2008 年吉林省长春亚麻试验站成立。成立之初，试验站不断向其他省份的亚麻科研人员学习并进行多次的考察、交流，探索到亚麻种植的核心技术，最终筛选出适合当地种植的亚麻品种，即阿卡塔、戴安娜。黑龙江省开展亚麻事业较早，且技术较为成熟，团队人员前往兰西亚麻之乡去学习。躬耕陇上，方知技艺之精髓。2008 年吉林许多地方在亚麻种植过程中，麻田出现倒伏现象，且有小部分的虫害，致使亚麻减产。试验站组织并邀请相关专家来研究解决方案，在 2009 年取得初效，并进行了"优质高产抗旱抗倒伏栽培技术示范"，举办亚麻种植技术培训会。

针对吉林省西部多盐碱地的现状，我们筛选出耐盐碱的亚麻品种即吉亚 2号。这个品种原茎产量每亩可达 388 公斤，并配套推广"盐碱地亚麻种植技术示范"和"沿江滩涂地亚麻种植技术示范"。随着吉林省亚麻产业的发展，亚麻用种量出现供小于求的现象，长春亚麻试验站想到了异地繁种的办法。北方是冰天雪地的冬季时，南方依旧温暖宜人，是进行冬季加代繁种的最好选择。团队同时研究出"麻类作物育种与制种技术"及相应的"亚麻病虫害防治、亚麻田杂草防控技术"，并本着精益求精的态度，更进一步开展了麻类作物轻简化栽培技术研究与示范、盐碱地麻类作物种质创新与种植关键技术示范、地膜用亚麻新品种培育与示范、地膜用麻轻简化高效生产与收获技术示范、一年生麻类作物轻简可持续种植技术与示范和麻类生物质高效利用关键加工技术研究与示范等。

一个人的努力是加法，一个团队的努力是乘法

十年间，经过整个团队的努力，育成亚麻审定品种 3 个，即吉亚 5 号、吉亚 6 号、吉亚 7 号。发表麻类育种及栽培类学术论文 8 篇，即《吉林省工业用大麻农业生产模式的探讨与效益分析》《通径分析在油纤兼用亚麻产量分析中的作用》《纤维用亚麻吉亚 5 号选育报告》《亚麻新品种吉亚 6 号选育

报告》《亚麻新品种中亚麻 5 号的选育》《纤维用亚麻新品种吉亚 7 号选育经过及栽培技术》《不同用途亚麻的研究进展》《不同除草剂防治亚麻（*Linum usitatissimum* L.）中菟丝子（*Cuscuta chinensis*）的研究》。

沧海桑田，走出井底竟是另一番天地

随着新技术、新方法、新品种大面积示范推广，亚麻的种植面积不断扩大，病虫害生物防治和地膜的应用，使亚麻原茎产量和种子产量不断增加，为辖区亚麻产业发展提供了强有力的技术支持并为农民增产增效提供了重要保证。亚麻原茎平均亩产由 2008 年的 322 公斤，发展到 2018 年的 371.6 公斤，亚麻种子平均亩产由 2008 年的 255 公斤，发展到 2018 年的 407.7 公斤；平均全麻率由 27.3%提高到 29.33%，平均含油率由 2010 年的 25.5%，提高到 2018 年的 39.1%。

亚麻产业的发展与麻农的努力是密不可分的

我们响应习近平总书记的号召，做到解群众之所急、想群众之所想、奔群众之所向，从实际出发。十年来多次进行技术咨询、培训、现场观摩会和宣传推广，培养了一批技术人员、种植大户，为当地的亚麻生产提供了强有力的技术支撑，为解决三农问题提供条件。总计开展培训 90 余次、培训人员 3 388 人次，发放《亚麻种植技术手册》100 余册，麻类技术宣传资料 15 200 余份。亚麻团队成员全心全意地为亚麻基地、种植合作社服务，解决麻类生产技术难题，为政府提供关于麻类产业发展的建议，为吉林省麻类企业提供咨询服务。通过这些服务对推广吉林省亚麻种植起到积极作用。

助力伊犁亚麻产业有序发展

伊犁亚麻试验站

引领新疆亚麻科技示范

麻类体系建设启动之前，新疆亚麻原料生产与国内外相比差距较大，缺乏优良亚麻品种，种子生产体系不完善，生产上应用的品种混杂和退化严重，良种率一直在低水平徘徊。针对存在的问题，伊犁州农科所综合本区域的气候、土壤、栽培条件等因素，因地制宜开展品种选育。依托麻类产业技术建设大合作的优势，伊犁亚麻试验站团队积极引进国内外新品种进行筛选，将选育的新品种伊 97042、伊亚 5 号以及筛选出的 4 个适宜本区域种植的综合性状优良的高产亚麻新品种，根据不同示范县的特点安排不同的品种进行示范。优良品种的示范应用需要大量良种来支撑，为加快优良品种的繁殖，提高推广速度，试验站团队与相关岗位专家合作，共同开展亚麻播量、施肥、病虫害防控等技术试验示范，集成了一套亚麻高效繁种技术，每亩增加种子产量 5 ~ 10 公斤。经过不懈努力，亚麻新品种应用面积达到 80% 以上，在大面积示范的基础上，推广亚麻高产栽培技术，提高了新疆当地的亚麻种植水平，原茎产量比现有主栽品种增产 10% 以上。

亚麻籽可用于生产符合人类健康饮食和保健利用的食用油，让亚麻产品走向餐桌。通过试验筛选出 3 个适应伊犁河谷气候特点的早熟、油纤兼用亚麻品种，籽粒含油量 34% 以上，兼顾原茎和籽粒两方面的效益，提高了亚麻新品种的经济效益。

塑料地膜的使用在显著促进农业发展的同时，造成了严重的农田"白色污染"，亟待开发环保型替代产品。麻类纤维产量高、富含木质素、纤维强度大等特点，以麻类纤维为原料制备地膜具有较大潜力。作为麻类产业技术体系的重点任务，伊犁亚麻试验站开展了用于生产麻地膜的亚麻品种的筛选，经过对亚麻品种的出麻率测试，筛选出高纤维产量的亚麻品种 3 个进行试验示范，亩产纤维达到 100 公斤以上，并示范与品种配套的地膜用麻轻简化高效生产技术，每亩增产麻纤维 8 kg，为降低原料生产成本储备了适宜的品种。

在"不与粮争地"的前提下，亚麻走出粮田，拓展种植区域，寻找新的生存空间是实现可持续发展的必要条件。伊犁亚麻试验站适应形势发展的需要，在盐碱地开展亚麻品种引进种植试验。盐碱地亚麻种植技术与传统亚麻种植技术有一定差异，示范过程中从整地、施肥、播种、保苗、浇水等环节进行了探索，并总结了成功经验，集成盐碱地播种、施肥、草害防控等技术，初步形成一套盐碱地亚麻种植技术进行示范，亩产 340 公斤。逐步推进亚麻向山坡地、旱地、盐碱地转移，将其发展成为一种边际土壤利用优势作物，不仅可以为麻类作物生产拓展出广阔的空间，确保纤维市场供应，不与粮食作物争良田，对土地资源的高效利用也具有重要意义。

亚麻粗放式的传统生产经营方式与亚麻产业的发展已不相适应，亚麻生产中应用单一技术已不能满足高产优质的需求，只有应用集成技术，才能充分发挥优良品种的潜力。伊犁亚麻试验站在伊犁州农科所综合试验示范区，以亚麻新品种伊 97042 为核心品种，开展亚麻肥效试验、亚麻杂草防控试验等，集成亚麻施肥技术、杂草防控技术，形成与新品种配套的高产高效种植技术 1 套，在示范县建立 3 个示范片，连续多年在示范片开展示范工作，示范应用面积达到 10 800 亩，亩产 450 ～ 500 公斤，最高达到 550 公斤。为降低生产成本、增加种植效益，团队成员坚持不懈为农民示范、讲解种植技术，使农民每亩用种量从 10 ～ 11 公斤减到 8 公斤，机械化作业水平显著提高，实现每亩节本增效 120 ～ 150 元。

新疆农田用地连片集中，适宜机械化作业，有利于做到亚麻种植过程轻简化管理。伊犁亚麻试验站着力将集成的亚麻机械作业栽培技术应用在昭苏县、新源县示范基地进行指导示范，机械栽培 760 亩，每亩节省成本 100 ～ 120 元。通过使用机械化栽培技术，节省了劳动力成本，进一步提高了麻农种植效益。该技术推广应用 5 000 亩。

为进一步降低种植成本，以当地的土壤和生产条件为基础，结合亚麻机械作业的优势，选用适宜的农业机械在昭苏县马场示范亚麻免耕种植技术 200 亩，种植前不进行整地作业，直接采用机械复式作业技术进行播种，全程机械化，每亩节省成本 135 元。

亚麻作物用地养地和土壤肥力可持续利用技术，通过间套作及轮作提升种植效益，保障了纤维原料可持续稳定供应。充分利用本区域夏秋季日照长、光温资源丰富的优势，伊犁亚麻试验站在巩留县选用亚麻-绿肥复种模式，亚麻收获后复播大豆或油葵，在秋季用碎茎机粉碎后翻耕，进行秸秆还田，有效增加了土壤有机质含量，为作物可持续生产提供了物质基础。

新疆生态脆弱，生态保护是新疆重大任务之一。根据新疆新源县和昭苏县的生产条件，伊犁亚麻试验站在田间、亚麻原料加工场等地进行亚麻雨露沤制和温水沤麻对比试验，对麻茎处理、铺麻、翻麻、沤麻时间、干茎鉴定、捆麻等雨露沤麻技术进行了综合评价，初步掌握了亚麻雨露沤制技术，并进行了亚麻雨露沤制技术示范。机械拔麻和脱粒一次完成，麻秆就地进行雨露沤制示范，雨露沤制的长麻率为18.2%，比温水沤制的长麻率（16%）提高2.2个百分点，明显优于温水麻，既减少了污染，也确保了加工效益，促进绿色纤维可持续生产。

草害严重影响亚麻作物的产量及纤维品质，是制约新疆亚麻产业持续发展的重要因素之一。多年以来，农民在亚麻生产中仍然以二甲四氯和拿扑净为主要除草剂，导致新疆亚麻作物的杂草整体防控水平滞后。因除草效果不够理想，麻农选择增加使用剂量或混合其他药剂除草，常常产生药害，影响亚麻正常生长，对生态环境造成不良影响。亚麻对除草剂特别敏感，除草剂类型、用药方法和使用量不当，均会造成药害，影响亚麻生产。筛选合适的除草剂并应用于生产，是亚麻生产持续发展的技术保障。针对农村耕地污染、劳动力减少和农药施用过量等突出问题，围绕"一控两减三基本"，伊犁亚麻试验站团队开展了亚麻田杂草防控药剂筛选试验。炎热的夏季，团队成员戴着防护口罩在田间喷药，汗流浃背，不畏艰辛地试验了两年，筛选出40%立清乳油和10.8%高效盖草能两种残留期短的化除药剂，用于防除亚麻田阔叶杂草和单子叶杂草，株防效95%以上，总结形成亚麻杂草绿色防控技术1套。在示范应用过程中，由于麻农担心产生药害，不敢使用，团队成员亲临现场配药，指导机械喷药，效果非常理想，增加了麻农对示范技术的认同感。事后农户主动要求团队成员帮助联系购买除草剂，按照提供的技术要求防除亚麻田杂草，技术示范面积5 000多亩。

产业服务　一直在行动

伊犁试验站团队结合区域特点开展亚麻品种、技术试验示范，在亚麻生长的关键阶段主动深入生产一线开展技术服务，为亚麻产区农民提供良种选购、种植、管理收获等全程技术咨询服务，随时解决生产中出现的问题，示范县技术骨干常年在生产一线为农民提供技术服务。通过试验站＋示范县＋示范户的形式，团队成员与示范县技术骨干相互配合，科技服务针对性强、效率高，将试验示范工作和生产紧密衔接，建成亚麻科技成果转化平台和科技推广协作网络。

结合伊犁河谷各示范县不同的种植特点，伊犁亚麻试验站利用依托单位试验区和5个示范县建立示范基地120亩，示范基地在伊犁河谷不同县、乡、镇发挥着样板作用，有效带动了亚麻产业的技术升级和效益提升，为区域特色农业发展提供了有力的科技支撑。

在伊犁州农科所及5个示范县召开技术培训会、现场观摩会10次，培训示范县技术骨干、乡镇农技人员、亚麻种植户430人次，重点培训"亚麻新品种应用""亚麻高产高效种植技术""亚麻杂草防控技术"和"亚麻机械作业技术"等内容。

结合伊犁州科技下乡活动，伊犁亚麻试验站开展技术培训和咨询，发放技术手册和明白纸等宣传资料3 200余份，为麻农提供可操作的技术支持。在亚麻生产的关键季节，组织团队成员对示范县麻农进行现场技术指导104次，接受农技人员和麻农的技术咨询63人次，及时解决生产中出现的问题。

通过伊犁州党委远程教育网络开展了"亚麻高产高效栽培技术"视频讲座，收看讲座的县、乡、镇农技人员、农户约234人。通过伊犁人民广播电台"走进新农村"栏目面向伊犁州宣讲亚麻高产高效栽培技术，宣传普及亚麻新品种、新技术及科普知识。借助现代传媒，使亚麻新品种、新技术的普及面更广泛。

借助报纸、电视、网络等媒介宣传麻类产业技术体系。通过伊犁州电视台宣传麻类体系在伊犁开展的重大活动，在伊犁州农业信息网上刊登了6篇关于亚麻产业技术体系的信息，在示范县通过电视媒体报道现场观摩会2次，在《伊犁日报》上发表宣传文章2篇。

做好岗位专家与示范县的联络员

大理工业大麻亚麻试验站

加入"国家队",服务大理麻类产业发展

云南是全国较适宜种植工业大麻、冬季亚麻的省份,而大理州则是云南省最适宜也最有条件种植工业大麻、冬季亚麻的地区。一方面,云南省大理州属亚热带季风气候,光热资源丰富,年温差小,日温差大,无霜期长,降雨量充沛,干湿季分明,"立体气候"特征非常明显,具备多种生物生存的生态环境,较能满足工业大麻、亚麻对环境的要求,并且大理州土地资源丰富,山地、冬闲田地充裕,粗加工带动能力强;另一方面,大理州拥有工业大麻、亚麻试验科研依托单位——云南省大理州农科院经济作物研究所。云南省大理州农科院经作所成立历史久远,功能配置齐备,人才队伍强大,科研成果丰硕,具备承担大理工业大麻亚麻试验站建设任务的综合条件。此外,大理州经作所与中国农科院麻类研究所、黑龙江省农科院经作所、云南省农科院、云南大学生命科学学院等科研院所及相关部门建立了长期合作关系,开展了实质性的科技合作,工业大麻、亚麻产业技术研发有了更强科技支撑条件。

为更好地服务于本区域麻类产业发展、促进农民增收,大理州农科院积极申请并于 2009 年 1 月正式获准加入"国家队",与国家麻类产业技术体系首席科学家办公室签订了国家麻类产业技术体系建设试验站委托协议,从此,拉开了大理工业大麻亚麻试验示范的序幕。

大理工业大麻亚麻试验站以工业大麻、冬季亚麻新品种和增产新技术试验示范为重点,积极配合体系岗位专家进行共性技术和关键技术的研究、集成和示范,加强生产技术培训和指导工作,通过技术依托单位和全体团队成员的共同努力,各项工作计划顺利实施,为本区域亚麻、工业大麻生产发展提供了积极的科技支持。

大理工业大麻亚麻试验站与宾川、弥渡、永平、祥云等示范县合作,先后组织在宾川县金牛镇、鸡足山镇,永平县龙门乡博南镇,弥渡县寅街镇、新街

镇，祥云县祥城镇建立冬季亚麻和工业大麻示范基地 12 个、面积 115 亩。加强与麻类产业技术体系岗位科学家和各试验站间的交流与合作，以示范基地作为体系新技术应用、新成果展示的重要载体，加强新品种和增产新技术的试验示范；以示范基地为科技培训的平台，针对不同产区和不同农时、农事特点，开展了相应的基层农技推广骨干培训工作；依托示范基地建设，为示范县亚麻、工业大麻企业、种植户开展了新品种繁育示范、高产高效种植技术示范、轻简化种植技术示范等种植技术服务，为示范区域麻类产业的健康发展发挥了有效的科技支撑作用。

依托单位和体系力量，建立专业人才团队

以大理州农科院经作所的研究力量为主，聚集宾川、弥渡、永平、耿马和腾冲等示范县相关部门的产业技术人才，明确了大理工业大麻亚麻试验站站长和品种、栽培、病虫害防控、综合等四个专业的团队人选；确定五个示范县的技术依托单位和每个示范县品种、栽培、病虫害防控三个专业的技术骨干，建立了一支相对稳定的从事麻类科研与生产服务的队伍，积极投入到试验示范工作中，明确任务职责，形成具有快速反应的麻类产业科技协作团队，确保试验示范、信息收集、技术培训等各项工作的顺利实施。

依托国家麻类产业技术体系技术平台的优势，加强与中国农科院麻类研究所、各省农科院经济作物研究所及华中农业大学、东华理工大学、云南大学等院校的交流与合作关系，培养锻炼了一批适应产业化开发的科技人才，形成了国家麻类产业技术体系功能研究室、试验站、示范县麻类科技协作网络，构建了产业技术试验与成果推广应用的畅通渠道。大理试验站团队先后引进筛选出中亚 3 号等十余个优质亚麻新品种并成功应用于大面积推广，制定地方技术规范 2 项，发表科技论文 27 篇。

大力推进试验示范工作

大理工业大麻亚麻试验站持续组织开展麻类作物新品种的引进试验评价工作，通过多年多点品种试验鉴定，先后引进筛选出中亚 3 号、Diane、华鑫010 等十余个优质亚麻新品种并成功进行大面积推广。其中，参与选育的亚麻新品种云亚 1 号（云种鉴定 2013004 号）、云亚 2 号（云种鉴定 2013005 号）、云亚 3 号（云种鉴定 2013001 号）、云亚 4 号（云种鉴定 2013002 号）、同升福1 号（云种鉴定 2013003 号）等五个优质、高产亚麻品种已于 2013 年已通过了由云南省种子管理站组织的非主要农作物新品种现场鉴定和登记，进一步丰富了云南亚麻后备品种资源，为大面积生产用种提供了有力的科技支持；制定地方技术规范两项；通过团队成员的共同努力，研究建立了大理州亚麻秋播优化栽培数字模型，在总结加入国家麻类产业技术体系实施的品种试验、配方施肥试验、病虫草害防控试验成果的基础上，制定出《大理州纤维用亚麻秋播高产栽培技术规程》（DG 5329/T 34—2015）和《稻茬纤维用亚麻免耕栽培技术规程》（DG 5329/T 50—2016）两项地方技术规范；大理工业大麻亚麻试验站实施完成的"冬季亚麻高产高效种植技术试验示范""冬季亚麻高产优质新品种展示及繁育技术示范""冬闲地亚麻高产种植技术示范""冬季亚麻少耕免耕技术示范"等四项重点工作，于2014年4月通过国家麻类产业技术体系首席科学家办公室组织的专家组测产验收，产量指标达国内先进水平。

做好产业服务 促进成果落地

科技成果必须要转化为生产力为当地经济发展服务，才是科研试验的根本宗旨，必须立足于地方实际，以最少的成本换取最大的收益，才算成功。为此，2009年至2019年十年间，大理工业大麻亚麻试验站对成功转化的模式、途径和效率进行了艰苦的探索尝试，摸索出一些卓有成就的做法。

创新技术服务模式。采取"岗位+试验站+示范基地+企业"的技术服务模式，大理工业大麻亚麻试验站与亚麻、工业大麻等岗位科学家合作，在宾川、永平、祥云、弥渡、腾冲、耿马等示范县建立示范基地，为示范县亚麻、工业大麻企业、种植户开展了新品种繁育示范、高产高效种植技术示范、轻简化种植技术示范等种植技术服务，加强与宾川瑞林克林业科技有限公司、云南汉强生物科技有限公司保山分公司等企业协作，积极开展工业大麻产业扶贫示范工作，为产业发展提供有效服务、为供给侧结构性改革和工业大麻、亚麻产业的健康发展提供有效的科技支撑。

重视技术培训。大理工业大麻亚麻试验站启动以来，通过邀请岗位科学家和参与体系组织开展的学术交流、工作总结、技术培训等重大活动，先后培训团队成员和技术骨干181人次，协同各示范县组织培训基层农技人员601人次；与祥云、宾川、永平、耿马等示范县合作培训麻农3 157人次；开展现场观摩会10次，参会人员378人次。通过学习培训，培养锻炼了一批适应产业化开发的专业人才和种植大户，为示范区域麻类产业的健康发展创造了良好的人才支撑条件。

实干真感受

通过加入国家麻类产业技术体系十年的培养锻炼，大理工业大麻亚麻试验站团队的整体专业理论水平和专业技术水平得到较大提高，能够较全面地分析和掌握本区域工业大麻、亚麻等产业的发展情况和存在问题，提炼研究项目，把握研究方向目标，合作解决产业关键技术问题，有效支持产业发展。

体系的试验站建设与过去做项目有着很大的区别，过去做项目的任务指标是自己定，项目期限一般是三年；而试验站建设任务的期界为五年，有稳定的专项经费支持，试验站建设的任务来源于生产，要不断去解决生产上发生的实际问题。

麻类产业的农业产业要发展好，一是要有政府的支持，二是要有科技支撑，三要有企业的带动。今后大理工业大麻、亚麻科技创新团队将结合围绕麻类高产高效多用途种植关键技术研究与示范、重金属污染耕地麻类作物种植关键技术研究与示范、麻地膜替代塑料地膜应用技术研究与示范等核心内容开展技术创新，从减少投入、提质增效、多用途开发等方面开展工业大麻、亚麻品种筛选和配套技术研究与示范。为提高山坡地、冬闲田、重金属污染耕地的利用率，有效促进麻类产业的发展提供科技支持。

我与体系共成长

大庆工业大麻试验站

改革开放以来，我国农业科技取得了辉煌的成就，大幅度提高了农业综合生产能力，有力支撑了农业农村经济的快速发展。2008 年以来，现代农业产业技术体系的建设，更加充分地发挥了农科院和高等学校在农业科技创新中的作用，体现了中央与地方科研机构的联动、产学研密切合作以及技术研发与推广应用紧密结合的特征，充分发挥农业科技资源综合优势、加快农业科研成果转化、全面提升农业科技创新能力。

国家麻类产业技术体系大庆工业大麻试验站立足于我国东北松嫩平原西部，依托于黑龙江省农业科学院，十年来始终以产业需求为导向，紧紧围绕工业大麻产业发展需求，进行共性技术和关键技术的研究、集成和示范；收集、分析麻类产业及其技术发展动态与信息，为政府决策提供咨询，向社会提供信息服务，为用户开展技术示范和技术服务，为黑龙江省工业大麻产业发展提供全面系统的技术支撑。

风雨十载，我们砥砺前行

十个春秋更替，十载风雨兼程，十年的蓬勃与发展。十年来的艰苦与奋斗，坚持与拼搏，见证了我们国家麻类产业技术体系大庆工业大麻试验站的精彩华章。回首奋进路，我们充满喜悦与感激，喜悦我们的成绩，感激体系领导的支持，感谢试验站团队成员的不懈努力。从 2008 年至今正好十周年。十年里，我们试验站的成员齐心协力、扎实工作并以黑龙江省大庆市为核心，先后在肇州、北安、孙吴、逊克、宁安、安达、肇东、肇源等地建立示范基地，对国内外工业大麻研究领域最新成果在黑龙江省进行集中的示范展示，同时在区域范围内广泛进行工业大麻种植生产的技术推广和产业服务，在多年的试验示范、技术推广和服务三农工作中取得了较好的成效，创造较高的经济社会效益，积极促进了黑龙江省工业大麻产业的快速发展。

十年中，我们一直秉承以开展工业大麻高产高效种植技术示范为中心，把握农业发展趋势，不断开拓创新，在黑龙江省区域内开展工业大麻品种筛选及选育研究，并在全省范围内进行新品种及配套高产高效栽培技术示范展示，展示新品种 8 个，累计示范面积 1 300 亩。新品种及配套栽培技术的示范在工业大麻种植生产中起到了很好的辐射带动作用，得到了农民的高度认可，极大地调动了农民种麻的积极性，对大麻产业发展具有积极的推动和促进作用。

2008 年开始，大庆工业大麻试验站在各示范基地开展工业大麻高产高效种植技术示范，研究并集成工业大麻精细整地、适时播种、配方施肥、合理密植、封闭除草、生化防虫、及时集中收获等高产高效栽培技术，累计示范面积 5 000 亩，为工业大麻种植提供可靠的技术支持。通过选用耐盐碱品种、深耕深松、增施有机肥、合理密植等技术措施，在黑龙江省大庆、肇州等示范基地开展盐碱地工业大麻高产栽培技术示范，累计示范面积 420 亩。研究总结出空间地域隔离和设施隔离等工业大麻隔离制种技术，并在区域内进行示范，累计示范面积 145 亩。开展工业大麻病虫草害绿色高效综合防治技术研究示范，通过化学封闭除草、喷施杀虫剂防治跳甲、投放天敌赤眼蜂防治一代玉米螟等综合技术手段开展工业大麻病虫草害绿色高效综合防治技术示范，累计示范面积 390 亩。在调研、筛选及改进大麻播种机、施药机、收割机、翻麻机、纤维切断机等机械设备的基础上，通过机械整地、机械化施肥播种、机械化封闭除草、机械化防治病虫害、机械收获、雨露沤制等方法开展工业大麻轻简化可持续种植技术示范。该技术采用全程机械化操作，节约了劳动力投入，降低了生产成本，雨露沤麻还可避免对环境造成的污染，实现了工业大麻的集约化生产，具有显著的经济、社会、生态效益，累计示范面积 390 亩。有效解决大麻大面积生产上存在的生产成本高、传统的沤制方法对环境污染严重的主要问题，对大麻产业发展具有重要的推动作用。筛选适宜麻地膜覆盖栽培的当地特色作物及品种，开展可降解麻地膜在棚室、陆地蔬菜、水稻育秧上的应用技术示范，累计示范面积 10 亩、水稻生产面积 500 亩。从大麻的机械化生产和环保角度出发，提出工业大麻鲜茎雨露沤制技术，制定农业地方标准，并在区域内开展技术示范，每亩节约生产成本 200 元，每百吨减少污水排放量在 50 吨以上，累计示范面积 300 亩。根据东北地区气候特点，开展东北地区工业大麻绿色生产技术示范，示范面积 200 亩。通过调研筛选引进合适的大麻收割机械，开展工业大麻机械收割技术示范，累计示范面积 1 000 亩。同地方麻类生产企业开展技术合作，联合开展工业大麻原料加工技术示范，累计示范面积

1 000 亩。

大庆工业大麻试验站成立至今，已在黑龙江省范围内累计示范面积 10 645 亩，辐射带动全省工业大麻种植面积 60 多万亩，增加经济收入 4.1 亿元人民币，极大地提高了黑龙江省工业大麻种植生产水平，实现工业大麻的规范种植和科学管理，有效带动了当地工业大麻产业健康快速发展。

走出困境，迎来大麻产业春天

大麻是世界也是中国最早被利用的栽培植物之一，仅在中国就有 5 000 多年历史。随着化学纤维的问世和被开发成毒品，大麻被多国封杀，利用范围也不断缩小，逐渐淡出人们的视线。

进入 20 世纪 90 年代以来，世界范围内日用纺织品"绿色革命"日益强劲，使天然纤维价格倍增。特别是卫生、保健、生态功能性位居榜首的大麻和亚麻制品备受青睐，需求日增。而麻类作物生产受地域和社会经济条件的限制，不可能大幅扩增，更不可能在短时间内满足需求，从而使供需之间形成巨大缺口。于是，大麻种植纷纷解禁，大麻开发步伐加快。自国家现代农业产业技术体系大庆工业大麻试验站落户黑龙江，十年来我们始终坚持以产业市场需求为导向，产学研相结合，以大麻生物资源产业可持续发展和各方的共同利益为基础，紧紧围绕黑龙江省工业大麻产业发展的实际需求，在对工业大麻新品种和各项新技术进行示范推广的同时，全面开展产业服务工作。通过广泛开展各项生产调研，全面掌握黑龙江省工业大麻种植生产中存在的关键问题，及时深入到麻类企业和农户进行技术培训与服务，帮助大庆、黑河、北安、克山、宁安、孙吴、逊克、安达、肇州、肇源、肇东等地政府、企业以及农民合作社制定生产规划方案，并在生产关键环节通过现场指导、电话、网上答疑等形式对大麻制种、施肥、除草、雨露沤制等关键技术进行全方位的服务与指导。通过制定纤维用大麻生产技术规程、鲜茎雨露沤制技术规程等农业地方标准，科学合理地指导当地工业大麻种植生产。与广大大麻种植企业建立了广泛的联系，并建立了微信群，经常性发布大麻种植生产关键技术，互通大麻产业相关信息，及时了解大麻生产和产业发展过程中出现的问题，成为企业间、企业与科研部门间联系的桥梁，为本区域大麻产业发展和技术支撑起到积极的促进作用。

黑龙江省地域广阔，土地资源丰富，具备得天独厚的发展大麻产业的条件，所处地理位置、气候生态条件都适宜大麻作物生长，另外黑龙江省有着悠久的种植大麻历史、丰富的利用工业大麻的经验以及大规模的初加工和深加工条件，同时种植结构调整又为黑龙江省大麻产业提供了更为广阔的发展空间；在大麻大规模开发上拥有不可替代的优势。如今黑龙江省大麻产业发展如日中天，全国60%以上的工业大麻播种面积集中在黑龙江省。黑龙江省委省政府对工业大麻产业高度重视，2017年省人大常委会重新制定《黑龙江省禁毒条例》，对工业大麻的培育、种植、加工管理等方面进行了明确要求，放宽了种植地域范围。2018年出台《黑龙江省汉麻产业三年专项行动计划》，将汉麻产业列为黑龙江省新增长领域的培育对象。

农民的试验站

试验站成立十年来，我们以农民为友，以农户为家，投身农业生产一线，深入田间地头，把技术真真正正送到农民手中，成为农民口中"咱老农民的试验站"。

十年来，我们重点针对黑龙江省工业大麻集中种植区的农技人员、种植大户、企业技术人员以及各示范县技术骨干进行技术培训。主要围绕大麻综合高产栽培技术、病虫害防治技术、鲜茎雨露沤制技术和原料加工等关键技术进行培训。同时，广泛开展电话及网上咨询服务，并在大麻生产关键环节深入到田间地头，了解种植户的实际需求，解答大麻生产中的疑难问题，并以挂职的形式，对集中种植区进行技术指导与服务。采用现场与培训班相结合的方式，累计在各示范县和大型种植加工企业开展技术培训89次，培训岗位人员409人次，农技人员1 829人次，麻农6 322人，发放宣传资料5 000余份。在生产关键环节进行现场指导100余次，现场技术咨询120余次，通过电话或网上进行技术指导300余次。实地考察和电话咨询等方式在区域内广泛开展调研活动，及时掌握黑龙江省大麻种植情况、种植生产加工机械、生产现状、销售情况及生产中存在的主要问题，累计开展调研82次。

多年来大庆工业大麻试验站立足东北地区，为黑龙江省工业大麻产业发展提供全面的技术服务，有效提高工业大麻种植生产能力，积极促进农业增效、农民增收，积极有力地推动了工业大麻产业发展。

黑龙江汉麻，驶向蓝海

现代科技的进步，让"身世复杂"的工业大麻更多价值被挖掘，并成为链接市场蓝海的"万金油"：做成衣服穿在身上很舒爽，加工出化妆品能美容，有效成分加入食品中营养更丰富，它的秸秆还能做餐具……

给力的科研形成成熟育和栽培技术，迈过法律制度的门槛积聚起一流的加工企业，黑龙江省一跃成为全国种植面积最大、品质最优的工业大麻作物种植区。而黑龙江工业大麻产业，也在农业种植结构调整和供给侧结构性改革背景下，开启了"农头工尾"的新征途。工业大麻的合法种植已成为世界趋势。2017年5月1日，新的《黑龙江省禁毒条例》颁布施行，这个条例在制度设计上将工业用大麻和毒品大麻区分开，允许工业用大麻的种植、销售和加工，从法律层面为工业大麻种植与产业化铺平了道路。除规模优势之外，黑龙江省还是工业大麻的最佳种植带。黑龙江独特的地理位置和环境，使其产出的工业大麻纤维品质好，在工业大麻的育种、产业化和综合利用方面走在了全国前列。

走在前列，意味着黑龙江有更加接近市场的新机遇。国外市场调研数据显示，2017年北美合法大麻产业销售额达92亿美元，预计到2027年将超过470亿美元。这说明，工业大麻作为一个巨大的朝阳产业拥有着天量级的蓝海市场。

回首十年，大庆工业大麻试验站与时俱进，与时偕行，与时俯仰，立足于东北地区一步步发展壮大，为黑龙江省工业大麻产业发展提供全面的技术服务，有效提高工业大麻种植与产能力，积极促进农业增效、农民增收，积极有力地推动了工业大麻产业健康快速发展。

结缘大麻　春暖花开

汾阳工业大麻试验站

举步维艰到春暖花开

1990 年山西农业大学毕业后，康红梅站长分配到山西农科院经济作物研究所油料研究室从事花生育种研究。十年同学聚会，偶然的机会，同学说起她父亲的企业开始做大麻纺织，而且大麻纺织品价格昂贵。出于职业敏感，康红梅对大麻产生了兴趣，于是收集资料、学习，向单位申请大麻研究立项，在单位领导的支持下，三年资助 1 万元经费，2001 年，大麻育种研究工作总算启动了。

虽然工作展开了，但进展很慢。克勤克俭，1 万元也很快花完了，没有经费，什么也干不了，积累了一些研究基础，继续向上级部门申请项目。可行性立项报告改了又改，自认为项目特色性强、市场潜力巨大、符合要求，谁知省级项目上不了，院级项目轮不上，上级领导根本看不上这小作物，连续两年，年年申请，年年落空，真有点泄气了。第三年，还是鼓足勇气，死乞白赖找人多次汇报工作，总算上了农业科学院育种工程项目，经费虽然不多，但总算把这个项目保留了下来。磕磕绊绊进行了几年，终于迎来了大麻的春天。2008年国家麻类产业技术体系成立，我们承担了麻类体系汾阳工业大麻试验站的工作，稳定的经费支持是我们这代科研人做梦也想不到的，着实让人兴奋不已、浑身是劲。

调研趣事

2009 年春节刚过，国家麻类产业技术体系进行麻类产业大调研，我们陪同岗位专家彭源德、赵立宁在山西调研。记得是春节刚过，我们一行前往山西麻区沁水县下川村调研，从汾阳驱车 6 个多小时才到达沁水县城，县城到下川村还有六七十公里山路。沿着崎岖曲折、蜿蜒陡峭的山路走了近两个小时，两位老师第一次经历这样的山路，一路上心惊肉跳、手心冒汗。来到村里，三三两两的村民围在某个角落，晒着太阳，扯着麻皮，聊着家常，一种别样的世外仙境。我们上去和农民搭讪，了解当地农民的生活生产状况，农民非常热情，愉快地和我们交流了很多。当地农民种麻每亩年收入1 500元左右，应该是很高了，可是人工投入太大，剥麻反是主要问题。手工剥麻，农闲时一天也只能剥1公斤左右，多亏农民朴实，多年习惯不计成本。另外，当地海拔高，气候特殊，无霜期短，种植其他作物成熟不了，而种麻产量稳定，麻皮品质好，多年来一直延续这一种植习惯。聊了半天，也到饭点了，考虑到村里条件，我们本打算和两位老师到山下的镇上吃饭，但村主任一再挽留，还请了邻家帮忙做饭，两位专家盛情难却，决定留下吃饭。

村里条件确实太差，由于山路崎岖、路程远、成本高，外面的瓜果蔬菜运不上来，农民一年四季几乎吃不上蔬菜。村主任把我们当贵宾，蒸了一锅香喷喷的大米，炖了一大锅野猪肉，这可是天然的高级食品啊，看着就流口水了。可是一出锅，腥味扑鼻，根本吃不下，我们一人勉强吃了一碗大米，看着一大盆看似香喷喷的野猪肉，真觉得可惜了。村主任一再关照我们多吃点，我们都说吃好了，这时，村主任拿出一坛存了多年的自酿白酒："感谢你们大老远来到我村，尝尝我们的酒，正宗纯粮食的。"我们先是愕然，又笑了："不用喝了，已经吃好了。"村主任再三劝说："你们是贵客，说什么也得喝点。"盛情之下，我们每人喝了一小杯，村主任心满意足，送我们离开。

一小杯酒下肚，大家都觉得有点上头了，回来的路坡陡弯急，来到山下，不约而同，呕吐恶心，都说酒劲太大了，其实也有点晕车。折腾半天，大家苦笑了：山里人的这种纯朴劲，实在令人感动啊！

弄巧成拙，另辟蹊径

汾阳工业大麻试验站的工作井然有序、有声有色，品种也筛选了不少，示范基地效果也不错，但每年总想有新的突破。2010年，考虑到山西中部地区无霜期180天左右，而纤维用大麻3月初播种，8月中旬收获，成熟期120天左右，参考麦茬复播大豆、玉米，夏播纤维用大麻应该90多天能够成熟。于是冒出一种想法：麦茬复播纤维用工业大麻。试验了一亩多地，6月30日收割小麦，及时整地，7月2日摇种大麻，一切都按预想的发生，苗期长势旺盛，亩留苗3万株左右，预计花期应该在10月份以后，但没想到，8月下旬，不到9月份，陆续开花了，植株也不高，麻秆木质化程度很低，麻皮远未成熟，这可咋办？等吧，个把月后也许植株还能长高，纤维也成熟了。谁知，花期过后，植株也没长多少，一个月后籽粒密密麻麻，10月中旬，籽粒已成熟，非常饱满，产量比春播还略高，真是意想不到。

　　细细分析，由于工业大麻对光照、温度敏感，虽然播种迟，但加快了大麻的生殖生长，缩短了营养生长周期，春播和夏播麻籽成熟时间差不多。这样的结果，启发了我们改变籽用工业大麻栽培技术的想法。

　　2011—2012 年，进行了不同播期、不同密度、不同水肥等因素的籽用工业大麻高产栽培技术试验，通过两年的试验，总结出一套完善的籽用工业大麻旱作高产栽培技术。针对山西山区气候特征，通过延长播期、调整密度，解决了春季干旱少雨、出苗难的问题，从 4 月下旬至 6 月上中旬均可遇墒下种，迟播适当增大密度，保证籽用工业大麻高产稳产。这一技术在生产示范中，获得山西省农村技术承包二等奖。

坚持不懈，迎来曙光

　　依托国家麻类产业技术体系的强力支持，经过几年努力，工作全面展开，也取得了一定成效，但终究感觉不甚理想，未能成为地方特色支柱产业，带动农民脱贫致富。思来想去，还是觉得没有实体企业支撑，市场不稳定，很难持续发展。工业大麻浑身是宝，工业大麻油亚油酸和亚麻酸含量高且比例适中，是人体必需而又自身不能合成的多不饱和脂肪酸，可降低血液中胆固醇和甘油三酯，对心脑血管病有预防和治疗作用，堪称"植物脑黄金"；工业大麻秆芯密度小、质量轻，呈微孔结构，含纤维素较多，且纤维柔软细白，强度大，此外，还具有吸湿透气、抗霉抑菌、抗静电、防紫外线、耐热、耐晒、耐腐蚀等特点。具有如此特色优势产业，怎么就没有企业投资呢？于是我们积极寻找商机，联系多方企业，提供全面服务。

　　2013 年偶然看到市场上有一种小麻油产品，是榆社县田禾绿色食品有限公司生产的，于是我们前往拜访，去了一看，只是一个稍大点的作坊，老一辈传下的手艺，旧式螺旋压榨，油品相一般，倒也达到食用油标准，取得了 QS 认证。老板程建军知道我们来意后非常热情，同时向我们请教了许多知识。原来程建军是做超市起家的，由于放不下老辈留下的这一手艺，做了几年，也没挣到什么钱。我们仔细讲解了工业大麻油的独有特性及其保健价值、工业大麻油的新型液压压榨工艺、工业大麻相关产品的功用及市场潜力等。程总听后，豁然开朗，兴趣大增，就这样，我们之间的合作开始了（与其说合作，其实是我们一直在无偿服务）。

　　我们将榆社设为示范县，围绕田禾绿色食品有限公司，根据地方气候环境，打造地方特色品牌，突出天然、有机、绿色、保健，全方位为企业提供技术、信息、销售渠道；为农民提供培训、田间实地服务等。2015 年，先后帮助企业与 49 坊、无限极有限公司洽谈业务，寻求合作，终于与无限极有限公司达成供销合同，使企业逐步走向正轨，规模逐渐扩大。榆社县工业大麻种植面积也逐年增加，从最初的几百亩。2017 年集中连片种植 3 万多亩。国家麻类产业技术体系全体专家参观基地后赞赏有加，也肯定了我们多年的成绩。2018 年，在我们牵线搭桥下，多家投资商注资田禾，更名为山西晋麻生物科技有限公司，实力倍增，先后推出工业大麻油、工业大麻蛋白、工业大麻蛋白肽、活性炭等系列产品。

通过多年努力，我们先后扶持山西汉麻生物科技有限公司在忻州投资建厂，山西宏田嘉利农业科技有限公司在和顺投资建厂，山西工业大麻产业呈现出欣欣向荣的局面，为山西特色农业产业发展做出了一定的贡献。

国家队加速云南工业大麻产业发展

西双版纳工业大麻试验站

基础条件优厚 支撑产业发展

云南是世界大麻的原产地之一，低毒型工业大麻品种的选育成功，使大麻这一古老、可再生天然纤维作物的工业开发利用成为现实，并在云南等地方推动了少数民族地区大麻的改制换种工作，使国家有关部门对云麻产业发展前景及对全国具有示范带动作用高度重视和支持。2002年6月，国家"禁毒办"发函委托云南省"禁毒办"进行工业用大麻标准研究，完成后作为全国统一标准下发执行。并要求云南通过云麻产业建设的成功经验，推动其他省开展有毒大麻禁种改植和工业大麻产业建设，解决国内的大麻及其利用问题。2004年国家发展和改革委员会将"云南工业大麻优良品种繁育及良种高产技术产业化示范工程"列入西部高新技术产业化第二批项目，云麻将作为新型绿色工业产业进入实施的新阶段。2010年1月1日，云南省施行了《云南省工业大麻种植加工许可规定》，成为全国首先以法规形式允许并监管工业大麻种植的省份，标志中国工业大麻产业将由"云麻产业"崛起。

西双版纳得天独厚的土地资源和气候优势，是发展云麻种植生产的最佳区域之一。2005年以来通过对云麻试种的科学探索，西双版纳州委、州政府决定将其作为新兴支柱产业加以培育，是西双版纳州为实现农民增收、财政增长、企业增效而着力培育壮大的"六大支柱产业"之一。由于地方党委、政府的重视，农民种植积极性的高涨，有利促进了总后军需装备研究所、云南省农科院等科研院所对工业大麻从品种选育到产品开发和加工的研究，在州委州政府的牵头下，先后有近30家企业集团到西双版纳考察，并于2006年由宁波、上海、云南等地的7家企业共同出资2 000万元组建了"西双版纳云麻实业有限责任公司"。企业的组建，使西双版纳云麻产业培植与发展进入了快速发展时期，成为云南省乃至全国关注的焦点。2007年宁波宜科科技、雅戈尔集团又携资扩股成立汉麻产业投资控股有限公司，注册资金2亿元，并在勐海县工业园区开工建设 5 000 吨纤维加工中试厂，使西双版纳云麻产业走上了产业化发展之路。

加入国家队 技术推广齐并进

从工业大麻试种情况看，由于种植、麻秆处理的一些关键技术尚未完全解决，如大面积原料种植所带来的病虫害、收获、晾晒、物流等问题，因此必须加强对高产栽培技术、皮秆分离、加二物流等关键、瓶颈技术的研究和解决，从而实现从种植到收购厂的无缝衔接。此时，2008 年国家麻类产业技术体系成立，在领导的支持和站长孙涛的积极争取下，西双版纳州农业科学研究所成为云南省的工业大麻区域试验站的依托单位，过去那种许多方面无人过问的状况得到了解决。比如工业大麻皮秆分离技术，以前连研究链条都不齐整，现在网罗起了一批人，有了品种、植保、土肥等专业的技术人员，这本身就是个进步。否则像过去那样，许多研究是线断、网破、人散，基本的人才贮备都难以为继。

技术有了支持，剩下就是全力推广了，而这也正是最为困难的阶段。由于西双版纳是少数民族聚居地，有傣族、哈尼族、布朗族等多个少数民族，语言沟通的障碍、宗教民俗以及边远山区滞后的教育等都让农户难以接受新技术，为了取得老百姓的信任，站长孙寿带头到农户家与他们同吃同住同劳动，同眠一席，共饮一杯，正是这样劳累充实的工作方式换来了百姓的真心，在千千万万个基层农技推广人员的不懈努力下，2009 年西双版纳州工业大麻种植面积达到了 2.01 万亩。

西双版纳工业大麻试验站成立后积极与体系办、各岗位科学家商议讨论，制定了符合云南省工业大麻产业发展的体系委托协议书。以连接工业大麻原料生产基地和工业大麻加工龙头企业的原料供给线为重点，完善工业大麻原料规模化、标准化、安全高效种植生产技术标准，在勐海、禄劝、永德、石屏、石林等县建立试验示范基地 6 个；以田间直讲结合教室问答等方式生动地开展"工业大麻综合技术培训""工业大麻产业发展现状及趋势""工业大麻坡耕地种植"等内容的技术指导和培训，共培训 18 496 人次。筛选出适宜本区域种植的云麻 1 号、云麻 7 号等优质品种，选育出勐麻 6 号，累计推广工业大麻种植 23.5 万亩。总结出多个配套高产高效种植技术，"西双版纳州工业大麻种植推广及产业化开发"项目荣获 2010 年西双版纳州科技进步奖二等奖。"工业大麻坡地高产高效种植技术研究与推广"项目获 2013 年西双版纳州科技进步奖二等奖。

我国长期以来对大麻的传统利用均采用传统沤麻的方式实现皮秆分离，云南在引进工业大麻的初期也运用了这样的皮秆分离技术，但由于劳动强度大、成本高、效率低下、容易对环境造成污染的原因，导致西双版纳区域工业大麻不能使用雨露沤麻；初次尝试失败后，孙涛站长到安徽六安市学习了工业大麻加工经验，采用了蒸煮方法对工业大麻皮秆分离，虽比起传统沤麻有所提高，但增加了劳动强度和生产成本，农户生产与产业发展都无法接受；最终在苎麻机械皮秆分离中得到了启发，引进了湖南沅江市反拉式皮秆分离机，团队成员大眼瞪小眼地对着机器在农技研究所夜以继日地对其进行改良，最终成功研制出 6BMF-28A1 反拉机型，并通过云南省农业机械产品质量监督检验站和云南省农业机械鉴定站的现场检测、鉴定，通过批量生产和办理云南省农机推广许可证，确保了新机械的投入使用。该项成果获得云南省发明一等奖，同时作为全国工业大麻产业化先行示范区，还积极向省内外种植区提供鲜茎皮秆分离技术以及机械方面的支持和帮助，提高了其皮秆分离效率和麻皮质量，加速推进了工业大麻产业的发展。

做好群众与政府的桥梁

云南省是全国第一个颁布工业大麻种植加工许可规定的省份。作为第一个在公安部门监管下合法合规种植工业大麻的区域，孙涛站长与当地公安部门积极对接，办理相关手续，使本区域工业大麻的种植合法合规。2017 年 4 月邀请勐海县公安部门禁毒队到种植基地联合开展《工业大麻种植管理条例》培训，让农户了解政策、让公安部门进一步掌握本区域内工业大麻种植的情况。同时也对国家"禁毒委"委托云南省进行工业大麻行业标准研究、深入全面完成禁毒和替代种植，推动全国开展有毒大麻禁种改植和工业用大麻产业建设具有重要的现实意义。

孙涛站长任职期间积极走访贫困户，希望借助现代农业产业技术体系平台优势，推动产业发展，为资源匮乏的偏远山区、贫困地区种植户带来增产增收。十年岁月，双鬓已白心不改，一颗红心向群众。

以科技示范助推剑麻产业发展

湛江剑麻试验站

2009 年国家麻类产业技术体系专家团曾到广东省湛江农垦科学研究所视察剑麻产业发展及科研成效，使我们很受鼓舞。2011 年终于迎来了剑麻科研的春天，我们荣幸加入了体系，承担了国家麻类产业技术体系湛江剑麻试验站的工作，科研经费得到了保障。

过去，我们是自己先找到项目及项目经费才开展科研工作，项目周期仅 1 年或 2 年，没有延续性，且项目经费少，很多难题亟须解决而未解决。加入体系后，我们如虎添翼，不仅解决了科研经费不足的问题，而且通过稳定的经费支持得以让团队成员大展拳脚。几年来，团队依托国家麻类产业技术体系的强力支持，保障我们全身心投入科研工作，并在大家团结合作、努力拼搏、勇于创新下，完成了多项科技成果示范，并取得一定成效，为产业发展提供了技术支撑。

结缘剑麻，踏上剑麻科研之路并非偶然。我是一名土生土长的红土地人，鉴于从小对身边老一辈的剑麻科研事业耳濡目染，并受农垦及农场的培养，使我决心要为农场的剑麻事业奉献自己的力量。因自身原因（患有小儿麻痹后遗症，右腿肌肉萎缩、行走不便），我的科研之路变得异常艰难，但我克服常人难以想象的困难，依靠坚强的毅力自学成才，并秉着对科研的执着，常常牺牲休假日和节假日，废寝忘食、加班加点地忘我工作，始终坚持在科研生产第一线，这一坚持就是 35 年，并获得多项突出成效。

1. 应用抗病苗重振剑麻产业发展

一直以来，剑麻都是广东垦区的支柱及优势产业，也是湛江农垦及东方红农场等企业的主产业，东方红农场曾享有"亚洲剑麻王国"的美称。但在 2007 年底，剑麻突然暴发由剑麻粉蚧（外来生物新菠萝灰粉蚧，简称剑麻粉蚧）传播引起的紫色卷叶病，严重田块发病率高达 80% 以上，损失惨重，仅海南昌江及广东湛江麻区因病害影响淘汰剑麻 6 万多亩。而对这种突发性的情况，我们迎难而上，急产业所急，迅即成立调研小组并开展工作，开始对整个广东垦区及海南麻区的剑麻展开调研。单靠防治剑麻粉蚧，防治的效果并不理想，存在成本高、难度大等诸多问题，必须从选育抗病品种入手。终于，功夫不负有心人，在经过多次调研及开展试验后，我们发现海南昌江老（早）重病疫区的剑麻经过 6～8 年、发病 2～3 轮后，逐步产生抗病能力。为此，我们对该田进行维护管理及接种鉴定其茎苗抗病能力，并于海南昌江青坎农场重病疫区筛选出抗病原种，合成出繁育、培育及大田种植集成技术。建立母株繁育示范基地，在筛选繁育、培育的基础上选出优质种苗供大田种植。2011 年以来在广东省四个县（市）进行示范推广 3 万多亩，获得了显著效果，高产田开割第 4 刀亩产叶片超 7.2 吨，还有许多收获 2 刀便亩产超 6 吨的高产田。

2．建立防控体系保障高效防控剑麻病虫害

紫色卷叶病抗病苗是在当家种筛选出有抗病能力的种苗，经鉴定该抗病苗并非基因突变选育的新品种，因此仍要注重防治剑麻病虫害。此外，还有其他病虫害也要综合防治。针对这一问题，我们建立了剑麻主要病虫害监测与防控体系，2016 年来共建立示范田 495 亩，主要试验研究综合防治技术（包括新药剂筛选试验及示范推广、先进机械化喷药的展示与效应比较、探讨绿色防控技术等）及应用推广标准化防治技术，并开展剑麻病虫害防治试验示范，通过试验研究综合防治技术及应用推广标准化生产技术，并结合预警，使预警与防治有机结合，保障准确高效防控病虫害，大幅度降低防治成本，减少盲目防治所造成的浪费及环境污染，从而达到减少农药用量，促进生态平衡，使病虫害损失降到最低水平。

3．精准施肥出效益

试验摸清了雷州半岛南部砖红壤种植剑麻的土壤供肥能力、植株对养分吸收量和肥料利用率，发现该片区养分极不平衡，如镁、钙等中微量元素含量偏低及土壤酸性仍较强，施钙镁磷肥 75 公斤/亩，比 CK 增产 13.93%。与广东省丰收糖业集团公司丰收肥厂合作研制生产出剑麻种植基肥、未开割麻田（含苗圃）以及已开割麻田追肥共 3 个配方的剑麻专用生物配方颗粒肥（有机无机及添加有益微生物，无机以测土配方为依据），全部实现机械化精准施肥。其与常规等价比较，剑麻增产 6.63% 以上，且每亩降低作业成本 160 元，达到节本、精准、高效的目标，从而提高肥效、培肥地力、改良土壤生态环境，尤其是实现了边施肥边覆土，确保有益微生物不受阳光暴晒，繁衍不受影响，并发挥该微生物固氮、解磷、解钾功能，满足植株生长所需的养分，促进生产效率和剑麻产量、质量、抗性及效益的提高。已在东方红农场示范推广 18 000 多亩。

4．绿色防控保障生态友好

2016 年以来试验成功并示范推广剑麻大行套种平托花生（假花生）豆科绿肥，该品种耐强酸性土壤生长（pH4 以下均可正常生长），非常适宜湛江地区麻园种植，2017 年在本站及东方红农场、火炬农场示范推广 435 亩，其主要成效，主要是保障生物多样性，解决有机肥投入难的问题；培肥地力，改良生态环境，缓解土壤酸度，减轻病虫草害，冬春保温保墒，土壤疏松，根系发达，增强吸收水肥能力，促进大幅度增产；应用机械化将不同部位交替粉碎，绿肥回田，保障绿肥生长延续性，获益至麻园淘汰（可获 12 年效应）。该试验示范将辐射引领剑麻耕作制度的改革。

5．机械化耕作节本增效

2016 年以来，本站主持研制出麻园多齿深松机械、多功能施肥机械（单沟施肥覆土一体化兼育苗施基肥及起畦多功能机械、麻园双沟边开沟边施肥边覆土多功能机械）、麻园杂草及套种的绿肥或经济作物秸秆等粉碎回田机械、剑麻施种植基肥机械、剑麻种植的揽式起畦机械、新型撒施钙镁磷肥或石灰机械等，经试验示范获得成功。这些机械比传统耕作提高工效高达 161 倍，并在剑麻种植区示范推广 20 000 多亩，单机作业节约成本高达 160 元/亩，减轻工人劳动强度，缓解了劳动力缺乏问题，促进规模化生产和提高剑麻产业的市场竞争力。

6．麻渣饲料化

鲜剑麻渣经过有益微生物发酵后变成酸香饲料，冬季饲喂湖羊，增重速度是皇竹草的 1.84 倍，夏季饲喂黑山羊增重速度是皇竹草的 1.48 倍，夏季饲喂雷琼黄牛增重速度是皇竹草的 2.5 ～ 4.55 倍，促进产业链的开发。

7．水肥一体化

针对干旱季节剑麻生长缓慢或停止生长的问题，我们探讨水肥一体化，挖潜力促效益。为此，在本站试验示范剑麻苗圃冬春夏旱季施水肥，并获显著成效。其中疏植苗圃应用可促进麻苗提前 3 个月以上出圃、母株繁育种苗速度增长 40% 以上（提前半年采集完标准苗），从而提早供应生产用苗和降低土地使用费；大田新种麻示范促进大幅度增产，提前半年投产，累计示范推广 800

多亩。

8．剑麻园小行保温保墒根系发达

在海南昌江青坎农场剑麻小行增施有机肥及覆土试验获得成功的基础上，示范推广6 000亩、本站示范30亩，使冬春夏旱季土壤保温控温保墒、麻苗根系发达，促进剑麻大幅度增产。

9．推广化除安全药剂促进规模化生产

试验筛选出50%的乙草胺250～330 mL+38%莠去津300～400 g+水60公斤，对新育苗圃及新种麻园土壤封闭防控禾本科及阔叶杂草有效期较长；10.8%高效氯吡甲禾灵150～200 mL+水60公斤对防控麻园茅草和硬骨草等禾本科恶草有特效；20%氯氟吡氧乙酸70～125 mL+水60公斤对防控麻园阔叶杂草有特效，剑麻没发生药害。已累计示范推广8 000多亩，极大减轻劳动强度，提高生产效率，促进规模化生产。

10．开展产业技术服务

筛选并指导推广繁育、培育、种植剑麻抗病（抗紫色卷叶病）苗；建立监测防控剑麻病虫害服务体系；主持研制施肥等系列机械并示范推广；指导推广剑麻园套种平托花生（假花生）豆科绿肥，解决有机肥投入难等问题；筛选高效低毒长效防控剑麻病虫害药剂及筛选高效化除麻园杂草，并对剑麻药剂的安全使用进行指导推广；应用推广测土配方施肥技术，成功配制出专用生物配方颗粒肥，并指导应用推广，提高肥料利用率和实现精准施肥；为企业及种植户诊断病害及指导防控技术、开展技术培训等。

小产业助推热区经济发展

南宁剑麻试验站

剑麻产业作为一个小产业，有着它的特殊性。剑麻纤维作为唯一的商用硬质纤维，在航海、国防、五金工业等行业中应用广泛，与人们的日常生活也息息相关。南宁剑麻试验站自成立之日起，立足热区，服务热区，以科技手段推动产业发展，助推热区经济发展。现采撷科技服务的一些片段，管中窥豹，展现试验站风采。

抗击寒潮

2016 年初，一场 50 年一遇的寒潮袭击了广西广南县，该县待收割的2 000 多亩剑麻遭受了寒害。接到通报后，试验站立即组织相关专家赶赴现场，2 000 多亩的 4 龄麻园，正是丰收的时节，而现场一片狼藉，冻伤的叶片已经枯萎，可怜兮兮地挂在麻株上，远远看去就像到了世界末日。唯一还有生机的就剩剑麻的芯部，依然墨绿，直指蓝天，显现出自强不息的傲气。试验站团队迅即分为灾情评估组和灾后恢复组开展工作。评估组按受损叶片评估损失，统计数据。灾后恢复组提出处置办法：①割除受损叶片，集中烧毁；②受害麻株喷洒消毒液，防止茎腐等病害发生；③及时补施有机肥及复合肥。通过大家的共同努力，很快形成灾情报告呈递地方政府，为地方政府组织救灾提供了准确的技术依据。几个月后，专家们重返麻园，受害的麻株已长出一轮新叶，显现出勃勃生机。一年后，麻株得到充分的生长，达到收割标准，公司收获了灾后的首批纤维，最大限度地降低了因灾造成的损失。

协助审判

一日，广西玉林市中级人民法院给试验站依托单位广西亚热带作物研究所发来公函，请求对他们办理的一宗诉讼提供技术支持。事情的缘由是这样：当地一片近千亩壮年麻园突然发现叶尖以下近三分之二的叶片不同程度枯萎，业主怀疑是附近砖厂燃煤排放废气所致，遂将砖厂诉至法院。被告认为是麻园管理不善、营养不良所致，并仗着是当地政府招商引入的唯一一家企业，断然否认燃煤排放废气致使麻株受损的事实。当地政府也出于对企业的关照，百般阻挠法院办案。法院通过打听，请求试验站对受损麻园进行技术鉴定。我站接到所领导的指示，组织了团队成员以及示范县骨干等有丰富经验的剑麻专家（涵盖了栽培、植保、加工等专业，既有从事科研的，也有在一线从事剑麻生产的）深入实地，采集空气样本、剑麻叶片样本进行成分分析，同时专家们实地考察了该地剑麻种植管理情况，结合样本分析结果，一致认为该麻园受损主要原因是砖厂排放废气所致，并应法院请求，进行了损失评价。在铁的事实面前，砖厂负责人只好服从判决，赔偿了麻农的损失。拖延了两年的官司得以结案，法院特地派出人员到试验站表示感谢。

引导麻农科学种麻

平果县旧城镇康马村、吟利村种植剑麻已有近二十年的历史，农民种麻积极性很高，将剑麻作为脱贫致富奔小康的主产业之一。但在调研中我们发现老乡们种麻非常不规范，为了多割叶片采取了高度密植的方法，标准麻园一亩植 280 株左右，而他们种植最密的竟达到每亩 450 多株，这样一来，麻园通风条件差，造成病虫害高发，加上管理水平低，致使发病株较多，给剑麻生产带来了巨大损失。我们通过现场授课等形式，向老乡们解析过度密植的弊端，手把手教他们科学种麻。同时充分利用当地退休教师黄少安的影响力，从他家的麻田开始，通过合理留叶、叶片营养诊断配方施肥等措施，提高产量，从而带动老乡们科学种麻管麻。榜样的力量是无穷的，通过典型的带动，村民们开始认识到科学种麻的重要性，纤维产量与质量都有了较大的提高。

致力环境保护

剑麻是多年生作物，具有连作障碍，而且连续种植，常年施用化肥，造成土壤板结等不利影响。南宁剑麻试验站团队在总结前人经验的基础上，研发了"埋秆+换行"种植技术，即将更新麻园的老麻秆打碎后就地掩埋，同时将种植位置平移。麻秆腐烂后为麻园增加了大量有机质，大幅度减少了化肥的施用，同时避免了连作障碍，保护环境的同时减少了投入。该技术在红山农场示范成功后便在广西剑麻集团推广应用，取得了较好的成效。

多年来，一些产区应用小型刮麻机，麻水麻渣随地堆放，并随着雨水四处漫流，造成严重的环境污染。南宁剑麻试验站测试了麻渣的有效成分后，确定了麻渣饲料化和麻渣麻水微生物发酵后作为生物有机肥的两个方向。经过试验，均取得了成功，麻渣饲料-饲养山羊技术在麻区推广，得到了养殖龙头企业广羊有限公司的青睐，深受山羊养殖户欢迎。麻水生物有机肥除了在麻园施用外，还通过滴灌系统，作为柑橘、蔬菜等热区经济作物的优质有机肥，大幅度减少了化肥施用，很好地保护了环境，提高了作物的品质。

图书在版编目（CIP）数据

现代农业产业技术体系建设理论与实践. 麻类体系分册 / 熊和平主编. —— 北京：中国农业出版社，2021.7
ISBN 978-7-109-28413-5

Ⅰ . ①现… Ⅱ . ①熊… Ⅲ . ①现代农业 – 农业产业 – 技术体系 – 研究 – 中国②麻类作物 – 农业产业 – 技术体系 – 研究 – 中国 Ⅳ . ①F323.3 ②F326.12

中国版本图书馆CIP数据核字(2021)第 126434 号

现代农业产业技术体系建设理论与实践——麻类体系分册
XIANDAI NONGYE CHANYE JISHU TIXI JIANSHE LILUN YU SHIJIAN
—— MALEI TIXI FENCE

中国农业出版社出版
地址：北京市朝阳区麦子店街 18 号楼
邮编：100125
责任编辑：马春辉　　文字编辑：赵钰洁
版式设计：杜　然　　责任校对：吴丽婷
印刷：北京通州皇家印刷厂
版次：2021 年 7 月第 1 版
印次：2021 年 7 月北京第 1 次印刷
发行：新华书店北京发行所
开本：700mm × 1000mm　　1/16
印张：16.75　插页：8
字数：300 千字
定价：68.00 元